全国高等院校化妆品科学与技术专业教材

植物化妆品学

（供化妆品相关专业、应用化学专业、中药学类专业使用）

主　编　沈志滨　董银卯　刘环宇
副主编　许东颖　吴都督　李　莉　孟　宏
编　者　（以姓氏笔画为序）
　　　　王贵弘（厦门医学院）
　　　　邓榕榕（广东华夏友美生物科技有限公司）
　　　　田素英（广东药科大学）
　　　　朱俊访（广东食品药品职业学院）
　　　　刘环宇（广东药科大学）
　　　　安法梁（华东理工大学）
　　　　许东颖（广东药科大学）
　　　　李　莉（南方医科大学南方医院）
　　　　李忠军（广东食品药品职业学院）
　　　　吴都督（广东医科大学）
　　　　余锦彪（广州净美生物科技有限公司）
　　　　沈志滨（广东药科大学）
　　　　张语庭（嘉媚乐化妆品有限公司）
　　　　陈　稚（广东医科大学）
　　　　陈爱葵（广东第二师范学院）
　　　　易　帆（北京工商大学）
　　　　罗　云（中国医学科学院药用植物研究所）
　　　　孟　宏（北京工商大学）
　　　　徐学涛（五邑大学）
　　　　徐梦溦（广东轻工职业技术学院）
　　　　黄庆芳（广东药科大学）
　　　　董银卯（北京工商大学）

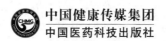
中国健康传媒集团
中国医药科技出版社

内 容 提 要

  本教材为"全国高等院校化妆品科学与技术专业规划教材"之一，是应高等院校教学需求及社会发展的需要而编写。全书共八章，包括第一章绪论、第二章中医药基础理论、第三章常用特色植物及其提取纯化技术、第四章肤用化妆品、第五章发用化妆品、第六章功效化妆品、第七章其他类化妆品和第八章口腔护理品。第四至八章均有实用的相关化妆品配方举例。考虑化妆品相关专业的学生对中医药相关知识及其在化妆品中如何应用的需求，本书以中药、中医基础理论作为重点，且考虑生物类、中药类相关专业学生的需求，对各类化妆品的基础理论也进行了简单阐述。本教材有机融合电子教材、教学配套 PPT，更加方便教与学。

  本教材可供全国高等院校化妆品相关专业、应用化学专业、中药学类专业等师生使用，也可供从事化妆品相关行业的人员参考学习。

图书在版编目（CIP）数据

植物化妆品学/沈志滨，董银卯，刘环宇主编 . —北京：中国医药科技出版社，2021. 2（2025.1重印）

全国高等院校化妆品科学与技术专业规划教材

ISBN 978 – 7 – 5214 – 2350 – 1

Ⅰ . ①植…   Ⅱ . ①沈…   ②董…   ③刘…   Ⅲ . ①植物 – 化妆品 – 高等学校 – 教材   Ⅳ . ①TQ658

中国版本图书馆 CIP 数据核字（2021）第 026702 号

美术编辑   陈君杞
版式设计   友全图文

出版   **中国健康传媒集团** | 中国医药科技出版社
地址   北京市海淀区文慧园北路甲 22 号
邮编   100082
电话   发行：010 – 62227427   邮购：010 – 62236938
网址   www. cmstp. com
规格   889 × 1194 mm $\frac{1}{16}$
印张   13
字数   358 千字
版次   2021 年 2 月第 1 版
印次   2025 年 1 月第 2 次印刷
印刷   三河市万龙印装有限公司
经销   全国各地新华书店
书号   ISBN 978 – 7 – 5214 – 2350 – 1
定价   **48. 00 元**

获取新书信息、投稿、为图书纠错，请扫码联系我们。

全国高等院校化妆品科学与技术专业规划教材

编审委员会

随着生活水平的不断提高，化妆品已成为人们日常生活的必需品。同时消费层次的升级、消费观念的改变，使人们对化妆品的品质要求也越来越高，化妆品产业发展和提升空间巨大。近30年，我国化妆品产业得到了迅猛发展，取得了前所未有的成就，但全行业仍面临诸多问题和挑战，如产品科技含量不高、创新型人才储备不足、品牌知名度低等，目前在我国化妆品市场中，外资品牌产品占据较大的市场份额，民族企业在原料开发利用、剂型创新、设备和工艺革新等基础研究方面仍比较薄弱，因此加快高素质、创新型化妆品人才的培养尤为迫切。

为适应我国化妆品人才的社会需要，以及我国化妆品产业发展和监管的需求，广东药科大学以教学创新为指导思想，以教材建设带动学科建设为方针，设立化妆品科学与技术专业教材专项资助资金，成立《全国高等院校化妆品科学与技术专业规划教材》编审委员会，组织编写了本套高等院校化妆品相关专业的首套教材，即"全国高等院校化妆品科学与技术专业规划教材"。

本套教材主要可供高等院校化妆品相关专业的本科生、研究生使用，也可供从事化妆品相关领域的工作人员学习参考。

本套教材定位清晰、特色鲜明，主要体现在以下方面。

1. 立足教学实际，突显内容的针对性和适应性

本套教材以高等院校化妆品科学与技术专业的课程建设要求为依据，坚持以化妆品行业的人才培养需求为导向，重点突出化妆品基础理论研究、前沿技术创新研究及应用，且注重理论知识与实践应用相结合、化妆品学与医药学知识相结合，从而保证教材内容具有较强的针对性、适应性和权威性。

2. 遵循教材编写规律，紧跟学科发展步伐

本套教材的编写遵循"三基、五性、三特定"的教材编写规律；以"必需、够用"为度；坚持与时俱进，注重吸收新理论、新技术和新方法，适当拓展知识面，为学生后续发展奠定必要的基础。强调全套教材内容的整体优化，并注重不同教材内容的联系与衔接，避免遗漏和不必要的交叉重复。

3. "教考""理实"密切融合，适应产业发展需求

本套教材的内容和结构设计紧密对接国家化妆品职业资格考试大纲，以及最新化妆品发展与监管要求，确保教材的内容与行业应用密切结合，体现高等教育的实践性和开放性，为学生实践工作打下坚实基础。

4. 创新教材呈现形式，免费配套增值服务

本套教材为书网融合教材，即纸质教材有机融合数字教材、配套PPT，满足信息化教学的需求。通过"一书一码"的强关联，为读者提供免费增值服务。按教材封底的提示激活教材后，读者可通过PC、手机阅读电子教材和配套PPT等教学资源，使学习更便捷。

值此"全国高等院校化妆品科学与技术专业规划教材"陆续出版之际，谨向给予本套教材出版支持的广东省化妆品工程技术研究中心、广东药科大学化妆品人才实践教学基地、广东省省级实验教学示范中心，以及参与教材规划、组织、编写的教师和科技人员等，致以诚挚的谢意。欢迎广大师生和化妆品从业人员，在教学和工作中积极使用本套教材，并提出宝贵意见和建议，以便我们修订完善，共同打造精品教材。希望本套教材的出版对促进我国高等院校化妆品学相关专业的教育教学改革和人才培养作出积极贡献。

中医药拥有几千年的临床应用历史，积累了许多作用独特、效果显著的中药及其复方应用经验，我国的古人在几千年前就已利用中药内服或外用达到美容的目的，而利用中草药护肤美容则在近些年蓬勃发展。植物化妆品学作为一门新兴学科，随着社会的需求和发展应运而生。

本教材为"全国高等院校化妆品科学与技术专业规划教材"之一，是为适应全国高等学校化妆品科学与技术专业人才培养的需要，根据化妆品学科对技术人才素质与能力的需求，组织编写而成。本教材的内容以中药、中医基础理论为重点，同时阐述了各类化妆品的基础理论，将中医中药理论应用到化妆品中，并以植物原料在各类化妆品中的应用进行举例说明，使理论与实践紧密结合。教材内容共分八章，包括绪论、中医药基础理论、常用特色植物及其提取纯化技术、肤用化妆品、发用化妆品、功效化妆品、其他类化妆品和口腔护理品。同时本教材为书网融合教材，即纸质教材有机融合数字教材、配套 PPT，使教材资源更加多样化，方便信息化教学的需求。本教材主要供全国化妆品相关专业、应用化学专业以及中药学类专业等师生使用，也可供从事化妆品相关行业的人员参考学习。

参与本教材编写的人员由具有丰富教学经验的一线教师、化妆品行业工程师及皮肤科医生组成。本教材的具体编写分工如下：沈志滨、董银卯编写第一章；沈志滨、孟宏、邓榕榕编写第二章；田素英、徐学涛、朱俊访、李忠军编写第三章；许东颖、刘环宇编写第四章；陈稚、王贵弘、安法梁编写第五章；黄庆芳、李莉、孟宏编写第六章；吴都督、张语庭、罗云编写第七章；吴都督、易帆、徐梦漪编写第八章；全稿案例由余锦彪编写，全稿植物来源由陈爱葵核对，全书 PPT 由刘环宇制作。

在编写本教材过程中，得到了许多同仁的大力支持和鼓励，在此深表谢意。

编写这本应用性强而理论积累较少的新教材，每位编委深感责任之大、压力之重。但是，在所有编写人员的努力下最终得以呈现，期望能够得到读者的认同和欢迎。限于编者水平和能力，书中难免有不妥之处，殷切希望读者提出宝贵意见，以便修改完善。

编　者
2021 年 1 月

第一章　绪　论

PPT

第一节　国内外化妆品发展简况

化妆品的历史源远流长，东方的古埃及和中国，西方的古希腊及古罗马等从公元前就已经有使用化妆品的历史。这些国家的化妆品生产和使用各具特色，为后世化妆品工业体系的形成与发展奠定了基础。

一、国外化妆品的发展简况

古埃及文明在公元前 4000 年就出现在尼罗河两岸。起初，古埃及人为了保护眼睛，用西奈半岛产的孔雀石（具有杀菌作用）制作的青绿色粉末来涂抹眼睛、画眼线。古埃及人使用的香料则是最早的化妆品，古埃及贵族沐浴后使用的香油香精便是香料工艺最早的产品，埃及艳后的美容秘方中就有以蜂蜜、牛奶和花粉等调制成面膜来保养皮肤的记录。

公元前 4 世纪，随着古希腊经济不断的繁荣，除了下层社会的女子外，几乎所有的希腊女性都开始化妆，人们大量地使用香水和化妆品，用锑粉修饰眼部，用自制的白铅化妆品改善皮肤的颜色和质地，面颊和嘴唇则涂抹朱砂。

古罗马文化深受古希腊文化的影响，古罗马人热爱泡温泉，以至于香膏被广泛使用。公元 2 世纪，古希腊医学家凯林通过调整香膏的组成比例，改善了香膏的质量。当时的那不勒斯地区已然成为芳香业中心，固体香膏、液体香油和香粉等化妆品广泛流通。

公元 12 世纪，阿拉伯人阿维西纳改良了蒸馏法，成功提取到玫瑰花精油，并制成香水。善于做生意的阿拉伯人将其所发现的精油、香膏及香水等卖到世界各地，这也为化妆品工业的传播做出了一定的贡献。

欧洲文艺复兴时期，随着文化的繁荣，化妆品学也慢慢从药品学中分离出来，成为一个专业的学科。在此时期的美容协会，专门发明各种新型美容产品及配方。到了 18 世纪末，合成工业兴起，香料工业也随之进步。到 19 世纪末，现代化妆品生产已发展成为独立的工业部门。

二、我国化妆品的发展简况

我国的化妆品起源很早，在其发展中，始终受到中国传统文化和中医基础理论的影响。早在夏商周时期，随着人与人的交往和社会的发展，人们已经开始注意外表仪容，到殷纣王时期，使用化妆品"燕脂"能达到"桃花妆"的美容效果。成书于战国时期的《山海经》记载了 146 种药物，其中与美容相关的就有 12 种，如治疗痤疮、腋臭、皮肤皲皱的药物。战国后期的《韩非子·显学》也已有"脂以染唇，泽以染发，粉以敷面，黛以画眉"的生动描述。

春秋战国之后，《黄帝内经》《神农本草经》《伤寒杂病论》等经典著作相继问世，这些著作确立了中医理法方药理论体系，也为中医美容学打下了理论基础，为中医美容的发展提供了具体的操作方法。成书于东汉的《神农本草经》记载了 100 余种关于"悦泽""美色""轻身""使人头不白""令人光泽""令人面色好"的美容药物，并提到一些药物可供制作化妆品（面脂）。汉代张仲景创立的当归芍药散治疗肝血瘀滞引起的肝斑，麻子仁丸治疗燥热所致的皮肤粗糙，猪肤汤润肤悦颜去皱等方法，至今仍为后人所沿用。

晋代医学家葛洪的《肘后备急方》记载了许多美容方剂，可谓中医美容第一书，其中记载的美容方有 66 条，应用于美容的药物有 95 种，同时首次将中医美容列为专篇论述，其"治面疱发秃身臭心昏鄙丑方第五十二"载有驻颜美容及治疗各种损美性疾病诸方共 35 条，还首创多种面膜调制法，即以新鲜鸡蛋清，或以猪蹄熬渍，或用鹿角熬成胶体状物做面膜，敷贴面部，以治疗面部瘢痕。

唐代政治稳定，经济繁荣，是美容发展的兴旺时代。孙思邈整理、辑录了大量的美容药方，在其著作《备急千金要方》卷六"七窍病"中专设"面药"一篇，收载面部美容方；其后的《千金翼方》中亦有收载美容方剂。这些方药不仅制作精良，而且剂型多样，内服的有丸、散、膏、汤、酒等，外用的包括面脂、面膜、面膏、口脂、唇脂、洗面液、洗头液、洗手液、沐药、染发剂等多种形式。唐代王焘所著的《外台秘要》中对美容方剂的载录，也是集唐以前美容方剂之大成，不仅专辟一卷收录了大量的美容方剂，并且详加分类。

随着中医学的发展，宋、金、元、明、清时期的美容方药在质和量上都有了明显提高。

宋代的《太平圣惠方》与《圣济总录》等书籍中，美容方剂收录更加完善。以宋、金、元三朝御药院所制成方为基础的《御药院方》是我国现存最早而且比较完整的宫廷处方集，书中所载的"玉容散""皇后洗面药""御前洗面药""冬瓜洗面药"等都具有较好的美容效果。

明清时期，医家对中医美容及影响美容疾病的发病机制进行了更深入细致的研究，同时所用美容药物和方法更为丰富全面。明初编刊的《普济方》对美容方收载规模空前，不但汇集了明朝以前的大量美容效方，还创制了"白面方""治酒皶鼻方"等一批美容新方，是集前代之大成者。

现在，随着我国时代的变化和经济的发展，人们对化妆品的需求正在日益增长。2016 年 10 月《"健康中国 2030"规划纲要》发布，勾画出打造健康中国的美好蓝图，使建设健康中国为未来的大势所趋。目前，化妆品已成为我国人民日常生活使用的必需品，其关系到中国人的皮肤健康和美丽。而随着党的十九大的胜利召开，国民日益增长的对美好生活的需要被提升到前所未有的高度，化妆品行业的发展，正是符合新时代人们对美好生活品质追求提升的大趋势。

虽然化妆品产业为快速增长的朝阳产业，但国内化妆品行业发展仍存在瓶颈制约。①国内中高端市场长期由欧美及日韩品牌垄断，产品同质化严重，民族品牌亟需突出重围。②化妆品与祖国传统中医药美容护肤理念和组方的结合尚处表浅阶段。部分产品仅引入某些中医理论概念，对其理论精髓挖掘尚未深入，未能将中医药领域内应传承、发扬、借鉴的因素和化妆品有效结合。③化妆品安全性方面仍需开展深入的研究，避免因未知或不可控的安全性问题导致"化妆品皮肤病"。

中医药是中华文明的瑰宝，无论是中医"以人为本""辨证论治""治未病""整体观"的思想理论，还是现代中医药技术，对化妆品功效原料及化妆品开发均有指导借鉴意义。国家战略计划中对大健康产业及中医药文化传承的重视，人民对皮肤健康美丽的迫切需要，使得中医药理论精髓、现代化药用植物制备技术在化妆品行业的研究与应用的意义被提升到前所未有的高度。因此，研究中医药和植物技术在化妆品方面的应用，具有十分重要的意义。

第二节 化妆品的定义、作用与分类

一、化妆品与化妆品学

根据我国化妆品相关法规，化妆品是指以涂擦、喷洒或者其他类似方法，施用于皮肤、毛发、指甲、口唇等人体表面，以清洁、保护、美化、修饰为目的的日用化学工业产品。因此，化妆品的特点可以概括如下。

（1）使用对象 化妆品是以人的身体表面为使用对象的，因此除人以外的，包括环境、家具、动物所使用的产品不属于化妆品范畴。

（2）使用目的 化妆品以清洁、保护、美化、修饰为使用目的，故可包括与清洁、护理、营养、美化人体肌肤等相关的使用效果。

（3）使用方法 化妆品是涂抹或喷洒于人体表面的，只作为外用，故注射、填埋、内服等不属于化妆品范畴。

（4）安全性 化妆品对使用部位必须无明显皮肤刺激性，无过敏性，无经口毒性，且无异物混入。

化妆品学是研究化妆品配方组成和原理、制造工艺、产品和原材料性能及其评价、安全使用、产品质量管理和有关法规的综合性学科。它又是集化学、医学、药学、皮肤科学、口腔学、生物化学、物理化学、化学工艺学、流变学、美学、色彩学、生理学、心理学、管理学和法律学等相关科学于一身的应用学科。

二、化妆品的分类

按照不同的分类标准，化妆品可以分为不同的类型。

《化妆品监督管理条例》规定，化妆品按照风险程度，分为特殊化妆品和普通化妆品。其中，特殊化妆品包括用于染发、烫发、祛斑美白、防晒和防脱发的化妆品以及宣称新功效的化妆品。特殊化妆品以外的化妆品为普通化妆品。

化妆品原料是化妆品配方、功能、工艺研究的基础，主要包括乳化剂、增稠剂、香精香料、防腐剂、油脂、保湿剂、螯合剂、清洁剂以及功能性原料等。

化妆品具有的美白、保湿、抗皱、防晒等功效，主要是通过所添加的功能性原料来实现的。植物原料作为化妆品功能性原料的主要来源，在化妆品中的使用历史十分悠久，世界范围内含有植物宣称的产品一直颇受欢迎。植物化妆品已经逐渐成为现今的潮流，添加植物原料的化妆品，也因其功效性、安全性广受人们的追捧。

三、植物化妆品的内涵

植物化妆品是一类以单一或者多种植物原料直接制成的化妆品，或者作为功能性成分加入到化妆品中，实现化妆品的功效性，并提升化妆品的安全性，使化妆品具有修护、美白、防晒、祛斑、抗皱等功能。

在《已使用化妆品原料名称目录》中，约有300多种是具有中国特色的中药植物资源原料。因此，对中国特色植物资源化妆品的深入研究和开发对于植物化妆品的研究发展具有重要意义。

中国特色植物资源化妆品是以中医理论为指导，运用现代科学技术，研究中国特色植物资源化妆品的研制理论、生产技术、质量控制及合理应用等内容的一门综合性应用技术学科。中国特色植物资源化妆品不仅仅是将传统的中国特色植物资源等成分的添加，更是将中国独特的思想、技艺及文化在化妆品开发中进行体现。因此，中国特色植物资源化妆品包含有四个层次的意思：一是由植物制成；二是使用的植物成分经过科学的方法评价可支持对应的产品功效；三是具备现代化妆品的基本特征和使用品质；四是研制遵循中医药理论。

四、植物化妆品的作用与分类

1. 植物原料在化妆品中的作用　中国特色植物作为现代化妆品中的主要植物原料，往往兼具营养和药效双重作用，且作用温和。中国特色植物原料化妆品的主要作用包括以下几点。

（1）营养滋润作用　这类中药大多含有蛋白质、氨基酸、脂类、多糖、果胶、维生素及微量元素等营养成分，尤以补益药为多。

（2）保护作用　含脂类、蜡类物质的中药可通过在皮肤表面形成覆盖的油膜而保护皮肤，还可通过防晒作用使皮肤免受紫外线的侵扰。

（3）美白作用　这类中国传统特色植物具有祛风、除湿、补益脾肾、活血化瘀等作用，通常含有能够抑制酪氨酸酶活性的化学成分，通过抑制黑素生成而起到美白作用，有些酸味药物含有机酸，对皮肤有轻微剥脱作用，也有美白作用。

（4）乳化作用　具有此作用的中药多含有皂苷、树胶、蛋白质、胆固醇、卵磷脂等成分。

（5）防腐抗氧化作用　具有抗菌作用的特色植物一般有防腐和抗氧化作用。具有防腐作用的中药多含有有机酸、醇、醛及酚类等化学成分，具有抗氧化作用的中药多含有酚、醌、有机酸等化学成分。

（6）赋香作用　具有此作用的特色植物均含有芳香性挥发油类成分，使用安全，有较好的发展优势。

（7）调色作用　合成色素中多含有重金属汞、铅等毒性大的成分，对皮肤刺激性大，特色植物色素是今后化妆品色素的发展方向之一。

（8）皮肤渗透促进作用　有些特色植物具有皮肤渗透促进作用，且安全性高。

2. 植物化妆品的分类　根据植物化妆品的美容功效可将植物化妆品分为修护养颜类、美白祛斑类、祛痘类、健发乌发类、透皮吸收促进剂类以及其他类。

（1）修护养颜类　由于器官老化，人体发生衰老，皮肤功能也会发生一定减弱，皮肤形态及功能发生很多变化，如出现干燥、松弛、皱纹。此外，环境因素也是影响皮肤衰老的重要因素，例如 UV 的照射可引起皮肤粗糙、形成皱纹。

植物化妆品主要是功能植物原料的活性成分如植物多糖、植物黄酮、皂苷等，通过强化保湿系统，提高皮肤抗氧化活性、清除自由基、调节细胞的新陈代谢、促进细胞生长、提高成纤维细胞的活性、促进胶原蛋白的合成、修复 DNA 损伤等途径达到抗衰老养颜的效果。

常用养颜类植物原料有人参、白术、灵芝、黄精、沙棘、芦荟、茯苓、鹿茸、菟丝子、川芎、麦冬等。

以人参、灵芝为例：

人参（*Panax ginseng* C. A. Mey），别名：园参、黄参、棒槌等，为伞形目五加科人参属多年生草本植物。味甘、微苦，性微温，归脾、肺、心、肾经。具有大补元气，复脉固脱，补脾益肺，生津养血，安神益智的功效。主要含有人参皂苷、人参多糖、甾醇及其苷、黄酮类物质等。现代药理学研究证实，人参可通过免疫系统在细胞和分子水平上的适度调节以及影响细胞周期调控因子、衰老基因表达等途径延缓衰老。

灵芝（*Ganoderma lucidum* Karst），别名灵芝草、神芝、芝草、仙草、瑞草，是多孔菌科植物赤芝或紫芝的全株。灵芝味甘，性平，归心、肺、肝、肾经，可止咳平喘、补气安神。灵芝主要活性成分为灵芝多糖，通过上调皮肤细胞代谢过程中的 LIG1、PKL1、ACTB 等基因表达，修复 DNA 损伤，促进细胞生长等途径达到抗衰老的效果。

（2）美白祛斑类　东方女性历来崇尚"肤如雪，凝如脂"的美白效果。随着科学技术的发展，化妆品领域逐步趋向生物化和功能化，人们不再喜欢用厚厚的粉底来遮盖面部的色素斑，而迫切需要一种能通过功能性美白剂实现自身肌肤的美白祛斑效果。

皮肤的颜色主要取决于黑色素、血液及胡萝卜素。皮肤美白的机制比较复杂，目前发现的美白剂作用机制主要有以下几个方面：还原黑色素、组织黑色素聚集或转移、抑制酪氨酸酶以及剥离角质层等，此外促进血液微循环，加速新陈代谢，以及通过抑制炎症因子释放等都可以达到美白的效果。

常见的具有美白祛斑功效的植物原料有甘草、三七、天冬、红花、赤芍、白鲜皮、白蔹、当归、防风、银杏叶等。

以甘草、银杏叶为例：

甘草（*Glycyrrhiza uralensis* Fisch），别名：国老、甜草、乌拉尔甘草、甜根子，为豆科甘草属多年生草本，根与根状茎粗壮，是一种补益中草药。味甘，性平。归心、肺、脾、胃经。化妆品采用甘草干燥的根茎提取物。甘草的主要活性成分是三萜类和黄酮类，还有生物碱、多种氨基酸等。甘草具有抑制酪氨酸酶的活性，提高白细胞介素-10 水平，对于 UVB 诱导的色素沉着具有抑制作用，通过清除多种自由基，抑制脂褐素生成，减少色素沉着。

银杏（*Ginkgo biloba* L.），别名：白果、公孙树、鸭脚子、鸭掌树，为银杏科银杏属落叶乔木。味甘、苦、涩，性平。归心、肺经。银杏叶中所含有的黄酮成分可以阻碍色素在真皮层的形成与沉着，达到美白肌肤与防治色素斑块的作用。除了黄酮之外，银杏叶中的锰、钼等微量元素，亦能清除氧自由基及抑制黑色素生长。此外，银杏叶具有活血化瘀、通络效果，可以通过增加血流量，促进血液微循环途径达到美白祛斑效果。

根据中医药组方原则，还可以通过组方形式，通过多种途径、全方位解决皮肤美白问题。如一款植物美白组合物：择芦荟、甘草为君，取其清热解毒之功，实现抗炎抗氧化、抑制黑色素过度合成；以当归、丹参为臣，用其活血化瘀之效，促进肌肤微循环；以山茱萸为佐，取其滋阴生津之用；以枸杞根为使，用其补益滋养之妙，提高皮肤光泽度。通过优化几种原料相对用量及提取溶剂、提取温度、提取时间、料液比等提取条件，可制备植物美白组合物。

（3）祛痘类　痤疮，又称青春痘、粉刺或暗疮，是一种皮肤科中常见慢性发生于毛囊皮脂腺多因素炎症疾病，多见于头面部、前胸部、后背等皮脂腺较丰富的部位，常伴随粉刺、丘疹、脓包和结节及囊肿等皮肤特点。痤疮是多因素综合作用的结果，体内内分泌主要是雄激素分泌水平增高，促使皮脂分泌活跃、增多。毛囊皮脂腺开口被阻塞是发病机制中的重要因素。在毛囊闭合的情况下，需氧的痤疮丙酸杆菌大量繁殖，导致炎症，形成炎性丘疹。在闭塞的毛囊皮脂腺内部，大量皮脂与脓细胞把毛囊皮脂腺结构破坏，受损皮肤进一步恶化，形成脓包、结节、囊肿，最后使得皮肤结构破坏形成瘢痕。

对于痤疮的防止主要就是抑制痤疮丙酸杆菌的感染，抑菌消炎，同时通过调理皮肤、收敛、减少油脂分泌等途径防治痤疮型肌肤。

常见的抑制痤疮的植物有薏苡仁、白芍、苍术、姜黄、黄芩、紫草、射干、蒲公英、丹参、大黄、苦参、地榆、虎杖、金银花等。

以丹参、大黄、金银花为例：

丹参（*Salvia miltiorrhiza* Bunge），别名：红根、大红袍、血参根，为双子叶植物唇形科鼠尾草属多年生直立草本植物，味苦，性微寒。归心、肝经。丹参主要作用成分是丹参酮。丹参主要活性成分对革兰阳性菌有明显的抑制作用，对痤疮棒状杆菌也有较强的抑制作用，并具有抗雄性激素的作用和温和雌激素样的作用。同时，其水溶性成分丹参素对细胞免疫有抑制作用，可参与痤疮的免疫调节。

大黄（*Rheum palmatum* L.），别名：将军、黄良、火参等，是多种蓼科大黄属的多年生植物的合称，也是中药材的名称。味苦，性寒。归脾、胃、大肠、肝、心包经。大黄的有效成分是大黄素，其抑制厌氧菌的作用略高于甲硝唑。实验证明，大黄在体内外条件下均可抑制炎性介质白三烯 B 的生物合成，是花生四烯酸脂氧酶的抑制剂，可以减少痤疮的炎症反应，进而减少痤疮的皮损瘢痕等。

金银花（*Lonicera japonica* Thunb.），别名：忍冬、鹭鸶花、银花、双花，为忍冬科忍冬属多年生半常绿缠绕灌木。味甘，性寒。归肺、胃经。金银花主要含绿原酸、咖啡酸等活性成分，对金黄色葡萄球菌、溶血性链球菌、铜绿假单胞菌等都有明显抑制作用；金银花能促进肾上腺皮质激素的释放，对炎症有明显抑制作用。常与蒲公英、紫花地丁、野菊花等合用，能增强解毒消肿作用。对于痈疽疔毒、红肿疼痛，无论溃脓还是未溃脓者，使用金银花均能起到极佳效果。

（4）健发乌发类　影响头发健康的因素包括内在因素和外在因素。内部因素：头发受代谢、疾病、供血、营养，以及自然老化等相关内在因素的影响。此外，环境、机械摩擦、化学、热等外在因素均会影响头发的状态。

头皮是皮肤的一部分，与其他部位的皮肤具有相同的生理结构，由表皮层、真皮层和皮下组织所构成。头皮健康是头发健康的基础，只有头皮健康才能促进头发的健康。头皮常见的问题有干燥、敏感、油腻、瘙痒、头屑等。结合头皮的结构，可将头皮问题发生的原因总结为皮脂分泌及微生态失衡、皮肤屏障损伤、外部环境损伤三个主要因素。头皮作为头发生长的土壤，其生态环境的良好是头发健康生长的根本。俗话说"牵一发而动全身"，保养身心、营造健康的头皮环境，才能生出一头柔顺美丽的秀发。因此，健康护发要从头皮养护开始。

头皮的养护主要包括防止头皮干燥、头皮脱屑、头皮瘙痒，并且解决头痒、头屑多、头油、脱发等问题。

常见的生发乌发植物原料有何首乌、枸杞子、夏枯草、佛手、天花粉、绞股蓝等，这类中药含有卵磷脂等成分，能营养发根，促使头发中黑素生成，还含有微量元素，可防治脱发。

（5）透皮吸收促进剂类 透皮吸收促进剂可以根据需要，适量加入到现有的专业护肤品或者原料中，促进化妆品或者主要成分在肌肤中快速扩散吸收，使皮肤症状能够得到快速的改善及修复。

常见透皮吸收促进剂植物原料有薄荷、高良姜等，这类植物原料可促进其他功效性成分被皮肤吸收。

薄荷为唇形科植物薄荷的地上干燥部分，其主要活性成分是薄荷脑、薄荷醇，已有研究证实，薄荷对于化妆品成分的头皮吸收具有促进作用。

（6）其他类 如补水保湿、舒缓等化妆品。

补水保湿化妆品是消费者最主要和最基本的需求。植物原料可通过不同的途径发挥补水保湿功效：增强皮肤屏障、运水和锁水功能。

常用的具有补水保湿功效的植物原料有银耳、石斛、仙人掌、芦荟等。

例如某具有补水保湿功效的植物组合物，通过融入中医"整体""辨证"的思想，从补液生津、清热抑火、固水护屏、养润滋阴途径，形成立体保湿组合物，同时具有多种护肤功效，解决了天然保湿剂功效单一的问题。该补水保湿组合物主要以金钗石斛、苦参、紫松果菊、芦荟、枸杞为原料，取金钗石斛补液生津之功，采苦参清热消炎之效，纳紫松果菊固水护屏之蕴，收库拉索芦荟、宁夏枸杞滋阴润养之益，通过优化组方配比，实现最佳协同增效，达到高效补水、保湿的效果。

第三节 植物化妆品的现状及发展趋势

一、植物化妆品的现状

相较于医药投资，化妆品投资具有风险较低、利润回报较高等优势，部分药企把与药品相关的化妆品、健康用品等都纳入其发展范畴，众多医药零售连锁巨头纷纷进军国内功能性化妆品零售领域，国内医药行业涉足美容化妆品领域的热度也在不断上升，竞争也随之加剧。我国功能性化妆品市场需求以每年8%以上的速度增长。随着经济建设的发展，人民的物质文化水平越来越高，对化妆品的需求量更大，对中国特色植物原料化妆品的期望值更高，预计近几年，中国特色植物资源化妆品将会以更快的速度发展。

目前我国植物资源化妆品在化妆品中主要以植物提取物的形式添加，植物提取物的形式主要包括有效成分、有效部位以及粗提物，一般要经过提取、分离、精制、浓缩与干燥等过程。含有天然植物成分的化妆品具有使用安全、适应范围广泛、效果显著、作用持久等特点，兼有保护、养护或缓和、调理人体功能的作用，甚至能够预防或辅助治疗某些皮肤疾病，如防治痤疮类、防治色斑或色素沉着类等。中国特色植物资源化妆品在中医药理论指导下，遵循自然环境和人类可持续发展的要求，顺应了"回归自然"的潮流。因此，选用无毒副作用又行之有效的植物化妆品，已成为当代人护肤美容的最佳选择之一。但我国特色植物资源化妆品市场仍存在以下问题。

（1）忽视安全性　尽管有些以植物为原料的化妆品比以化学合成品为原料的化妆品安全性要高，但并不意味着该类化妆品不需要考虑安全性问题。首先，不是所有植物都是无毒无害的；其次，有些植物受自然环境的影响并不纯净；再次，化妆品在制备、保存中也容易受到污染，并且有些中药成分安全范围较窄，用量不合理容易产生不良反应，需严格控制剂量。

（2）质量控制不够严格、完善　国际上天然植物添加剂研究开发比较先进的国家特别注重走标准提取物的路线，许多生产企业都建立了相应的天然植物添加剂的行业质量标准体系。我国植物资源化妆品行业的质量控制标准与国际水平有较大差距，植物资源化妆品行业质量控制标准还有待于进一步补充、完善和提高。

（3）生产工艺和生产设备落后　植物资源化妆品企业还存在"一小两多三低"的问题，即企业规模小；企业数量多、产品重复多；产品科技含量低、管理水平低、生产能力低。这样不仅降低了生产效率，不利于产品品质的精细优化，还对产品的稳定性有很大影响。

（4）原料粗糙、功效模糊　国外研发的功能性化妆品所用的天然植物添加剂以作用机制明确的活性部位、单体化合物居多。而国内大多数企业研发的中药添加剂则多以单味中药提取物或浸膏为主，有些产品不重功效只重概念，且提取物的作用机制研究相对滞后，影响了产品的正确开发使用及有效性、安全性、稳定性。

（5）产品的观念陈旧　国际品牌的化妆品，从剂型样式、外表包装到营销策略都精益求精，精美而时尚。而中国特色植物资源化妆品的产品发展略显滞后，存在产品质地粗糙、剂型落后、缺乏创新、与现代美容院的操作方式不配套、不能迎合消费者追求潮流的心理等问题，难以跻身高档化妆品的行列。

二、植物化妆品的发展趋势

近几年来，随着人们消费水平的不断提升，消费者对于化妆品的安全及功效要求也越来越高，消费者更希望使用对人体无害而又具有高效美容作用的天然化妆品。

植物化妆品作为广受追捧的化妆品，有其独特的优势：

（1）植物资源化妆品有着巨大的国际国内市场需求，添加了植物性成分的化妆品更容易被消费者所青睐。据统计，欧洲、美国等地域宣称植物原料的产品占据总市场份额的33%左右，中国市场中含有植物宣称的产品约占个人护理用品和化妆品的60%。

（2）我国医学宝库中积累了丰富的临床经验，且植物原料在我国具有悠久的使用历史，对植物的应用范围、用量、药效、配伍、副作用和安全性等方面进行了多方验证，这些珍贵的数据有利于开发功效好的植物资源。前有述及，《御药院方》是我国现存最早而且比较完整的宫廷处方集，书中所载的"皇后洗面药"即以川芎、细辛、藁本、藿香、冬瓜子、沉香、土瓜根等植物原料复配后形成洁面组方，可达到增白，使皮肤光滑、细嫩的护肤效果。

（3）我国国土地跨热带、亚热带和温带，其土壤、气候等自然条件适宜于多种类型的植物生长，是世界上野生植物资源最众多、生物多样性最为丰富的国家之一。我国约有30 000多种植物，仅次于世界植物最丰富的马来西亚和巴西，居世界第三位。丰富的植物资源为天然化妆品的开发提供了优越的自然资源条件。

（4）植物化妆品包含的植物成分具有刺激性小、安全性高的特点。

（5）植物资源中含有具独特功能和生物活性的化合物，如多糖类、黄酮类、皂苷类等，可用于化妆品中提供多种功能。

（6）大多数植物活性物质目前无法用人工合成，仍需从植物中直接提取，而中国的植物资源丰富，又在上下几千年中积累了许多用于护肤及外用的记录，所以可以最大限度、最便利地满足化妆品研制的需求。

国际市场由天然成分制成的化妆品产量逐年递增。但中国作为美容中药的发源地，却只占有很少的市场份额，且大部分以原药材的形式出口。造成这种局面的原因是传统的植物化妆品业与现代科学技术未能完善有机结合，使植物化妆品业发展滞后。植物化妆品业普遍存在着企业多且规模小、管理水平差、生产能力低、产品低水平重复的现象。中国传统植物用于化妆品的作用机制研究落后，每种植物都含有几十种甚至上百种化合物，复方则更为复杂，要搞清它们的作用机制虽然工作量大、难度大，但却是中国特色植物资源化妆品走向国际化的必经之路。

近年来中国特色植物及其成分已被广泛添加于现代化妆品以增加疗效，用现代医学方法对其进行的研究也大有进展。对中国特色植物及其成分在化妆品中的作用研究还需要进一步发展和深入，特别是符合医学原则的临床功效和安全性研究更有待加强。

未来我国植物化妆品的发展方向有以下几种。

（1）研发安全、功效强、有个性的产品 目前，仍有很多中国特色植物的作用还没有被开发出来，尚需要我们进一步去努力。研发的关键因素是对中国特色植物中有效成分的研究，需使用药理学、生物化学等理论和技术来研究植物资源化妆品的物质基础、作用机制、使用的安全性和功能效果，以研制出功能性强、特殊的植物化妆品。

（2）制订严格、统一的标准 首先，我国植物化妆品尚没有明确的法规制约和管理，政府有关部门应该制订标准、监督管理，研发、生产、销售机构应该严格制订好内部的各项标准并贯彻执行。其次，在中国植物资源化妆品的研发和生产过程中，应该使用现代的生产方法、仪器设备，提高生产的效率和产品的质量。

（3）多效合一的产品将成为主流 随着人们生活节奏的加快和对美的需求不断提高，人们逐渐认识到防晒、抗皱、美白等作用是相互促进和影响的，因此人们希望多效合一的特色植物资源化妆品不断问世，性能优良的多效合一产品将成为未来植物化妆品市场的主流。

（4）注重包装、策划和宣传 作为化妆品行业，应该对市场流行趋势有着敏锐的洞察力。我国植物资源化妆品可以根据产品的个性优势和消费者群体特征对产品的外观、包装进行设计创新，做好各种媒体上的宣传推广工作，从而吸引消费者的眼球，占领市场。

作为植物化妆品的重要组成部分，中国特色植物资源化妆品的研究和开发有其独有的特征。中国特色植物资源化妆品以中医理论为指导，将中医辨证论治、整体观念应用于化妆品研究开发中，以解决皮肤实际问题为出发点，其思想核心主要包含以下几点：

（1）以人为本 化妆品的终端是消费者，而不同人群皮肤状态均有较大差异，不同体质、不同年龄阶段、不同地域、不同性别等皮肤状态亦有差异。因此，中国特色植物资源化妆品应该从人的皮肤需求出发，结合不同人群皮肤的特点制定治则、治法，从而解决人的皮肤问题。

（2）以中医药理论为指导　中医药理论是祖国医学的宝藏，中医重视人体本身的统一性、完整性及与自然界的关系。将中医药理论结合到植物化妆品的研究开发中，对于安全、高效的植物化妆品的开发具有重要指导意义。以整体观念、辨证论治、治未病、三因制宜、标本兼职为主要原则，按照中医药的遣方用药原则，筛选植物化妆品原料，从中医特有的君臣佐使组方思想中探寻安全、有效的解决皮肤问题的方法。

（3）以功效物质为核心　中国特色植物资源化妆品以在配方中的功效物质为核心，将化妆品所有配方原料看作一个整体，以整体观的观念完成整个化妆品的设计开发。

（4）以解决皮肤需求问题为目标　中国特色植物资源化妆品的研究开发应具有以终为始的思路，以解决皮肤终端需求问题作为主要目标，通过借助对中国特色植物资源的深度研究，更系统化、全面性的解决消费者的皮肤护理需求。

总之，在崇尚自然的今天，中国特色植物资源化妆品具有不良反应小、安全性高的优点，符合人们回归自然的愿望。我国有着丰富的天然药用植物，这为我国植物化妆品的发展创造了良好的机遇。把握好未来对它的研发、创新，就能使中国特色植物化妆品越来越受到世界的青睐，显示出强大的竞争力。

1. 什么是化妆品？什么是植物化妆品？
2. 简述植物化妆品的作用与分类。

第二章　中医药基础理论

📖 **知识要求**

　　1. **掌握**　阴阳学说、五行、气血津液的基本内容；五脏的组成和功能；中医四诊、中医辨证整体观念；治未病原则。

　　2. **熟悉**　阴阳学说及五行在肌肤问题中的指导意义；气血津液对皮肤的作用；治未病的意义；春夏秋冬四季的特点、肌肤特点和护肤原则。

　　3. **了解**　六腑的组成和功能；经络学说的经脉和络脉、十二正经、奇经八脉和十五络脉等。

第一节　阴阳五行学说

　　阴阳五行学说是中国古代哲学思想的结晶，是中医理论的重要组成部分，对中医学理论体系的形成和发展产生了极为深刻的影响。本节具体阐述了阴阳、五行学说的基本概念、主要内容及其在肌肤护理中的指导作用。

一、阴阳学说

　　1. 阴阳的概念　阴阳是对自然界中相互关联的某些事物或现象及其属性对立双方的概括，含有对立统一的观念。《素问·阴阳应象大论》说："阴阳者，天地之道也，万物之纲纪，变化之父母，生杀之本始，神明之府也，治病必求于本。"阐明了宇宙间一切事物的生长、发展和消亡都是事物阴阳两方面不断运动和相互作用的结果。

　　这也表明了阴阳的特性之一：普遍性。阴阳的普遍性，是指凡属于相互关联的万事万物，或同一事物的内部相关联的内容，都可以用阴阳来归类或分析，阴阳的对立统一是宇宙万物运动变化的总规律。阴阳的另一特性是相对性。相对性是指事物的阴阳属性不是绝对的，而是相对的。这种相对性表现为三个方面：一是阴阳的无限可分性；二是相比较而分阴阳；三是阴阳具有相互转化性。

　　2. 阴阳学说的基本内容　古圣先贤们不仅用阴阳来归纳自然界的万事万物，还进一步着重探讨了两者之间的相互关系，并通过其相互关系来解释万物发展和变化的内在机制。这些关系构成了阴阳学说的基本内容，即阴阳交感、对立制约、互根互用、消长平衡及相互转化。

　　（1）阴阳交感是指阴阳二气在运动中相互感应而交合的过程。阴阳交感的前提是阴阳二气的运动，阴阳的交感使对立的事物或力量，统一于一体，因此产生了万物。

　　（2）阴阳对立制约是指一切事物或现象都存在着相互对立的两个方面，彼此之间相互制约、相互斗争。这包含两个含义：一是阴阳属性都是对立的、矛盾的，如上与下、天与地；二是在属性对立的基础上相互制约，如寒与热。就人体的生理功能而言，功能亢奋为阳，而抑制属阴，当两者相互制约和相互消长取得动态平衡时，就是人体的正常生理状态，若一方过强或不足，则人体会处于病理状态。

（3）阴阳互根互用揭示的是阴阳对立双方的统一性。阴阳互根是指阴阳相互依存，任何一方都不能脱离另一方而单独存在，阴阳互用指的是阴阳双方可以滋生、促进和助长对方。阴阳的互根互用又是阴阳的消长与转化的内在根据，只有阴阳共处于一个统一体中，才有可能形成彼此的消长及相互间的转化。

（4）阴阳消长平衡指阴阳是在不断消长的运动中维持着相对的平衡状态。其中，阴阳消长指明了相互对立又相互依存的阴阳双方的量和比例不是静止不变的，而是不断地互为消长变化的，阴阳平衡进一步指明了阴阳的消长在一定时间、一定限度内，阴阳双方在总体上保持在一定的范围内，又称为动态平衡或相对平衡。

（5）阴阳相互转化是指相互对立的阴阳双方，在一定条件下可以向其对立面转化。阴阳转化的机制就在于事物的阴阳属性是由其内部双方对立的主次关系决定的，在阴阳转化过程中，必不可少的条件就是阴阳相互转化一般都发生于事物发展变化的"物极"阶段，即所谓的"物极必反"。正如《素问·阴阳应象大论》中的"重阴必阳，重阳必阴""寒极生热，热极生寒"。因此，"物极"就是阴阳相互转化的条件。

阴阳的交感、对立制约、互根互用、消长平衡及其相互转化之间并不是孤立的，而是相互关联、彼此联系的。阴阳交感是阴阳关系的最基本的前提，只有阴阳交感才能化生万物；对立制约是阴阳最普遍的规律，并决定着阴阳的消长平衡；而阴阳消长是阴阳运动的形式，阴阳消长维持在一定范围内，就是阴阳平衡，阴阳消长又可发展为相互转化，阴阳的相互转化是阴阳消长达到极点的结果；阴阳互根互用也说明了阴阳双方彼此依存、相互为用，而且互根互用是对立制约、消长转化的前提。

3. 阴阳学说在肌肤问题中的指导意义　阴阳学说贯穿于中医基础理论的各个方面，用以说明人体的组织结构、生理功能、病理变化等，指导着中医的理论思维、诊疗实践及养生康复等。

（1）指导皮肤疾病的诊断　皮肤疾病的发生、发展及变化的根本原因在于阴阳失调。在诊察皮肤类疾病时，合理运用阴阳归纳法，有助于对皮肤情况的总体阴阳属性做出判断。

（2）指导皮肤疾病的防治

1）维持肌肤平衡：正如养生防病是保持健康的重要手段，保持肌肤的平衡，就要使机体的阴阳与四时阴阳的变化相适应，以保持人与自然界的协调统一，如皮肤的水平衡、营养平衡、菌群平衡、代谢平衡及酸碱平衡等。

2）指导皮肤疾病的治疗：由于皮肤疾病发生、发展的根本原因是阴阳失调，正如《素问·至真要大论》中所说："谨察阴阳之所在而调之，以平为期。"因此，调整阴阳，补其不足，泻其有余，恢复皮肤阴阳的协调平衡，就是治疗皮肤疾病的基本原则。

二、五行学说

1. 五行的概念　五行，即木、火、土、金、水五种物质及以之分类而构成的五大类事物之间的运动变化。其中，"五"是指木、火、土、金、水五种基本物质。"行"的含义有二：一是指行列、次序；二是指运动变化。

《尚书·洪范》记载："五行：一曰水，二曰火，三曰木，四曰金，五曰土。水曰润下，火曰炎上，木曰曲直（弯曲，舒张），金曰从革（成分致密，善分割），土爰稼穑（意指播种收获）。润下作咸，炎上作苦，曲直作酸，从革作辛，稼穑作甘。"五行的特性分别如下所示：

木的特性："木曰曲直"。"曲直"即指树木的枝干曲直地向上、向外伸长舒展的姿态。故而凡具有生长、升发、条达、舒畅等作用或特性的事物或现象，均归属于木，如五脏中的肝，情志中的怒。

火的特性："火曰炎上"。"炎上"即指火具有温热、升腾、向上的特性。故而具有温热、升腾、向上作用或特性的事物或现象，均归属于火，如五脏中的心，情志中的喜。

土的特性："土爱稼穑"。"稼穑"即指土地可供人们播种及收获农作物。故而具有承载、生化、受纳作用或特性的事物或现象，均归属于土，如五脏中的脾，情志中的思。

金的特性："金曰从革"。"从革"即指顺从、服从及改革。故而具有清洁、肃降、收敛作用或特性的事物或现象，均归属于金，如五脏中的肺，情志中的悲。

水的特性："水曰润下"。"润下"即指水具有滋润及向下的特性。故而具有寒凉、滋润、向下运行等作用或特性的事物或现象，均归属于水，如五脏中的肾，情志中的恐。

五行学说是我国古代的取象比类学说，不仅是对木、火、土、金、水五种特性的具体观察，还是将万事万物按照曲直、炎上、稼穑、从革、润下的性质归属到木、火、土、金、水五种项目中。

2. 五行的基本内容　五行学说不仅可用于自然界万物及人体脏腑组织、生理病理归类，更重要的是以相生、相克等规律来探索和解释复杂系统内部各部分之间的相互联系和自我控制机制。

（1）相生　是指两类属性不同的事物之间存在相互帮助、相互促进的关系。五行相生的规律和次序是木生火，火生土，土生金，金生水，水生木。在相生关系中，五行中的任何一行都存在着"生我"及"我生"两方面的关系，在《难经》中被比喻为"母"与"子"的关系。因此，相生关系又可称为"母子"关系。

（2）相克　是指两类属性不同五行性事物间的关系的相互克制、相互制约。五行相克的规律和次序是木克土，土克水，水克火，火克金，金克木。在相克关系中，五行中的任何一行都存在着"克我"及"我克"两方面的关系，在《内经》中被称为"所不胜"及"所胜"的关系，即"克我"者为我"所不胜"，"我克"者即我"所胜"。

（3）制化　制即克制、制约；化即化生、变化。五行制化是指五行之间既有资助、促进关系，又存在制约、拮抗的对立统一关系，从而维持着事物间协调平衡的正常状态。这种联系体现为生中有克，克中有生。没有相生，就没有事物的发生和成长；没有相克，事物就会产生过度的亢奋而失去协调。因此，只有这种生与克相反相成的矛盾运动，才能维持事物的平衡状态，也才可能促进事物的发展变化。

3. 五行学说在肌肤问题中的指导意义　人体是一个有机的整体，"木、火、土、金、水"分别对应着人体的"肝、心、脾、肺、肾"五脏，它们之中有一种呈虚弱状态，就会引发身体连锁反应，皮肤自然会变差。五行学说不仅用以说明人体脏腑的生理功能和病理传变，指导疾病的诊断和预防，而且还以五行相生相克规律来确定疾病的治疗原则和方法，进而解决肌肤问题。

（1）指导脏腑用药　不同的药物，有不同的颜色与气味，中药所含的五色与五味就与同一行的脏腑产生"同气相求"的效应。以其不同性能与归属为依据，按照五行归属来确定即青色、酸味入肝；赤色、苦味入心；黄色、甘味入脾；白色、辛味入肺；黑色、咸味入肾。例如，酸枣仁、山茱萸味酸入肝经；丹参味苦色赤入心经以活血安神；白术色黄味甘以补益脾气；石膏色白味辛入肺经以清肺热；玄参、生地色黑味咸入肾经以滋养肾阴等。临床用药，除色、味外，还必须结合药物的四气及升降浮沉等理论综合分析，辨证应用。

（2）控制疾病的传变 根据五行生克乘侮理论，五脏中一脏有病，可以传及其他四脏而发生传变。例如，肝脏有病可以影响到心、肺、脾、肾等；心、肺、脾、肾有病也可以影响肝脏。不同脏腑的病变，其传变规律不同。因此，治疗时除对所病本脏进行治疗之外，还要依据其传变规律，治疗其他脏腑，以防止其传变。例如，肝气太过，木亢则乘土，病将及脾胃，此时在疏肝平肝的基础上，常应同时健脾护胃，使肝气得平，脾气得健，则肝病不得传于脾。《难经·七十七难》所说："见肝之病，则知肝当传之于脾，故先实其脾气。"这里的"实其脾气"，是指在治疗肝病的基础上佐以补脾、健脾。

（3）确定治则治法 五行确定治则治法的依据为五行相生相克规律。依据相生规律确定治则治法，正如《难经·六十九难》所说："虚则补其母，实则泻其子。"具体的治法常用的有如下几种。①滋水涵木法：是滋肾阴以养肝阴的治法，又称滋肾养肝法、滋补肝肾法，适用于肾阴亏损而肝阴不足，甚或肝阳上亢之证。②益火补土法：是温肾阳以补脾阳的治法，又称温肾健脾法、温补脾肾法，适用于肾阳衰微而致脾阳不振之证。③培土生金法：是健脾补气以助益肺气的治法，适用于脾气虚衰，生气无源，以致肺气虚弱之证，若肺气虚衰，兼见脾运不健者，亦可应用。④金水相生法：是滋养肺肾之阴的治法，亦称滋养肺肾法，适用于因肺阴亏虚，不能滋养肾阴，或肾阴亏虚，不能滋养肺阴的肺肾阴虚证。

而依据五行相克规律确定治则治法的治疗原则为"抑强"和"扶弱"。具体的治法常用的有如下几种。①抑木扶土法：是疏肝健脾或平肝和胃以治疗肝脾不和或肝气犯胃病证的治法，又称疏肝健脾法、平肝和胃法，适用于木旺乘土或土虚木乘之证。②培土制水法：是健脾利水以治疗水湿停聚病证的治法，又称为敦土利水法，适用于脾虚不运，或脾肾虚衰水湿泛滥而致水肿胀满之证。③佐金平木法：是滋肺阴清肝火以治疗肝火犯肺病证的治法，也可称为"滋肺清肝法"，适用于肺阴不足，右降不及的肝火犯肺之证。④泻南补北法：是泻心火补肾水以治疗心肾不交病证的治法，又称为泻火补水法、滋阴泻火法，适用于肾阴不足，心火偏旺，水火不济的心肾不交之证。

第二节 气血津液学说

气血津液是脏腑正常生理活动的产物，受脏腑支配，同时它们又是人体生命活动的物质基础。本节将对气、血、津、液的概念和功能特点等进行阐述。

一、气

1. 气的概念 气是人体内运行不息的极精微物质，是构成人体和维持人体生命活动的最基本物质。气运行不息，推动各种生理功能活动，维系着人体生命的过程，人体脏腑、组织的生理功能就是气的功能体现。人体的气，来源于禀受父母的先天精气、饮食物中的水谷精微及存在于自然界的清气。

根据气的分布部位和功能特点，气可分为如下几种：

（1）元气，又称原气、真气，是人体最基本，也是最重要的气。元气主要为肾中精气所化生，又赖于后天脾胃，发于肾，通过三焦遍及全身。其主要功能一是推动激发人体生长、发育和繁殖；二是推动激发脏腑经络等生理活动。

（2）宗气，即肺吸入清气与脾胃化生的水谷精微之气结合，积于胸中。其主要功能一是上出喉咙，主司气机升降；二是贯心脉以行气血。

（3）营气，又称荣气，是行于脉中之气，来源于水谷精微中的精华部分，与血同行脉中，可分不可离，多以"营血"并称。其主要作用一是化生血液；二是营养全身。

（4）卫气，又名卫阳，是行于脉外之气，来源于水谷精微中的活力最强、卫外最有力者，其主要作用一是护卫肌表、防御外邪；二是温养脏腑、肌肉、皮毛；三是调节腠理开合，控制汗液排泄。

2. 气的基本内容　人体的气是不断运动着的具有很强活力的精微物质。正是由于气的不断运动变化，才产生了人体的各种生理活动。

（1）气的运动　称为气机，包括升、降、出、入四种基本形式。所谓升，是指气自下而上运行；降，是指气自上而下运行；出，是指气由内向外运行；入，是指气由外向内运行。气的升与降、出与入，是对立统一的矛盾运动。从人体局部来看，并不是每个脏腑都有明显的升降出入的运动形式，但从人的整体的生理活动来看，升降出入保持相对平衡协调，才能发挥其维持人体生命活动的作用，这种生理状态称为气机调畅。

如果气的运动出现了平衡失调，即称为气机失调。常见的形式有：①气滞，即气机运行不畅，阻滞不通；②气逆，即气机上升太过或下降不及；③气陷，指气机上升不及或下降太过；④气脱，指气机失于内守而外泄；⑤气闭，指气机失于外达而郁闭于内。

（2）气的生理功能

1）推动作用：指气具有激发和促进作用。气是活力很强的精微物质，能推动和激发人体生长发育及各脏腑经络的生理功能，并且推动血液的生成、运行，以及津液的生成、输布、排泄。当此作用减退时，各脏腑经络生理功能减退，血和津液生成不足，输布和排泄受阻，影响人体的生长、发育或出现早衰等。

2）温煦作用：指气能产生热量，温煦人体的作用。人体各脏腑经络的生理活动需要气的温煦作用来维持；血和津液都是液体，都需要气的温煦才能正常运行。

3）防御作用：指气有维护肌肤，防御邪气的作用。气的防御作用，一方面可以抵抗外邪的侵入；另一方面还能驱邪外出。若气的防御作用减弱，则机体抵抗邪气的能力降低，易感染疾病，且患病后难以痊愈。因此气的防御作用与疾病的发生、发展及转归有密切的联系。

4）固摄作用：指气能统摄和控制体内的液体，不使其无故流失。具体表现在升举、承托内脏；控制血液运行于脉内；控制汗、尿、唾、胃液及肠液等的分泌和排泄。

5）气化作用：指通过气的运动产生各种生理功能效应，即气、血、津液各自的新陈代谢及其相互转化，是物质和能量转化的过程。

3. 气对皮肤的作用　当脏腑精气充足，正气强盛，生命活动正常时，人体表现出健康的神态，目光明亮、面色红润、肌肉饱满、表情自然等。而当神气不足、精气不旺时，人体则表现出精神不佳、两眼乏神、面色少华、肌肉松弛、倦怠乏力等。当寒凝经脉，阻碍气血运行，或气滞血瘀时，人的面部表现为面色青紫，以鼻柱、两眉间及口唇四周最易察见。

二、血

1. 血的概念　血即血液，是循脉流注全身的富有营养的红色液态物质，是构成人体和维持人体生命活动的基本物质。

中医理论认为，营气行于脉中，为血液的组成成分之一，血的另一组成成分是津液。营气和津液都来源于脾胃化生的水谷精微，因而称脾胃为气血生化之源。饮食经胃的腐熟及脾的运化，转化为水谷精微，水谷精微经脾的升清而上输于肺，再经过心肺的气化作用，注之于脉，化而成血。

2. 血的基本内容

（1）血的运行　血在脉中循环运行，心、肺、脾、肝、脉在血的生成与运行中发挥主要作用。

心主血脉，心气是血液运行的推动力，在心气的推动下，血液运行至全身，发挥营养作用；肺主气和朝百脉，促进宗气的生成，并调节全身的气机，具有助心行血、推动和调节血液运行的作用；脾主运化又能统血，脾气健运，气能摄血，气血生化有源，则血脉充盈，血行于脉中；肝藏血，根据人体的生理活动，能调节脉中血量，且肝主疏泄以调畅气机，可促进血液的运行；所有这些，都有赖于血脉的完整性，来共同实现血的运行。

（2）血的功能

1）营养滋润全身作用：血液在脉中运行，内至脏腑，外达皮肉筋骨，对全身各脏腑组织器官起着营养和滋润作用，以维持人体正常的生理功能。

血液充盈，人体组织器官各得所养，则面色红润、肌肉丰满壮实、皮肤毛发润泽有光华、脏腑功能旺盛。若血液亏虚，则出现面色苍白、口唇指甲淡白无华、肢体麻木、筋脉拘挛、皮肤干燥、毛发枯焦等一系列血虚失于濡养的症状。

2）濡养神志作用：血液是机体精神活动的物质基础。人的精力充沛、神志清晰、感觉灵敏、活动自如均有赖于气血的充盛。而血液亏虚，则出现精神不振、健忘、失眠、多梦、烦躁，甚则出现精神恍惚、惊悸不安、谵妄等神志失常的病理表现。

3. 血对皮肤的作用　血液对皮肤起着滋润和濡养的作用，如果血液的营养和滋润功能正常，则面色红润、毛发润泽。如果血液生成不足或过度耗损导致血液的营养和滋润功能减弱时，就会出现面色苍白、皮肤干燥、头发枯焦等一系列问题。

三、津液

1. 津液的概念　津液，是机体一切正常水液的总称，包括各脏腑、组织、器官的内在体液及其正常的分泌物，如胃液、肠液、涕、泪等，同样也是构成人体和维持人体生命活动的基本物质。

津液是津和液两个概念，虽同属水液，都来源于水谷精微物质，但根据其性状、功能、分布部位不同而有一定的区别。一般性质较清稀，流动性较大，分布于体表皮肤、肌肉和孔窍，并能渗注到脉中，起滋润作用的，称为津。性质较稠厚，流动性较小，灌注于骨关节、脏腑、脑、髓等组织，起濡养作用的，称为液。但因津和液是可相互转化的，故津和液常并称。

2. 津液的基本内容

（1）津液的生成、输布和排泄是一个非常复杂的过程，其中涉及多个脏腑的一系列生理活动。

1）生成：津液来源于饮食物，通过脾胃及小肠的运化功能化生而成。

2）输布：主要通过脾的运化、肺的通调水道、肾的蒸腾气化及三焦决渎行水等脏腑功能的协同作用来实现。

3）排泄：主要通过肺的宣发肃降、肾的气化及大肠的传导等脏腑功能的协调作用而完成的。

（2）津液的功能

1）滋润和濡养作用：津液能润泽皮毛肌肤，滋润各脏腑、组织、器官，润滑和保护口眼鼻等孔窍，充养骨髓、脊髓、脑髓，滑利关节。通常津以滋润为主，液以濡养为主。

2）营养和化生血液：血和津液的生成均来源于水谷精微。血在脉中，津在脉外。津液可以渗过脉管，进入脉中，与营气结合，转化为血。

3. 津液对皮肤的作用　在正常情况下，人体需要适量的津液。津液有多余，则经过气化变成废物排出体外，借以保持体液平衡，如出于腠理为汗，下输膀胱则为尿。津液不足，则出现口干、舌燥、皮肤枯燥干涩，甚至四肢挛急、抽搐等，如大汗或排尿过多均可发生此类状况。

第三节　藏象学说

藏象学说的形成，可以上溯到中国现存最早的医学典籍《内经》。藏象学说以脏腑为基础，是关于人体脏器于阴阳五行形象化的学说。本节将详细介绍五脏、六腑组成及其功能。

一、五脏

所谓"藏"，即"脏"（音 zàng），是指机体胸腹腔中，组织致密充实，能够产生、储藏精气的器官。中医的脏包括五脏，即是心、肝、脾、肺、肾的合称。

五脏在机体中起着重要的作用，五脏各施所能，彼此沟通协调，共同维持着生命活动的运行。除了先天决定的脏器功能外，五脏的生命活动功能还为机体情志和自然环境变化所影响，从而直接或间接地影响人的身体健康，甚至导致疾病的发生。早在《黄帝内经》中就有关于五脏的记载，《素问·五藏别论》："所谓五藏者，藏精气而不泻也，故满而不能实。"《灵枢·本藏》："五藏者，所以藏精神、血气、魂魄者也。"概括了五脏的生理特点及生理作用。下面我们将逐一说明每个脏的特点和功能作用。

1. 心　位置在胸腔当中，膈膜以上，两肺之间，形态圆而下尖，外有心包膜包裹保护。心主血脉，藏神，即心的生理作用与血脉、神志有关，对人类机体的生命活动起着重要的主宰作用。由此，心也被称为"君主之官"。

心在体合脉，其华在面，在窍为舌，在志为喜，在液为汗。手少阴心经与手太阳小肠经相互属络于心与小肠，相为表里。心在五行属火，与自然界夏气相通应，故心的功能会影响面部皮肤的状态。心气充足，血行正常，脸色红润并具光泽；心气或心血亏损，血行不畅，皮肤失养，则面部苍白无华，易生皱纹；心血瘀阻，则脸色青紫，苍老易显。

2. 肝　位置在腹腔当中，膈膜以下，右胁之中。肝主疏泄、藏血，具有喜升动、喜条达的特点，故厌恶郁滞，也因此被称为"刚脏"。

肝在体合筋，其华在爪，在窍为目，在志为怒，在液为泪。胆附于肝，足厥阴肝经与足少阳胆经相互属络于肝与胆，相为表里。肝在五行属木，与自然界春气相通应。

肝为机体之"血库"，主藏血与调节气血的运行。肝喜条达，故肝脏若能疏泄正常，则气血充盈，经络通利，在保证机体营养的同时滋养肌肤。若肝失疏泄则气滞血瘀，从而肌肤滋养不足而变得枯黄衰老。肝气郁结于面，则使血瘀于面，产生"肝斑"，即黄褐斑。

3. 脾　位置在腹腔，膈膜以下，胃的左方。脾胃同位于人体中焦部位，是人体消化食物、吸收和输送水谷精微的重要器官。脾胃就如同机体中的"发电机"，在人类出生以后，不断通过消化吸收食物中的营养，化生气血津液，给人体"充电"，维持生命活动，故称脾胃为"后天之本"。脾气的运动特点是主升举，又主运化水液，具有喜燥恶湿的特点。

脾在体合肌肉而主四肢，在窍为口，其华在唇，在志为思，在液为涎。足太阴脾经与足阳明胃经相互属络于脾与胃，相为表里。脾在五行属土，与长夏之气相通应，旺于四时。

脾主运化，若脾气旺盛，则气血得到精微很好的补益，周身得养，肤色润泽健康，皮肤光彩油亮；若脾气虚弱，则运化无力，精微吸收不足能够直接导致人体精神不振，面容萎黄，脸色无华。

此外脾主肌肉，脾气不足能够直接影响肌肉弹性，令皮肤松弛，皱纹易生，提早衰老。脾喜燥恶湿，若中焦郁结，则气机受阻，使气机升降异常，人随之精神疲乏，神呆力乏，皮肤干燥，毛发枯槁。

4. 肺　位置在胸腔中，共五叶，左二右三分叶，覆于心脏之上，由于位置处于五脏六腑的最高位，有"华盖"之称。肺通过气管、支气管联络咽喉、鼻，建立呼吸的门户。故肺主气，司呼吸，主行水、治节，即肺能沟通机体和自然界，进行机体内外的气体交换。另外，由于肺性质娇嫩又主司呼吸，与外界息息相通，容易受自然界中寒热燥湿的外邪侵犯，故也有"娇脏"之称。

肺在体合皮，其华在毛，在窍为鼻，在志为悲，在液为涕。手太阴肺经与手阳明大肠经相互属络于肺与大肠，相为表里。肺在五行中属金，为阳中之阴，与自然界秋气相通应。

肺气助行心血，使得血液能够滋养全身，使肌肤温润。若肺气失调，则心血输送无力，直接导致肌肤失去光泽，形容枯槁。此外，肺能宣发卫气，调节腠理，腠理开合得当，水分散失得当，皮肤自然能够细滑润泽。而当肺功能失调，腠理堵塞不畅，就会导致脸和胸背部生痤疮，故有"肺风粉刺"一说。

5. 肾　位置在腹腔后，脊柱两侧，左右各一。《素问·脉要精微论》说："腰者，肾之府。"肾主藏精，主水，纳气。肾藏先天之精，主生殖，故为生命之本源，被称为"先天之本"。同时肾精能化为肾气，肾气分阴阳，肾阴与肾阳能够相互滋生、相互促进，协调全身脏腑阴阳，故肾又被称为"五脏阴阳之本"。

肾在体合骨，生髓，通脑，其华在发，在窍为耳及二阴，在志为恐，在液为唾。足少阴肾经与足太阳膀胱经相互属络于肾与膀胱，相为表里。肾在五行属水，与自然界冬气相通应。

肾为先天之本，生命之源，肾精的盛衰决定机体及其功能的盛衰。故肾精不足会造成机体的提前衰老，皮肤老化，失去紧致与弹性。临床常见肾水不足、血瘀脉络形成肌肤色素的沉积，致使色斑、老年斑的发生，也能导致须发早白、易白。

根据中医学整体观念的基本特点，在内的五脏与在外的形体官窍是一个有机的整体。五脏的生理功能和病理变化可通过人体外在的各种体征间接反映出来，机体肌肤的各种颜色、状态的改变也可以揭示机体内五脏的功能状态，反映机体功能。因此，中医皮肤养护主要从内脏论治着手，通过滋养五脏，调理气血津液，疏通经络等措施来达到养生护肤，延缓衰老的目的。

▶ 知识拓展

"女七男八"生长节律

生长发育是一个连续的、有阶段性的过程，人的一生中，生命力的盛衰呈现不断变化的趋势。《黄帝内经》关于人的"生长壮老已"提出"女七男八"的生长节律。

《素问·上古天真论》从肾气和天癸的盛衰来观察的，根据人以五脏为本，而肾为五脏之根。肾气（即肾所藏之精气）为生命的基础，在人的"生长壮老已"的过程中起主导作用，随着肾气的变化规律，提出"女七男八"的生长节律。

"帝曰：人年老而无子者，材力尽邪？将天数然也？岐伯曰：女子七岁，肾气盛，齿更发长。二七而天癸至，任脉通，太冲脉盛，月事以时下，故有子。三七，肾气平均，故真牙生而长极。四七，筋骨坚，发长极，身体盛壮。五七，阳明脉衰，面始焦，发始堕。六七，三阳脉衰于上，面皆焦，发始白。七七，任脉虚，太冲脉衰少，天癸竭，地道不通，故形坏而无子也。丈夫八岁，肾气实，发长齿更。二八，肾气盛，天癸至，精气溢写，阴阳和，故能有子。三八，肾气平均，筋骨劲强，故真牙生而长极。四八，筋骨隆盛，肌肉满壮。五八，肾气衰，发堕齿槁。六八，阳气衰竭于上，面焦发鬓颁白。七八，肝气衰，筋不能动，天癸竭，精少，肾藏衰，形体皆极。八八，则齿发去。"

二、六腑

腑，在《内经》中写作"府"，有府库的意思，胆、胃、小肠、大肠、膀胱和三焦合称为六腑。具有受纳、转输、传化水谷的功能。六腑在生理功能上密切配合，共同完成饮食物的消化、吸收、转输和排泄。

1. **小肠**　上端连接胃部幽门，下端通过阑门连接大肠，为中空的管状器官，迂回环叠于腹腔之中。小肠主受盛、化物，在消化过程中，接受、容纳胃部初步消化的食物，进一步消化停留在小肠的食糜。经过小肠的进一步消化，即为"化物"后，食糜中的营养物质便转化为精微，滋养机体。

此外，小肠能别清浊。清者，水谷精微，浊者，无法吸收的食物残渣。一方面，食糜在小肠进一步消化，生成水谷精微，经脾上输肺部，营养周身；另一方面，吸收精微的过程中，多余的水液则渗入膀胱，形成尿液；最后浊者通过大肠排出体外，达到别清浊的目的。

2. **胆**　附在肝短叶的位置并与肝脏相连，是中空的囊状器官。胆主储存、排泄胆汁和决断。在食物的消化过程中，由肝的精气化生的胆汁会储存在胆囊中。

当胆汁正常排泄、肝脏疏泄功能正常时，胆汁能够通达排泄，促进消化，保证脾胃运化功能的正常运作。若肝气郁结，则会引发胆汁排泄不畅，阻碍脾胃的消化功能，诱发食欲不振、胸胁胀满和大便失调；若肝气过分疏泄，胆气也会随之上逆，激发口苦、呕吐黄绿色苦水等症；若仅是胆囊胆汁疏散不通，日积月累会因砂石淤积，引发结石。

胆主决断，表示胆具有判断、做决定的作用，临床常见胆气不足的人，多惊易恐，遇事犹豫不决。

3. **胃**　位置在膈肌之下，上连食管，下接小肠。胃主受纳、腐熟水谷和通降。受纳、腐熟即胃将食管纳入的食物进行初步消化变成食糜，并将食糜下送小肠进行进一步消化吸收的过程。正是由于脾胃这种受纳、腐熟的能力，使机体得到源源不断的水谷精微以维持机体活动，故称脾胃为"气血生化之源"，并将其功能概括为"胃气"。由此，"胃气"的强弱关系到机体能够得到的后天的营养源泉，而临床常用"胃气"强弱推断病情轻重，预后情况，并在治疗中以"保胃气"作为指引。临床上，若胃气失常，则易饿善饥或纳呆厌食、嗳气酸腐、胃脘胀痛；若胃气大伤，则饮食难进、预后慢；若是胃气衰败，则生命垂危。故有"人有胃气则生，无胃气则死"之说。

胃主通降，则以胃气畅通下降为顺，若通降之功失常，则食欲下降，浊气上逆，生口臭、呃逆、嗳气、恶心、呕吐，至脘腹胀满疼痛，大便秘结。

4. 大肠 位置在腹腔当中，上口经阑门与小肠相连，下口与肛门相接，呈回环叠积之状的管道器官。

大肠主传化，即受纳小肠下递的食物残渣，并吸收其中多余水分，生成粪便并排出体外的过程。由于大肠功能乃是胃部降浊功能的延伸，与肺、脾和肾的功能息息相关，若大肠功能失常，则导致大肠湿热阻滞，腹痛腹泻、里急后重、脓血下痢；若大肠实热，则大便干秘；若大肠虚寒，则肠鸣泄泻。

5. 膀胱 位置在腹腔下部，为中空的囊状器官，上接肾脏和输尿管，下通尿道直至前阴。

膀胱主储存和排泄尿液。尿液为机体津液所化，依赖肾脏气化而成，通过膀胱开合排出。由此可知，肾脏的气化是膀胱功能的基础。若膀胱功能失常，则小便不利，或引发癃闭、尿频、尿急、尿痛及尿失禁等。

6. 三焦 是上、中、下三焦的总称，但非实体器官，从部位上来划分，膈肌以上为上焦，包括心肺；膈肌以下脐以上为中焦，包括脾胃；脐以下为下焦，包括肝肾。

三焦主诸气，总理机体的气化活动，为人体元气通道。生命之元气是气化活动的原动力，始发于肾，通过三焦输送全身，以激发、推动各个脏腑、组织器官的功能活动，维持人体生命活动的进行。

同时，三焦也是人体水液运行的通道。通过各脏腑相互合作，三焦水道通畅无阻，才能使水液代谢正常运行。

水谷的正常受纳，气血津液的正常输布保证了皮肤充足的养分和水分。气血津液的输布依赖六腑和脉络的畅通，津液的排泄主要依赖肺、大肠、肾和膀胱的功能，汗、尿、呼气、粪便及周身代谢毒素的排出依赖六腑功能。气血输布不畅会导致肌肤失养，易生肌肤老化问题。津液排泄过多会导致体内水分流失而造成皮肤缺水。

由此可见，津液的代谢过程由多个脏腑共同协调完成，肌肤滋养得当需要脏腑调和。

第四节 经络学说

《医学入门》："医者不明经络，犹人夜行无烛"。《医门法律》："治病不明经络，开口动手便错"。经络学说在中医理论中占有举足轻重的地位，本节将对经络的概念和其主要组成展开阐述。

一、概念

经络是人体运行气血、联系脏腑肢节、沟通机体上下的通道。经络学说，就是研究人体经络的分布、生理功能、病理变化及其与脏腑相互关系的学说。经络包括了经脉和络脉，其中包括十二正经、奇经八脉和十五络脉等。

二、名称及走向

1. **十二正经**　十二正经是十二脏腑所属的经脉，正经为运行气血、联接脏腑内外、沟通上下、直线而行的主干通道。十二正经包括手三阴经、手三阳经、足三阴经和足三阳经。

手三阴经：手太阴肺经、手厥阴心包经、手少阴心经。

手三阳经：手阳明大肠经、手少阳三焦经、手太阳小肠经。

足三阴经：足太阴脾经、足厥阴肝经、足少阴肾经。

足三阳经：足阳明胃经、足少阳胆经、足太阳膀胱经。

十二正经为经络中直行的主干，具有一定的循行规律。手三阴经从胸走手，手三阳经从手走头。足三阳经从头走足，足三阴经从足走胸腹。阳经会于头，阴经会于胸腹（图2－1）。

古人将山朝阳的一面称为"山阳"，背阳一面称为"山阴"。而阳经在手臂、足、腿上也有类似的运行规律。我们以手足的外侧为阳，以手足的内侧为阴。故手臂的内侧、腿的内侧各有三条阴经；手臂的外侧、腿的外侧也各有三条阳经。

图2－1　十二正经走向

（1）手太阴肺经　与手阳明大肠经互为表里，上接足厥阴肝经于肺内，下接手阳明大肠经于食指。本经穴主治与"肺"相关病症：咳嗽，气急喘息，胸闷心烦，上臂、前臂的内侧前缘酸痛或厥冷，掌心发热。

（2）手厥阴心包经　与手少阳三焦经相表里，上接足少阴肾经于胸中，下接手少阳三焦经于无名指。本经穴主治与"脉"相关病症：心胸烦闷，心痛，掌心发热。

（3）手少阴心经　与手太阳小肠经相表里，上接足太阴脾经于心中，下接手太阳小肠经于小指。本经穴主治与"心"相关病症：眼睛昏黄，胁肋疼痛，上臂、前臂的内侧后缘疼痛、厥冷，掌心发热。

（4）手阳明大肠经　与手太阴肺经相表里，上接手太阴肺经于食指，下接足阳明胃经于鼻旁。本经穴主治与"津"相关病症：眼睛昏黄，口干，鼻流清涕或出血，喉咙痛，肩前、上臂部痛，食指疼痛，活动不利。

（5）手少阳三焦经　与手厥阴心包经相表里，上接手厥阴心包经于无名指，下接足少阳胆经于目外眦。本经穴主治与"气"相关病症：自汗，眼外眦痛，面颊肿，耳后、肩臂、肘部、前臂外侧疼痛，小指、无名指功能障碍。

（6）手太阳小肠经　与手少阴心经相表里，上接手少阴心经于小指，下接足太阳膀胱经于目内眦。本经穴主治与"液"相关病症：目黄，耳聋，面颊肿，颈部、颌下、肩胛、上臂、前臂的外侧后缘疼痛。

（7）足太阴脾经　与足阳明胃经相表里，交出厥阴之前，前后流注次序中足阳明胃经循行至足太阴脾经再循行至手少阴心经。本经穴主治与"脾"相关病症：呕吐嗳气、胃痛腹胀、便溏、黄疸、身重无力、舌根强痛、下肢肿胀厥冷、足大趾运动不利。

（8）足厥阴肝经　与足少阳胆经相表里。离踝8寸处交出足太阴脾经，它的支脉从肝分出向上流注于肺接手太阴肺经。本经穴主治与"肝"相关病症：情志抑郁或易怒、巅顶头痛，咽干口苦、胸胁胀满、腰痛不可以俯仰、疝气。

（9）足少阴肾经　与足太阳膀胱经相表里。一分支从肺中分出，络心注于胸中，交于手厥阴心包经。本经穴主治与"肾"相关病症：月经不调、遗精、小便不利、水肿、便秘、泄泻及其经脉循行部位的病变。

（10）足阳明胃经　与足太阴脾经互为表里。旁行入目内眦，与足太阴膀胱经相交，分支从足背上冲阳穴分出，前行入足大趾内端，交于太阴脾。本经穴主治与"胃"相关病症：咽喉、头面、口、牙、鼻等器官病症，消化系统、神经系统、呼吸系统、循环系统病症及本经脉所经过部位之病变。

（11）足少阳胆经　与足厥阴肝经互为表里。一支从眼角分出下走大迎穴，与手少阴三焦经会合于目眶下；一支从足背分出进入大趾趾缝间沿第一、第二跖骨间，出趾端，回转来通过爪甲，出于趾间毫毛部，交于足厥阴肝经。本经穴主治与"胆"相关病症：侧头、眼、耳、鼻、喉、胸胁等部位病症，肝胆、神经系统疾病，发热病及本经所过部位的病变。

（12）足太阳膀胱经　与足少阴肾经互为表里。一分支从项分出下行，沿足背外侧缘至小趾外侧端，交于足少阴肾经。本经穴主治与"膀胱"相关疾病：癫痫、头痛、目疾、鼻病、遗尿、小便不利、下肢后侧部位的疼痛等症及本经所过部位的病症。

2. 奇经八脉　奇经八脉由于其没有直接所属的脏腑，亦无表里配合关系，故称为"奇经"。奇经八脉包括任脉、督脉、冲脉、带脉、阳维脉、阴维脉、阴跷脉、阳跷脉，主要是对十二经脉的气血运行起着溢蓄、调节作用。

（1）任脉　起于胞中，下出会阴，经阴阜，沿腹部和胸部正中线上行，至咽喉，上行至下颌部，环绕口唇，沿面颊，分行至目眶下。分支：由胞中别出，与冲脉相并，行于脊柱前。基本功能：①调节阴经气血，为"阴脉之海"；②任主胞胎，与女子月经来潮及妊养、生殖功能有关。

（2）督脉　起于胞中，下出会阴，沿脊柱里面上行，至项后风府穴处进入颅内，络脑，并由项沿头部正中线，经头顶、额部、鼻部、上唇，到上唇系带处。分支1：从脊柱里面分出，络肾。分支2：从小腹内分出，直上贯脐中央，上贯心，到喉部，向上到下颌部，环绕口唇，再向上到两眼下部的中央。基本功能：①调节阳经气血，为"阳脉之海"；②反映脑、髓和肾的功能。

（3）冲脉　起于胞中，下出会阴，从气街部起与足少阴经相并，挟脐上行，散布于胸中，再向上行，经喉，环绕口唇，到目眶下。分支1：从少腹输注于肾下，浅出气街，沿大腿内侧进入腘窝，再沿胫骨内缘，下行到足底。分支2：从内踝后分出，向前斜入足背，进入大趾。分支3：从胞中分出，向后与督脉相通，上行于脊柱内。基本功能：①调节十二经气血为"十二经脉之海"；②与女子月经及孕育功能有关。

（4）带脉　起于季肋，斜向下行至带脉穴，绕身一周，环行于腰腹部。并于带脉穴处再向前下方沿髂骨上缘斜行至少腹。主要生理功能：①约束纵行诸经；②主司妇女带下。

（5）阳维脉　起于外踝下，与足少阳胆经并行，沿下肢外侧向上，经躯干部后外侧，从腋后上肩，经颈部、耳后，前行到额部，分布于头侧及项后，与督脉会合。基本功能：维系联络全身阳经。

（6）阴维脉　起于小腿内侧足三阴经交会之处，沿下肢内侧上行，至腹部与足太阴脾经同行，到胁部与足厥阴经相合，然后上行至咽喉，与任脉相会。基本功能：主要维系联络全身阴经。

（7）阴跷脉　起于内踝下足少阴肾经的照海穴，沿内踝后直上小腿、大腿内侧，经前阴，沿腹、胸进入缺盆，出行于人迎穴之前，经鼻旁，到目内眦，与手足太阳经、阳跷脉会合。

（8）阳跷脉　起于外踝下足太阳膀胱经的申脉穴，沿外踝后上行，经小腿、大腿外侧，再向上经腹、胸侧面与肩部，由颈外侧上挟口角，到达目内眦，与手足太阳经、阴跷脉会合，再上行进入发际，向下到达耳后，与足少阳胆经会合于项后。

阴阳跷脉的基本功能：①主司肢节运动。跷，有跷捷轻健之义。跷脉从下肢内外侧分别上行头面，具有交通一身阴阳之气和调节肌肉运动的功能，主要能使下肢运动灵活跷捷。②司眼睑开合。由于阴阳跷脉交会于目内眦，阳跷主一身左右之阳，阴跷主一身左右之阴，阳气盛则瞋目，阴气盛则瞑目，即具有濡养眼目和主司眼睑开合的作用。

3. 十五络脉　十五络脉是经络系统的重要组成部分，包括十二经脉、任、督二脉各别出的一络及脾之大络，共十五支。十五络脉的循行分布同样具有规律。任脉、督脉的别络及脾之大络主要分布在头身部：任脉的别络从鸠尾分出后分布于腹部；督脉的别络从长强分出后散布于头，左右分走足太阳经；脾之大络从大包分出后散布于胸胁，分别沟通了腹、背和全身经气。虽为别络，十五络脉的存在加强了十二经脉及任督二脉在机体中的表里两经的相互联系，增强了表里经脉的经气沟通，补充了主要经脉循行的不足之处。躯干部的任脉别络、督脉别络和脾之大络，分别沟通了腹、背和全身经气，从而输布气血以濡养全身组织。

第五节　诊法、辨证与防治原则

中医在治疗疾病方面，总结了诸多宝贵的经验和原则，如辩证、整体观、治未病等，这些经验和原则在皮肤护理中也起到至关重要的作用。而诊法，是诊察疾病的方法，通过四诊对病人进行全面了解，从整体出发，进行综合分析归纳，为辩证与防治提供依据。本节将对中医四诊、中医辨证、整体观念以及防治原则基础理论进行阐述。

一、中医四诊

人的机体是一个有机的整体，人体的皮、肉、脉、筋、骨、经络均与脏腑有着不可分割的联系。我们以脏腑作为中心，以经络作为桥梁沟通内外，故能审察外表征象而求索疾病的病因病机。中医四诊正是以此为原理，经过前人大量临床经验积累，形成的独特的诊察方法，为中医辨证施治提供重要的依据。

中医四诊包括望、闻、问、切四法。

望，即望诊，指医生通过视觉来观察患者全身和局部的表现，来收集疾病资料的诊察方法。

闻，即闻诊，指通过听觉听患者声音、呼吸、言语、咳嗽、呕吐、呃逆、嗳气及通过嗅觉嗅闻患者体味及口气、痰涕、排泄物等各种气味来推断疾病的诊察方法。

问，即问诊，指医者通过询问患者起病、病情发展情况、现有症状及治疗经过，寒热汗否、头身、胃脘腰腹、饮食睡眠及二便情况来诊察疾病的方法。

切，即切诊，分为脉诊和触诊。脉诊能够帮助医者掌握患者脉象，感知脉象，推断气血运行情况及经脉所属脏腑功能状况来了解患者病情。触诊则为用手触摸按压患者病变部位，体察患者体温、病变部位硬软程度、喜按或拒按等特点帮助诊察的手法。

肌肤问题的发生常常是个复杂的过程，其临床表现可体现于多个方面，望、闻、问、切是从不同的角度对问题进行检查和资料收集，各有其独特的方法和意义。四诊相互联系，不可分割。诊法合参，从而得以全面获得所需的临床资料，有助于准确诊治疾病。

二、中医辨证

"证"，为疾病发展过程中的某一阶段的病理概括，包括病变的原因、性质、部位及疾病的正邪关系，是有总括性、判断性特征的证，能够全面、深刻揭示疾病的本质。"辨证"就是将四诊中收集到的疾病相关症状、体征及各类资料进行分析、综合考虑，辨明疾病起因、性质、部位和正邪关系，判断证的性质的过程。

结合中医整体观念与辨证论治的思想，中医认为人体的健康来自周身生命活动的协调性和有序性。因此从中医辨证论治的角度与观点来寻求各种面部皮肤问题的根源是具有理论依据的。通过中医辨证法能够有效划分出面部肌肤在不同季节下的中医证型，分析发现不同面部皮肤中医证型的生理功能特点与季节变化的联系，发掘问题肌肤的问题根源。

▶ 知识拓展

养心安神助眠与皮肤

《黄帝内经》中的《灵枢·大惑论》就指出："卫气者，昼日常行于阳，夜行于阴，故阳气尽则卧，阴气尽则寤。"中医非常重视睡眠的重要性，因此"饮食有节，起居有常，不妄劳作"是古代养生法则。失眠影响的不仅是人们的身体健康，还影响人们的皮肤康美如出现黑眼圈、皮肤粗糙、气色差等多种皮肤问题。

失眠，中医称之为不寐。以经常性不能获得正常睡眠为主要特征，中医中亦有"不得卧""不得眠""目不瞑""不眠""少寐"等名称。

正常的睡眠，依赖于人体的"阴平阳秘"，脏腑调和，气血充足，心神安定，心血得静，卫阳能入于阴。不寐主要与心、肝、脾、肾关系密切。因血之来源，由水谷精微所化，上奉于心，则心得所养；受藏于肝，则肝体柔和；统摄于脾，则生化不息。调节有度，化而为精，内藏与肾、肾精上承于心，心气下交于肾，阴精内守，卫阳护于外，阴阳协调，则神志安宁。若思虑、劳倦伤及诸脏，精血内耗，心神失养，神不内守，阳不入阴，每至顽固性不寐。

（1）精血暗耗，心神失养。

（2）情志不舒，躁扰心神。

（3）胃不和，卧不安。

针对压力大、焦虑引起的失眠人群，以养血宁心、安神除烦，如酸枣仁可助睡眠；以解郁安神、舒缓情志，如玫瑰花可助舒缓情志；以和调胃肠气机，如肉桂可助饮食失节的人。助眠有利于皮肤调养，睡眠改善，使得血液微循环得以正常运行，皮肤能够吸收充足的营养维持红润白皙，富有弹性。

三、整体观念

整体观念指中医在认识人体和诊治疾病时，都要从人的整体出发。首先，人体五脏六腑和体表各组织及器官之间的联系是密不可分的，具有完整性和统一性；其次，环境的变化对人体生理和病理有着巨大影响，人体与自然界具有依存性和协调性的关系。因此，中医的整体观念中包括人体本身的整体观念和人与自然的整体观念。

1. **人体的整体观念**　人体是一个有机整体，通过筋骨经脉的沟通联系，脏腑与外部的组织在结构、功能上相互协调、相互影响。所以透过对机体外部的局部病变的诊察能够反映出机体的结构、功能状况。人的容颜、肌肤、五官、毛发、黏膜和爪甲等均为机体整体的一部分。这些外表的部位能被直接观察，同时直接反映出身体的健康状况，判断出脏腑气血的盛衰之势。反之，当脏腑经络和气血津液受到了病气的侵袭或自身情志的影响时，也会同样表现在外部的组织器官上。以整体观念来诊察外部组织、器官的颜色盛衰，肌肤的健康程度能够判断出机体的病理变化，而当确定机体脏腑气血的变化根源时同样能指导肌肤、容颜问题的预防与治疗。例如，皮肤白嫩细致、面色红润光泽即证明了机体健康、脏腑正常、气血充盈。而脸有黄褐斑，则可从肝气郁结、肝失条达方面寻找治疗思路。这种整体性的分析，能够根据发生的原因，令肌肤护理标本兼顾，切实有效。

2. **人与自然的整体观念**　中医认为人与自然具有密切的关系，养生得当必须顺应天时，应"天人相应"的观点。所以遵循"合于自然、顺乎自然"，应是人们养生防病的不二法则。当一年中四季五气表现出具有规律性的气候变化时，人们应该主动适应，才能减少因逆于自然变化而导致疾病的发生。例如，《黄帝内经》道："春三月，天地俱生，万物以荣，夜卧早起，广步于庭，被发缓形……养生之道也。"春天为万物萌发的季节，头为诸阳之汇，春来散发于庭，与春天生发的气息相呼应，让机体阳气、肾气上升，促进"肾之华"的生长，借时节之功养护秀发。

正因人体与自然间存在这样统一协调的关系，人们在制订适合自己的养生美容计划时，必须充分考虑人体状况与自然环境的有机联系，统筹好局部与全身的关系，顺应天时，重视整体性。

四、防治原则

1. **治未病的中医思想**　"治未病"最早可见于《黄帝内经》中："上工治未病，不治已病，此之谓也。"所谓治未病，即采取相应的治理措施，预防未知疾病的发生及已知疾病的变化。在中医思想中，治未病可概括为两大方面：未病先防和既病防变。

具体来说，未病先防指的是在疾病未发生之前，增强体质，提升正气，抵抗邪气侵害机体，从而防止疾病发生的思想。所以要达到未病先防，应从身体的调理、阳气正气的提升和防止病邪接近等方面进行。在疾病未发生前防患于未然，在病邪侵袭前增强自身抵抗力，是养生保健最积极的措施。

既病防变则是在疾病已然发生时，及早诊断与治疗，防止病情恶化的思想。从《素问·阴阳应象大论》中见："故邪风之至，疾如风雨，故善治者治皮毛，其次治肌肤，其次治筋脉，其次治六腑，其次治五脏。治五脏者，半死半生也。"此处病邪侵袭，先寄于表，继而传里，慢慢深入，然后侵犯五脏六腑，使病情变严重，病因错综复杂，大大增加了治疗的难度。所以，在既病防变的思想指导下，面对既发疾病时，应及时寻求早期的诊断治疗，防止疾病的进一步发展传变。

根据病邪传变规律，应先安未受邪之地。如临床上在肝病的治疗过程中常配合有健脾醒胃的辅助疗法。这均源于肝属木，脾属土，肝木克脾土，故应在疗肝同时不忘培土，固本培元，增强机体抵抗力。

综上所知，中医"治未病"是采取尽早的预防或治疗手段来预防疾病的发生、传变的方法。针对健康人来说，强调日常养生保健来防患于未然，预防疾病；针对患者则是及早诊断与治疗，防止病情的恶化和演变。

2. 治未病的意义

（1）未病先防，提前防范问题　人们常说"亡羊补牢，为时未晚"。但肌肤问题一旦出现，修复重补却不见得是件易事。治未病思想不仅适用于机体疾病的预防，同样适用于肌肤问题的预防。而护肤品使用意义与治未病思想相同之处在于，护肤品就是用于预防肌肤问题的出现，延缓肌肤老化、色素沉淀等。

在日常生活中，我们常用各种各样的护肤品来维持自己的良好的肌肤状态来对抗外界不断变化的环境、气候，及早修复岁月带来的肌肤缺水、色素沉淀、老化等问题。

（2）既病防变，防止疾病再生　当肌肤疾病产生后，及早诊断和治疗能够有效预防肌肤疾病的发展和变化。在治疗过程中，我们要做到在解决已有问题的同时，阻止病症的恶化，从根本上阻断疾病发生的根源，从源头处采取应对措施，全方面预防疾病的复发。

以抗皮肤过敏为例，过敏体质和接触过敏原是过敏反应发生的两个必需条件。过敏性物质在通过各种途径接触过敏者机体后，会引起某些组织细胞释放多种活性物质，从而令平滑肌收缩，增加毛细血管通透性和黏膜腺体的分泌，导致患者出现皮肤红肿瘙痒、风团、呼吸道及消化道痉挛。针对过敏体质应采取远离过敏原、提高机体细胞耐受性、清除自由基、保护细胞膜、抑制致敏因子组胺的释放等方式来从根本上防治过敏反应。结合既病防变的思想，就应该根据问题的根源，从修复皮肤屏障，提高肌肤对外的抵抗力，避免清洁产品对肌肤表层的伤害及调整人体免疫功能入手。

3. 标本同治

"标"为树梢、末梢，是事物的枝节或表面之意，"本"为根本，是事物的根源之意。标本于疾病中是相对的，在中医临床治疗中，标本关系常用于说明、分析疾病的主次、先后、程度轻重缓急的特点，来确定治疗主次先后的顺序。在治疗进行时，治病必须从根源出发，但当标病严重时应急治标病，当标本兼发且程度相当时，应标本兼顾，同步治疗。

（1）治病必求本　把握治病求本的原则，在临床治疗中应该抓住疾病发生的根源和主要方面，在治疗上铲除发病本源。正如同病不同药的例子。

（2）标本兼顾　在把握治病求本的同时也有例外的情况。当标病突发严重时，应选择权宜之策，以治标来创造治本的有利条件。先治标病，排除严重影响生活工作质量的病症，再把握有效时机彻底救治本病来达到标本兼顾，提高治疗质量的目的。

当标本俱缓或俱急时，宜标本同治，达到双向治疗、表里兼顾的效果。例如，以肌肤湿疹是标，则体内湿热内蕴是本，标本兼顾才能达到彻底消灭皮疹，修复肌肤正常屏障功能的目的。

综上可见，治标与治本必须结合运用，在结合临床病情的实际情况下，可决定两者的先后主次，灵活运用。

 知识拓展

三因治宜

1. **因人制宜的护肤原则**　根据人的年龄、性别、体质、习惯等不同特点，来制订适宜的治疗原则，称为"因人制宜"，也就是根据个体差异制订治则、治法。

年龄不同，生理机能及皮肤特点亦不同。《灵枢·逆顺肥瘦》记载："年质壮大，血气充盈，肤革坚固，因加以邪，刺此者，深而留之"。不同年龄段在诊治时应有所区别。在选择护肤品时，也应根据年龄段的不同进行有针对性的选择。

2. **因地制宜的护肤原则**　根据不同的地域环境特点，来制订适宜的治疗原则，称为"因地制宜"。《素问·异法方宜论》说："北方者……其地高陵居，风寒冰冽，其民乐野处而乳食，藏寒生满病，其治宜灸焫。""南方者……其地下，水土弱，雾露之所聚也，其民嗜酸而食胕，故其民皆致理而赤色，其病挛痹，其治宜微针。"说明治疗方法与地理环境、生活习惯以及疾病性质有密切的关系。

3. **因时制宜的护肤原则**　在日常生活中，人们离不开时间和空间。最基本的时间观念包括昼夜，即昼为阳，夜为阴，如我们使用的日霜和晚霜；四季即春夏为阳，秋冬为阴，如四季皮肤护理。人的一生又有不同的阶段，要根据不同的人的不同时期进行皮肤护理，如婴儿护肤、老年护肤等等。

第六节　中医四季皮肤护理

一年分为春、夏、秋、冬四个季节。各季节天气不同，人体皮肤所表现的特点及面临的皮肤问题也不同。本节提出中医四季皮肤护理理论，按照不同季节特点，阐述皮肤特点以及护肤原则。

一、春季皮肤护理

一日之计在于晨，一年之计在于春。春天大地复苏，万物更新。从春回大地开始，气温回升，阳气开始生发，细胞活力逐渐增强。春风微阳时，紫外线也开始逐渐强烈，此时只要人们稍有不慎，阳光照射导致的黑素沉淀、暗沉色斑便悄然生成。百草萌发，过敏原也随之增多，皮肤过敏性疾病的发病率也大大增加。节气转变给肌肤带来新一年的挑战，冬天的护肤策略显然已经不适合。

1. **春季特点**　春季属木，主"生"，为生发之意。春季为自然万物带来生机，百草开始萌芽泛青，到处生机勃勃。春阳和煦，室外紫外线逐渐增强，在空气湿度仍未增高前，春风显得格外干燥。百花争芳的同时，风中的花粉、微粒等致敏物质也开始逐渐增多。

2. **皮肤特点**

（1）**皮肤代谢旺盛**　随着日照时间增长，昼夜温度都开始回升，身体功能和皮肤新陈代谢功能开始变得旺盛，汗腺和皮脂腺的分泌也随之增强，皮肤变得油亮润泽。但春风虽微，风中的湿度仍然过低，在肌肤毛孔张开的时候，干燥的春风会导致肌肤水分、矿物质及其他营养物质流失过快而变得干燥。所以人们往往觉得回春时节，脸上皮肤干燥、脱屑、瘙痒，此时皮肤需要加强锁水补湿。

（2）春季易感风邪　春季多风。风善行而数变，主瘙痒。风邪侵体会导致皮肤表面瘙痒且痒感善变，所以春季的肌肤瘙痒大多以皮肤过敏为主，符合风邪的特性。百花竞放时节会导致空气中的花粉和灰尘含量增多，大大增强了皮肤过敏的风险，导致湿疹、荨麻疹等疾病更加易发。加之早春气候变化异常，骤冷乍暖，环境的巨大变化往往降低了皮肤调节能力，使皮肤难以适应，皮脂的分泌功能异常导致痤疮、皮炎横生。

（3）春季易感皮肤疾病　随着温度、湿度的升高，细菌、病毒的繁殖也变得活跃。除呼吸道疾病高发外，由于机体抵抗力的下降导致毛囊炎、带状疱疹、单纯疱疹等感染性皮肤病的发病率也大大增高。

3. **护肤原则**　面对花粉、灰尘漫天，空气中细菌、病毒数量增加的情况，在春季里，人们应该特别注重皮肤的洁净，如用温水洗脸、洗手后，应适当选用具有杀菌性能的护肤品。此外还需加强锁水补湿，滋润皮肤，在清除冬季堆积的污垢的同时也要保证正常的皮肤新陈代谢。

（1）保湿控油　由于春季毛孔开张，汗腺、皮脂腺分泌旺盛。这时的皮肤处于缺水不缺油的情况，因此应该选用具有温和滋润保湿功效的护肤品，保证油水平衡。

（2）抗敏防晒　阳光带来强烈的紫外线，容易导致色素沉着、色斑及光敏性疾病的出现。所以户外应多用防晒霜保护皮肤。

（3）洁肤防病　春天因为白天较长，日照量增加，气温上升，所以皮肤的新陈代谢开始活跃起来。这时冬天所积存下来的废弃物被大量地排出，而皮脂与汗液的分泌也逐渐增强，再加上空气中飘浮着许多容易导致过敏的物质，皮肤的负荷变重且极易受污染。因此，每日的清洁和定期的去除角质工作在春季护肤里是要特别重视的。

二、夏季皮肤护理

夏日炎炎，气温随着夏日时光一点一点地攀升，大地显得繁盛而热烈。万物汲取着阳光和水分，茁壮成长。气温的显著提高在增强人们的机体代谢能力的同时也使人体的生理功能发生一系列的变化来适应炎热的气候。

1. **夏季特点**　夏季属火，配六气中的"暑"气，长夏属土，配六气中的"湿"气，故夏季气候以暑热和暑湿为特点。暑热为阳邪，具有升散的特点，侵犯机体时常见腠理开而多汗，面红目赤，心烦气躁。由于汗出过多，也常诱发机体津液亏虚或气阴两虚，导致皮肤、口唇干燥，神疲力乏等症。长夏主湿，湿为阴邪，性质腻浊，容易堵塞气脉，导致人体气运无力。又因夏季热气郁积无法发泄自如，容易导致肌肤湿热内蕴于皮肉间，诱发湿热痤疮等。

2. **皮肤特点**

（1）失水、泌油过多　夏日高温下，水分流失的速度极高。所以皮肤在夏天更容易处于极度缺水的状态。干渴的肌肤会为了想要平衡肌肤的缺水状况而分泌出更多的油脂。

（2）汗液的不良反应　高温下水分大量蒸发，汗液虽能调节体温，但含盐分及代谢毒素多，不仅会降低皮肤对外界的抵抗力，还会氧化变臭，成为滋生细菌的温床，导致皮肤失水憔悴、弹性变低，甚至滋生细菌性皮炎、痤疮等。

（3）日晒过度　当日晒程度适当时，紫外线能够杀灭细菌，形成维生素 D_2 和维生素 D_3，促进人体对钙、磷的吸收、代谢及骨化作用，帮助骨骼及牙齿的正常生长。但当日照过度时，过量紫外线会令体温调节平衡紊乱，造成皮肤血管过度扩张充血，内脏血液减少，甚至还会损害眼睛，降低消化道对特异性传染的抗病能力。日晒过度也能引起中暑或诱发心肌梗死等心脏病及脑栓塞、高血压等严重疾病的发生。对皮肤而言，过强的紫外线照射会损害皮肤的屏障，导致肌肤干燥失水及色素沉着，同时还可加速皮肤的衰老，使肌肤失去弹性，产生皱纹。严重时还会罹患日光性皮炎、眼炎、黄褐斑甚至皮肤癌等。

3. 护肤原则 保护皮肤和修复皮肤是夏季护肤的重中之重。保护皮肤要注意防晒保湿，修复肌肤要注意滋润美白。

（1）注意防晒 在炎热高温的夏季，避免太阳暴晒是制胜之道。除了外出活动时戴上遮阳帽或打遮阳伞外，裸露的皮肤应根据不同需要涂抹 SPF 适合的防晒霜。

（2）保湿锁水 夏天天气热，面部油脂分泌格外旺盛。要平衡面部油脂分泌，不论肤质何种类型，保湿补水都是这个季节的重头戏和关键点。长时间补充和锁住皮肤水分同时维持皮肤的清爽，应以清爽不油腻的化妆水和 SPF15～20、PA++ 的护肤品为日常保养的首选。化妆品宜选用油脂含量低，轻薄不黏腻的乳液型的滋润露、妆前乳，使皮肤表面形成一层与脂膜相近的润湿层，防止水分因高温天气而过度蒸发。

三、秋季皮肤护理

秋季萧瑟，风急天高，万物从夏季的苗壮成长转向成熟，随后凋零。气候从炎热转清凉，自初秋到秋分，阴气渐生、渐长，到秋分时节达到阴气最旺盛的时候，后至冬季。阳气从此开始由盛转衰，万物变得萧条、肃杀。

1. 秋季特点 秋天，阴气开始回落大地，阴气性敛，使草木生机收敛，随即万物成熟，一派丰收之景。但秋主燥气，燥气有收敛之性，故秋日里见肃杀之象。秋季燥邪容易伤肺。燥，即水分太少。故秋燥侵袭常使人皮肤干燥、口干舌燥、嘴唇干裂、咽喉干痛、干咳少痰、易于咯血，还易引起皮肤皲裂等现象。

2. 皮肤特点

（1）过度干燥 秋季燥邪为患，与肺相应，肺主皮毛。常见秋风气候，人们皮肤因环境多风干燥变得干燥紧绷，毛发也因此变得容易脱落。若感染燥邪，津伤阴亏便随之发生，使肌肤失养，皮干起屑，毛发干枯不荣，甚至严重脱发。

（2）晒后不良反应 初秋入深秋是渐进的过程，紫外线量虽然在不断减弱，但仍然需要对皮肤进行适当的防晒保护，及时呵护晒后肌肤，防止色斑、皱纹的产生。

3. 护肤原则

（1）调节情绪 随着秋季的来临，日照时间开始逐渐缩短，诱发机体内分泌的紊乱而影响人体情绪。秋冬季长期的肃杀、寒冷容易使人精神苦闷、紧张过度，从而造成皮肤的血液循环不良，使肌肤苍白或暗黄甚至早衰。所以秋季来临之际要调整好自身情绪，面对恶劣天气。

（2）体内补水 摄入足量的水能让皮肤得到充足的水分，避免体内因缺水而引起皮肤干燥。同时应该补充机体津液，以滋阴生津为目的，有意识地改善日常饮食，滋养肌肤，润泽容颜，抵御燥邪。

（3）滋润肌肤 秋风干燥，应使用护肤霜补充肌肤表面的油分和水分并加以缓慢的按摩，增强肌肤对滋养成分的吸收程度，改善肌肤的生理环境，让肌肤滋润得当，减少皱纹的产生。

（4）注意作息时间 充足的睡眠能够增强机体的抵抗力，促进营养的吸收和受损细胞的修复，使次日肌肤焕发年轻态，变得细致光滑，富有光泽。

四、冬季皮肤护理

从秋到冬，阳气不断缩弱，阴气渐渐旺盛。于是，冬季万里冰封，万物收藏并蛰伏其间。与夏季相反，冬季里气温不断降低，气候变得寒冷，低温成为这个季节的主基调。

1. 冬季特点 冬季属水，主"藏"，意为收藏、闭藏，指万物在冬季都会闭藏阳气，蛰伏其间来等待寒冬的过去。

2. 皮肤特点

（1）代谢减慢 冬季温度下降，气候变冷，人体的新陈代谢能力随温度下降而逐渐降低，汗腺、皮脂腺分泌减少，皮肤代谢变慢，表皮细胞更新时间延长。

（2）皮肤抵抗力下降 冬风寒冷而刺激，毛孔收缩，微循环变慢，皮肤因失养而干枯皲裂，受损皮肤的抗病能力下降后，对外界环境的反应变得异常敏感，进一步恶化受损肌肤并加大肌肤修复的难度。

3. 护肤原则

（1）防冻伤 是冬季护肤的重点，在低温大风或夹有雨雪恶劣天气的环境下，在没有做好防冻措施下参与户外活动会造成皮肤严重冻伤，变得红肿刺痛甚至坏死。较长时间在室外工作突然进入室内时，不要马上用热水烫洗脸部或手足，否则容易损害皮肤的毛细血管。

（2）增强循环 温度变低，新陈代谢能力及循环系统功能随温度下降而变慢，不利于对护肤品的滋润成分的吸收，所以在涂抹护肤品前应该进行适度的按摩，增强肌肤循环，使毛孔张开，促进营养物质的吸收。

（3）滋润补水 冬季的风干燥而寒冷，皮肤皮脂腺、汗腺分泌功能减弱，油脂分泌不足的同时也缺乏水分。只有及时补充水分和油脂才能有效对抗冬天皮肤干燥的问题。

建议少量多次使用温水和水溶性的洁面乳清洁面部堆积污垢后，使用补湿度高、滋养程度良好、油脂成分丰富的面霜进行肌肤养护，从源头上防止皮肤干燥和皲裂。

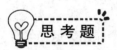

思考题

1. 简述阴阳五行学说的基本内容。

2. 什么是经络？简述经络学说研究的主要内容。

3. 解释中医四诊、中医辨证、整体观念及治未病的含义。

第三章　常用特色植物及其提取纯化技术

PPT

知识要求

1. **掌握**　20 种常用特色植物在化妆品中的应用。
2. **熟悉**　溶剂提取、水蒸气提取、超临界流体萃取在植物提取中的应用；多糖类、黄酮类、生物碱类、挥发油和三萜类的提取分离、纯化方法。
3. **了解**　色谱技术、膜分离技术在植物成分分离中的应用；常用特色植物化学成分提取分离方法。

　　我国古代先贤从"神农尝百草"开始就对我国丰富的植物资源充分利用，如《神农本草经》中就记载了大量的食用、预防、治疗等多种功用的特色植物。在我国，以特色植物应用于美容美颜等化妆品方面已有上千年的历史，我国现存最早的方书《五十二病方》中记载了多种与美容有关的特色植物，如用藜芦、蜀椒、肉桂合用治疗冻疮，以白芷润肤增白等内容。特色植物在化妆品中的作用日益受到人们的关注与青睐，现在欧盟、美国、日韩等化妆品产业发达国家和地区的许多化妆品中采用特色植物作为功效提升剂。

　　据有关资料统计，目前我国有 12000 多种植物已经被开发利用，因中草药多为植物药，中草药在古代化妆品中的应用也比较广泛，故本章节的化妆品中常用特色植物采用中草药的性味、归经、功效与其现代研究成果相结合的形式加以介绍。而且化妆品界定义的植物产品不仅包括单一植物，有时多种植物合用，也可以是含有一种植物活性成分或多种植物提取物。所以在本章第一节介绍的各特色植物的附注部分，注明常用品种和有关提取物。因此，本章主要介绍常用特色植物在化妆品方面的应用及其活性成分的提取纯化技术。

第一节　常用特色植物

　　在人类文明史上，人们一直用特色植物美容妆颜，世界上四大文明古国如古埃及贵族使用的香油香精就是植物的提取物。在我国，护面、美发等均依赖中草药（其中 90% 以上是植物药），如《山海经》中记载了治疗痤疮、腋臭、皮肤皲皱的植物。为了继承发扬我国的特色植物，同时与现代化妆品科学技术接轨，本节内容主要介绍常用特色植物在古代的应用概况、化学成分或者活性成分、现代研究成果在化妆品中的应用。

一、根和根茎类

1. 百合

【**来源**】百合科植物卷丹 *Lilium lancifolium* Thunb.、百合 *Lilium brownii* F. E. Brown var. *viridulum* Baker 或细叶百合 *Lilium pumilum* DC. 的干燥肉质鳞叶。

【**性味归经**】甘、微苦，微寒。归心、肺经。

【**功效**】养阴润肺，清心安神。

【**使用注意**】风寒痰嗽，中寒便滑者忌服。

【古籍摘要】《日华子本草》："安心，定胆，益志，养五藏，治癫邪啼泣、狂叫，惊悸，杀蛊毒气，胁痛乳痈、发背及诸疮肿，并治产后血狂运。"《神农本草经》："味甘，平。主治邪气腹胀，心痛，利大、小便，补中益气。"《名医别录》："除浮肿胪胀，痞满，寒热，通身疼痛，及乳难。喉痹，止涕泪。"

【现代研究】

（1）化学成分　秋水仙碱等多种生物碱，淀粉、蛋白质、脂肪等。多种类胡萝卜素，维生素 B_1、维生素 B_2，泛酸，维生素 C 等。

（2）作用　有镇静、镇咳、祛痰、抗癌作用。可滋阴润肺，有抗疲劳、抗过敏、耐缺氧作用，对肾上腺皮质功能衰竭起显著性的保护作用。

百合提取物可促进纤维芽细胞的增殖，50% 丁二醇百合提取物促进组织蛋白酶、虫荧光素酶活性和脑酰胺生成，抑制酪氨酸酶。

（3）应用　提取物对纤维芽细胞的增殖、组织蛋白酶的活性的促进等作用显著，可增强皮肤细胞新陈代谢，有抗衰作用；尚可用作皮肤调理剂和抗炎剂。

治耳聋、耳痛：干百合为末，温水服二钱，日二服。（《千金方》）

治疮肿不穿：野生百合同盐捣泥敷之良。（《包会应验方》）

治天疱湿疮：生百合捣涂，一、二日即安。（《濒湖集简方》）

同科属植物日本百合 *Lilium japonicum*、雨百合肉唇兰 *Cycnoches cooperi*、白花百合 *Lilium candidum* 的花、叶提取物也是化妆品原料。

2. 白及

【来源】兰科植物白及 *Bletilla striata*（Thunb.）Reichb. f. 的干燥块茎。

【性味归经】苦、甘、涩，微寒。归肺、肝、胃经。

【功效】收敛止血，消肿生肌。

【使用注意】不宜与乌头类药材同用。外感咯血，肺痈初起及肺胃有实热者忌用。紫石英为之使。恶理石。畏李核、杏仁。

【古籍摘要】《神农本草经》："主痈肿、恶疮、败疽，伤阴死肌，胃中邪气，贼风痱缓不收。"《药性论》："治结热不消，主阴下痿，治面上皯疱，令人肌滑。"《唐本草》："手足皲拆，嚼以涂之。"

【现代研究】

（1）化学成分　含联苄类、联菲类、菲类糖苷、蒽类。新鲜块茎含水分、淀粉、葡萄糖。又含挥发油、黏液质。根含白及甘露聚糖。

（2）作用　有止血作用，可保护胃黏膜；有抗菌、抗炎作用；抑制 5α-还原酶的活性，促进纤维芽细胞对胸腺素 β10 生成，抑制脂质过氧化，消除 DPPH 自由基，抑制 B16 黑素细胞活性。

（3）应用　白及提取物对 5α-还原酶有抑制作用，说明提取物对因雄性激素偏高而引起的脱发会有很好的防治作用，可用于生发、抗粉刺制品，白及提取物还是效果明显的抗氧化剂、皮肤美白剂和抗炎剂。

治疗疮肿毒：①白及、芙蓉叶、大黄、黄柏、五倍子。上为末，用水调搽四周。（《保婴撮要》铁箍散）②白及末半钱，以水澄之，去水，摊于厚纸上贴之。（《袖珍方》）

润肤白面：白及、白丁香、白僵蚕、白丑、杜蒺藜、新升麻（用白者佳）各三两，山奈子、白蔹各二两，白茯苓五钱。为末。至夜津唾面上，明旦以莹肌如玉散洗之。（《鲁府

禁方》八白散的减化方）

治面黯黯粉刺及面皮皱：白及二两半，白术五两，细辛二两，防风二两（去芦头），白矾一两半，当归一两，藁本一两半，川芎一两半，白茯苓三两，白石脂二两，土瓜根二两，蕤仁二两，葳蕤二两，白玉屑半两（细研），琥珀末半两，真珠末半两，钟乳粉半两。捣罗细研为末，取鸡子白，并蜜等分和，捻作挺子，入布袋盛，悬挂门上，阴干，六十日后如铁，即堪用，再捣研为末。每夜用浆水洗面，即以面脂调药涂之，经六十日，面如新剥鸡子。（《太平圣惠方》中的化裁方）

治面黑黯黯：白及研末。洗之。（《罗氏会约医镜》）

3. 白芍

【来源】 毛茛科植物芍药 *Paeonia lactiflora* Pall. 的干燥根。

【性味归经】 苦、酸，微寒。归肝、脾经。

【功效】 平肝止痛，养血调经，敛阴止汗。

【使用注意】 虚寒腹痛泄泻者慎服。没药、乌药、雷丸为之使。恶石斛、芒硝，畏硝石、鳖甲、小蓟，反藜芦。

【古籍摘要】《日华子本草》："治肠风泻血，痔瘘发背，疮疥，头痛，明目，目赤，胬肉。"《医学启源》："安脾经，治腹痛，收胃气，止泻利，和血，固腠理，泻肝，补脾胃。"《滇南本草》："收肝气逆疼，调养心肝脾经血，舒经降气，止肝气疼痛。"

【现代研究】

（1）化学成分　芍药苷、牡丹酚、芍药花苷，尚含苯甲酸、挥发油、脂肪油、树脂、鞣质、糖、淀粉、黏液质、蛋白质、β-谷甾醇和三萜类等。

（2）作用　芍药苷有抗菌、解热、抗炎、增加冠状动脉流量、改善心肌营养、扩张血管、对抗急性心肌缺血、抑制血小板聚集、镇静、镇痛、解痉、抗溃疡、调节血糖的作用。白芍煎剂能抑制痢疾杆菌、肺炎链球菌、大肠埃希菌、伤寒埃希菌、溶血性链球菌、铜绿假单胞菌等。

（3）应用　白芍、白术和白茯苓是传统的润泽皮肤、美白的植物，它们与甘草一起还可以延缓衰老，缓解面色萎黄、面部色斑、无光泽，美白润肤，抑制皮肤致病真菌，能祛斑增白，润肤，除口臭及皮肤皲裂等。

4. 川芎

【来源】 伞形科植物川芎 *Ligusticum chuanxiong* Hort. 的干燥根茎。

【性味归经】 辛，温。归肝、胆、心包经。

【功效】 活血行气，祛风止痛。

【使用注意】 阴虚火旺、上盛下虚、气弱人忌用。白芷为之使。恶黄连、黄芪、山茱萸、狼毒。畏硝石、滑石、黄连。反藜芦。

【古籍摘要】《神农本草经》："主中风入脑头痛，寒痹，筋挛缓急，金创。"《日华子本草》："破癥结宿血，养新血，长肉，鼻洪，吐血及溺血，痔瘘，脑痈发背，瘰疬瘿赘，疮疥。"《名医别录》："除脑中冷动，面上游风去来，目泪出，多涕唾，忽忽如醉，诸寒冷气，心腹坚痛，中恶，卒急肿痛，胁风痛，温中内寒。"

【现代研究】

（1）化学成分　挥发油中主成分为藁本内酯、3-丁酰内酯、香桧烯、丁烯酞内酯、川芎内酯、新蛇床内酯、4-羟基-3-丁酰内酯、川芎酚、双藁本内酯等。含氮化合物有四甲基吡嗪、川芎嗪等。酸性或酚性化合物有 4-羟基苯甲酸、咖啡酸、香荚兰酸、阿魏酸、大黄酸等，尚含中性油。

（2）作用　川芎有明显的镇静作用，川芎挥发油少量时对动物大脑的活动具有抑制作用，而对脑呼吸中枢、血管运动中枢及脊髓反射中枢具有兴奋作用。

川芎生物碱、阿魏酸及川芎内酯都有解痉作用，而藁本内酯则是解痉的主要成分。阿魏酸具有抑制子宫平滑肌收缩、抗心律失常、增加营养血流、扩血管、抑制血小板聚集、抗血栓的作用。

川芎对大肠埃希菌、痢疾杆菌、铜绿假单胞菌、伤寒杆菌、副伤寒杆菌及霍乱弧菌等有抑制作用。川芎水浸剂（1∶3）在试管内对某些致病性皮肤真菌也有抑制作用。

川芎精油可消除 DPPH 自由基，川芎嗪有抗氧化作用，能抑制自由基的生成，可有效清除氧自由基。川芎嗪在较低浓度下可有效抑制黑素细胞的活性，减少黑素的生成，但浓度过高（＞500g/ml）则显示其细胞毒性作用。

川芎可促进谷胱甘肽还原酶、组织蛋白酶、荧光素酶、脂肪酶活性，川芎 50% 丁二醇提取物对角质形成细胞的增殖有促进作用。川芎丁醇提取物对过氧化物酶激活受体（PPAR）有促进作用。

（3）应用　提取物可用作活肤抗衰老剂、抗氧化剂、皮肤美白剂、保湿剂、抗炎剂和减肥剂。

香口除臭：①川芎、白芷、橘皮、桂心各四两，枣肉八两。末之，次用枣肉，干则加蜜，和丸如豆大。（《备急千金要方》）②川芎、连翘、白芷、黄连、黄芩、荆芥、桑枝、山栀、贝母、甘草。水煎服。（《梅氏验方新编》清肺汤）

5. 大黄

【来源】蓼科植物掌叶大黄 *Rheum palmatum* L.、唐古特大黄 *Rheum tanguticum* Maxim. ex Balf. 或药用大黄 *Rheum officinale* Baill. 的干燥根和根茎。

【性味归经】苦，寒。归脾、胃、大肠、肝、心包经。

【功效】泻下攻积，清热泻火，凉血解毒，逐瘀通经，利湿退黄。

【使用注意】表证未解、血虚气弱、脾胃虚寒、无实热、胎前及产后均慎服。黄芩为之使。忌冷水。恶干漆。

【古籍摘要】《日华子本草》："并敷一切疮疖痈毒。"《本草纲目》："主治诸火疮。"《神农本草经》："下瘀血，血闭，寒热，破癥瘕积聚，留饮宿食，荡涤肠胃，推陈致新。"

【现代研究】

（1）化学成分　蒽醌类化合物：大黄酚、大黄酸、芦荟大黄素、大黄素、大黄素甲醚，其主要的泻下成分为结合性大黄酸蒽酮——番泻苷 A、B、C，其中番泻苷 A 为主要有效成分。此外，尚含鞣质、游离没食子酸、桂皮酸及其脂类等。

（2）作用　大黄泻下的有效成分是结合状态的大黄酸和类似物。本品因含鞣质及没食子酸等，又具收敛作用。有增加血小板、促进血液凝固等止血作用。

大黄的抗菌作用强，抗菌谱广，其有效成分已证明为蒽醌衍生物，其中以大黄酸、大黄素和芦荟大黄素的抗菌作用最好。

掌叶大黄提取物可抑制氮氧化物生成，抑制油脂过氧化，抑制 B16 细胞活性，抑制金属蛋白酶-1、金属蛋白酶-3、芳香化酶活性，抑制组胺释放，消除超氧自由基，促进血管内皮细胞的增殖。

药用大黄甲醇提取物对 DPPH 自由基的消除作用，表明其具有抑制蛋氨酸酶的活性。

（3）应用　掌叶大黄提取物对多种自由基有良好的消除能力，结合它对两种金属蛋白酶的抑制和对氮氧化物生成的抑制，从另一方面反映了大黄提取物对表皮细胞老化的抑制，具有较全面的抗衰老作用；血管内皮细胞培养试验中，大黄提取物呈现了很好的促进增殖作用，这表明大黄提取物可以通过促进血管内皮细胞的增殖，来固化毛细血管，从而减少红血丝的生成；大黄提取物尚可用作抑臭剂、抗过敏剂、抗炎剂和毛发生长抑制剂。

治口疮糜烂：大黄、枯矾等分。为末以擦之，吐涎。（《太平圣惠方》）

治冻疮皮肤破烂，痛不可忍：川大黄为末，新汲水调，搽上（《卫生宝鉴》如神散）。

治酒渣鼻：①大黄、芒硝、槟榔各等份。为末。调敷患处，三四次，洗净，却用银杏嚼烂敷之。（《鲁府禁方》）②大黄、朴硝。为末。津调涂鼻上。（《灵验良方汇编》）③大黄、硫磺各等份，研细末外敷。（《医宗金鉴》颠倒散）

治疗口腔炎、口唇溃疡及毛囊炎等：用生大黄 3~8 钱，煎取 150~500ml（每剂最多使用 2 日），供漱口、湿热敷及洗涤用，每日 4~6 次。治疗前先清洗局部，除净分泌物。本法对于一般金黄色葡萄球菌感染的口腔炎、口唇溃疡、皮肤毛囊炎及头部疖肿等炎性疾患具有一定效果。

6. 丹参

【来源】唇形科植物丹参 *Salvia miltiorrhiza* Bge. 的干燥根和根茎。

【性味归经】苦，微寒。归心、肝经。

【功效】活血祛瘀，通经止痛，清心除烦，凉血消痈。

【使用注意】无瘀血者慎用。大便不实者忌用。反藜芦。畏咸水。忌醋。

【古籍摘要】《云南中草药选》："乳腺炎，痈肿。"《日华子本草》："排脓止痛，生肌长肉；恶疮疥癣，瘿赘肿毒，丹毒；头痛，赤眼，热温狂闷。"《神农本草经》："主心腹邪气，肠鸣幽幽如走水，寒热积聚；破癥除瘕，止烦满，益气。"

【现代研究】

（1）化学成分　丹参酮 I、ⅡA、ⅡB、V、Ⅵ，隐丹参酮，异丹参酮 I、Ⅱ、ⅡB，异隐丹参酮，羟基丹参酮ⅡA，丹参酸甲酸，丹参新醌 A、B、C、D，二氢异丹参酮 I，新隐丹参酮，去羟新隐丹参酮等。

（2）作用　加强心肌收缩力、改善心脏功能，扩张冠脉，增加心肌血流量；扩张外周血管，改善微循环；改善肝微循环。

抗血栓形成，提高纤溶酶活性；延长出、凝血时间；抑制血小板聚集［提高血小板内环腺苷酸（cAMP）水平，抑制 TXA_2 合成］；改善血液流变学特性（血黏度降低、红细胞电泳时间缩短）。

丹参可促进组织的修复与再生，丹参制剂可治疗坏死心肌；使成纤维细胞分化、胶原纤维形成较明显；肉芽形成比较成熟；减轻局部瘀血和改善血液循环，使愈合时间缩短。丹参对过度增生的成纤维细胞有抑制作用。

其隐丹参酮、二氢丹参酮，对体外的葡萄球菌、大肠埃希菌、变形杆菌有抑制作用。

（3）应用　治风热，皮肤生瘰癥，苦痒成疥：丹参四两（锉），苦参四两（锉），蛇床子三合（生用）。上药以水一斗五升，煎至七升，去滓，乘热洗之。（《太平圣惠方》丹参汤）

治酒渣鼻：丹参、生地、当归、红花、山栀、桑白皮、防风、薄荷。水煎服。（《医碥》）

治酒刺、面疱：人参、丹参各一钱，苦参、沙参、玄参各一两。为末。用胡桃仁五钱，重杵虽为丸。(《普济方》五参丸)

灭瘢痕：丹参、羊脂。和煎敷之。(《千金翼方》)

7. 当归

【来源】 伞形科植物当归 *Angelica sinensis* (Oliv.) Diels 的干燥根。

【性味归经】 甘、辛，温。归肝、心、脾经。

【功效】 补血活血，调经止痛，润肠通便。

【使用注意】 湿阻中满及大便溏泄者慎用。恶南茹。畏菖蒲、海藻、紫参。恶热面。

【古籍摘要】《神农本草经》："诸恶疮疡金疮，煮饮之。"《本草纲目》："治头痛，心腹诸痛，润肠胃筋骨皮肤。治痈疽，排脓止痛，和血补血。"《药性论》："疗齿疼痛不可忍。患人虚冷加而用之。"

【现代研究】

(1) 化学成分 当归根挥发油中的中性油成分有亚丁基苯酞、β-蒎烯、α-蒎烯、莰烯、对聚伞花素、β-水芹烯、月桂烯、别罗勒烯等；甾醇类、糖类、维生素 A、维生素 B_1、维生素 E；17 种氨基酸及钠、钾、钙、镁等 20 余种无机元素。

(2) 作用 当归可消除超氧自由基、DPPH 自由基。促进芳香化酶、荧光素酶活性。促进血管内皮细胞、干细胞增殖。抑制胰蛋白酶、脂肪氧合酶-5。提取物可改善皮肤微循环，并具有抑制酪氨酸酶的活性。在化妆品中可用于生发、补充营养、化解黑眼圈，对面色灰暗、生疮肿有一定效果。还可作为活肤调理剂、抗氧化剂、抑臭剂、生发剂。另有抗缺氧作用、调节机体免疫功能、抗癌、抑菌、降血脂及抗实验性动脉粥样硬化、抑制血小板聚集、抗血栓作用。可使白细胞和网织红细胞增加。降低毛细血管通透性；抑制前列腺素 E_2（PGE_2）的合成或释放。挥发油有镇静、催眠、镇痛、麻醉等作用。

(3) 应用 当归可以促使气血充盈，血流通畅，故可使面色红润有光泽、皮肤细嫩富有弹性。且当归中含有多种微量元素，对营养皮肤、防止粗糙起着重要作用。当归还可以用于治疗粉刺、黄褐斑、雀斑和乌发、防止脱发等。当归已被广泛外用于护肤霜，也可煎煮、泡酒或烹制药膳内服。

润肌肤，驻颜色：当归一两，龙眼肉八两，枸杞四两，甘菊花一两，白酒浆七斤，烧酒三斤，上药用绢袋盛之，悬放坛中，入酒封固。(《惠直堂经验方》养生酒)

灭瘢痕：当归一两，猪脂三斤。同捣，用绵裹，以酒二盏，煎十余沸，去渣，日五七度涂。(《太平圣惠方》中的化裁方)

治皮肤皲裂：当归二钱，生地黄、熟地黄、白芍、秦艽、黄芩各一钱五分，防风一钱，甘草五分。水煎服。(《赤水玄珠》滋燥养荣汤)

8. 防风

【来源】 伞形科植物防风 *Saposhnikovia divaricate* (Turcz.) Schischk. 的干燥根。

【性味归经】 辛、甘，温。归膀胱、肝、脾、肺经。

【功效】 解表祛风，胜湿止痛，止痉。

【使用注意】 血虚痉急或头痛不因风邪者忌用。不宜与干姜、藜芦、白蔹、芫花、草薢同用。元气虚、病不因风湿者禁用。

【古籍摘要】《圣济总录》："治一切风疮疥癣，皮肤瘙痒，搔成瘾疹。"《药类法象》："治风通用。泻肺实，散头目中滞气，除上焦邪。"《药对》："防风得葱白能行周身，得泽泻、藁本疗风，得当归、芍药、阳起石、禹余粮疗妇人子藏风。"

【现代研究】

（1）化学成分　含挥发油、色原酮类、香豆素类、多糖类等。

（2）作用　防风提取物可抑制铜绿假单胞菌、金黄色葡萄球菌、溶血性链球菌、痢疾杆菌等。同时对皮肤真菌也有一定的抑制作用。还能促进皮肤血行，使伤损皮肤或疮疡病变组织好转并收口，并对皮肤毛孔有收缩作用及对祛除皮肤瘢痕有辅助作用。防风多糖可消除超氧自由基、DPPH 自由基、羟基自由基，抑制白介素-1 生成，对 B16 黑素细胞活性有抑制作用，还能增强脂肪酶活性，促进脂肪水解。在化妆品中可用作抗菌剂、皮肤美白剂、抗氧化剂、抗炎剂、毛孔收敛剂、减肥剂等。

（3）应用　防风挥发油少量可用于配制香精；在试管中进行的脂肪细胞水解试验中，防风提取物对脂肪水解有促进作用，可用于减肥产品；提取物尚可用作抗氧化剂、抗菌剂、毛孔收敛剂、皮肤美白剂和抗炎剂。

用于瘾疹、湿疹、疥癣、皮肤瘙痒。本品味辛，以祛风见长，并能除湿止痒，可治多种瘙痒性皮肤病，尤以风邪所致的瘾疹瘙痒较为常用。若属风寒者，常配麻黄、白芷、苍耳子等发散风寒药同用，方如《太平惠民和剂局方》消风散；属风热者，常配薄荷、蝉蜕、僵蚕等疏散风热药同用；属湿热者，可配土茯苓、白鲜皮、赤小豆等清热祛湿药同用；属血虚风燥者，常配当归、地黄等养血滋阴药同用，如《外科正宗》消风散；治头面部的湿疹，常配羌活、白芷等祛风除湿药同用。

用于雀斑、粉刺。本品能祛风除湿，祛斑疗粉刺。治雀斑，可与藁本、天花粉等共为末，和蜜外涂。（《简明医彀》美容膏）

治粉刺，常与川芎等同用。（《《备急千金要方》玉屑面脂膏）

悦颜色方：防风、黄芪、赤芍、天麻、地黄各等份。上药浸麻油内七日，煎令香，去滓，入黄蜡，略熬，过滤后搅匀，凝固，外用治面斑。（《永乐大典》）

荨麻疹方：以防风、苦参等为末，临用时取 10g 装入脐窝，盖上纱布，胶布固定，治荨麻疹。（《中医药物贴脐疗法》）

美容膏：防风、零陵香、藁本各四两，白及、天花粉、绿豆粉各一两，甘松、山柰、茅香各一两，皂荚适量。将皂荚去皮后，并上药研细为末。白蜜和匀，贮瓶密封备用。随时涂擦面部，治雀斑。（《简明医彀》中的化裁方）

9. 甘草

【来源】豆科植物甘草 *Glycyrrhiza uralensis* Fisch. 、胀果甘草 *Glycyrrhiza inflata* Bat. 或光果甘草 *Glycyrrhiza glabra* L. 的干燥根和根茎。

【性味归经】甘，平。归心、肺、脾、胃经。

【功效】补脾益气，清热解毒，祛痰止咳，缓急止痛，调和诸药。

【使用注意】不宜与京大戟、芫花、甘遂同用。实证中满腹胀者忌用。术、干漆、苦参为之使。恶远志。

【古籍摘要】《神农本草经》："坚筋骨，长肌肉，倍力，金疮肿，解毒。"《日华子本草》："安魂定魄。补五劳七伤，通九窍，利百脉，益精养气，壮筋骨，解冷热。"《名医别录》："温中下气，烦满短气，伤脏咳嗽，止渴，通经脉，利血气，解百药毒。"

【现代研究】

（1）化学成分　甘草甜素即甘草酸，为甘草的甜味成分，是一种三萜皂苷。甘草酸水解产生一分子甘草次酸及二分子葡萄糖醛酸，并含少量甘草苷、异甘草苷、二羟基甘草次酸、甘草西定、甘草醇等，尚含有糖类、有机酸等。甘草酸已作为单一成分销售。

（2）作用　甘草甜素或其钙盐有较强的解毒作用，对白喉毒素、破伤风毒素有较强的解毒作用，对于河豚毒及蛇毒亦有解毒作用。甘草甜素的水解产物葡萄糖醛酸也是解毒作用的有效成分。

甘草水煎液对二甲苯所致耳肿胀、蛋清所致足肿胀、乙酸所致小鼠腹腔毛细血管通透性增高的三个急性炎症模型，以及棉球所致大鼠肉芽肿慢性炎症模型的炎症早期渗出、水肿，具有明显的抑制作用，因此抗炎效果良好。

甘草多糖具有明显的抗水疱性口炎病毒、腺病毒Ⅲ型、单纯疱疹病毒Ⅰ型、牛痘病毒等活性，能显著抑制细胞病变的发生，使组织培养的细胞得到保护。甘草皂苷对感染艾滋病病毒细胞的增殖有抑制作用。

甘草的醇提取物及甘草次酸钠在体外对金黄色葡萄球菌、结核杆菌、大肠埃希菌、阿米巴原虫及滴虫均有抑制作用。甘草50%乙醇提取物对与皮肤疾患有关的金黄色葡萄球菌的抑制作用明显；对牙周炎致病菌，如牙龈卟啉单胞菌、牙髓卟啉单胞菌、中间普雷沃菌、偏性嫌气性菌和放线共生放线杆菌有抑制作用。

甘草的水提取物有保护胃黏膜，治疗胃溃疡的作用，可抗肝损伤。有抗炎，抗过敏，改善毛细血管通透性等作用。有对抗乙酰胆碱的作用，并能增强肾上腺素的强心作用。

光果甘草根提取物有抗氧化活性很强的皮肤脱色作用，是淡化色斑的功能成分，尤其是主要成分光果甘草素和光甘草定，有"美白黄金"之称，用于美白、杀菌、淡化色斑，亦可用作香料，并有舒缓肌肤的效果。可作为美白、祛斑、舒缓Ⅳ型胶原蛋白、抗敏、抗氧化剂。

甘草可促进肌细胞、血管内皮细胞增殖，促进Ⅳ型胶原蛋白生成，甲醇提取物可消除DPPH自由基，丁二醇提取物抑制一氧化氮生成，抑制黑素细胞和芳香化酶活性。

（3）应用　甘草提取物对肌细胞增殖的促进作用、对血管内皮细胞增殖的促进作用、对Ⅳ型胶原蛋白生成的促进作用、对一氧化氮生成的抑制作用等研究显示，甘草提取物在提高皮肤的活性等方面有促进作用，可用于抗衰老化妆品；提取物尚可用作皮肤美白剂、抗炎剂和减肥剂。

治痘疮烦渴：粉甘草（炙）、栝楼根等份。水煎服之。（《仁斋直指方》）

治汤火灼疮：甘草煎蜜涂。（《怪证奇方》）

治口臭：①甘草三十铢，川芎二十四铢，白芷十八铢。捣筛为散。以酒服方寸匕，日三服，三十日口香。（《备急千金要方》）②炙甘草、细辛各二两。研细。临卧以酒服三指撮。（《外台秘要》）

治腋臭：炙甘草、松根白皮、甘瓜子、大枣各四分。为散。食后服方寸匕，日三。（《外台秘要》）

治疗皮肤炎症：以2%甘草水局部湿敷，每期2h一次，每次15～20min，治疗接触性皮炎、过敏性皮炎。甘草次酸对湿疹、牛皮癣也有治疗作用。

治疗手足皲裂：取甘草一两切片，浸于75%乙醇100ml内，24h滤出浸液，加入等量的甘油和水混合后涂搽患处。随访17例重症患者，效果均满意。

现在甘草的根及根茎（汁、水、粉），叶都是化妆品原料。

10. 葛根

【来源】豆科植物野葛 *Pueraria lobate*（Willd.）Ohwi 的干燥根。习称"野葛"。

【性味归经】甘、辛，凉。归脾、胃、肺经。

【功效】解肌退热，生津止渴，透疹，升阳止泻，通经活络解酒毒。

【使用注意】夏日表虚汗多尤忌。胃寒者当慎用。

【古籍摘要】《名医别录》："疗金疮，止痛，胁风痛。生根汁，疗消渴，伤寒壮热。"《药性论》："熬屑治金疮，治时疾解热。"张元素："发散表邪，发散小儿疮疹难出。"

【现代研究】

（1）化学成分 含葛根素、木糖苷、大豆黄酮、大豆黄酮苷及 β-谷甾醇、花生酸、淀粉（新鲜葛根中含量为 19%～20%）。

（2）作用 野葛根的异黄酮可降低血压和血胆固醇，改善脑、冠脉微循环，增加血流量，对急性心肌缺血有保护作用。

葛根提取物可促进组织蛋白酶活性，促进脑酰胺生成和新生儿纤维芽细胞、角质层细胞、毛囊细胞的增殖，消除 DPPH 自由基，抑制酪氨酸酶、类胰蛋白酶和 NF-κB 因子活性，促进皮下脂肪生成。

（3）应用 葛根提取物对组织蛋白酶的作用显示，该提取物可增强皮肤细胞新陈代谢，以及清除氧自由基和表皮纤维芽细胞的增殖作用，因此有抗衰老作用；葛根提取物对 NF-κB 因子的活化有抑制，NF-κB 的活化是炎症发生的信号，对它的抑制表明葛根提取物具皮肤抗炎作用；提取物尚可用作皮肤美白剂、保湿剂、生发剂和丰乳剂。

同科属植物甘葛藤 *Pueraria thomsonii* Benth. 的干燥根习称"粉葛"，与野葛作用相近。

11. 何首乌

【来源】蓼科植物何首乌 *Polygonum multijiorum* (Thunb) Harald. 的干燥块根。

【性味归经】苦、甘、涩，微温。归肝、心、肾经。

【功效】补益精血，解毒，消痈，截疟，润肠通便。

【使用注意】大便溏泄及有湿痰者不宜。忌葱、蒜、萝卜、猪、羊肉血。忌铁。茯苓为使，得牛膝则下行。

【古籍摘要】《何首乌录》："主五痔，腰腹中宿疾冷气，长筋益精，能食，益气力，长肤，延年。"《开宝本草》："主瘰疬，消痈肿，疗头面风疮，五痔，止心痛，益血气，黑髭鬓，悦颜色，亦治妇人产后及带下诸疾。"《滇南本草》："涩精，坚肾气，止赤白便浊，缩小便，入血分，消痰毒。治办白癜风，疮疥顽癣，皮肤瘙痒。截疟，治痰疟。"

【现代研究】

（1）化学成分 蒽醌类，主要为大黄酚和大黄素，其次为大黄酸、大黄素甲醚和大黄酚蒽酮等（炙过后无大黄酸）。此外含淀粉、粗脂肪、卵磷脂等。

（2）作用 何首乌具有乌发、护发、养发、生发等作用，它还是具有降血脂、抗衰老、美容驻颜等功能。《开宝本养》载"益气血、黑髭鬓、悦颜色，久服长筋骨，益精髓"。现代医学研究证明，何首乌有扩张血管和缓解痉挛的作用，能使皮肤细胞、脑细胞和头发获得足够的血量，故长期用何首乌不仅使人精神焕发，还可促使面色红润而有光泽，头发乌黑而发亮。

何首乌 50% 酒精提取物对变异链球菌和牙龈卟啉单胞菌有抑制作用，浓度在 110μg/ml 时对变异链球菌的抑制率为 61.2%，对牙龈卟啉单胞菌的 MIC 值为 0.3%。

可抑制弹性蛋白酶、胶原蛋白酶、蛋氨酸酶、5α-还原酶、尿酸酶等的活性。50% 丁二醇提取物可促进角质细胞的分化。促进 B16 黑色素细胞、前驱脂肪细胞的增殖，消除超氧自由基、DPPH 自由基、羟基自由基。

何首乌提取物具有抗炎、镇痛作用。

（3）应用　何首乌提取物对 5α-还原酶具有一定的抑制作用，对因雄性激素偏高而导致的脱发有防治作用，可用于生发类制品，另外何首乌提取物对 B16 黑色素细胞有增殖作用，可增加黑色素的分泌，因此何首乌提取物在促进生发的同时可促进乌发；何首乌提取物尚可用作抗衰活肤剂、抑臭剂、牙齿防蛀剂、抗氧剂和增脂丰乳剂。

治遍身疮肿痒痛：防风、苦参、何首乌、薄荷各等分。上为粗末，每用药半两，水、酒各一半，共用一斗六升，煎十沸，热洗，于避风处睡一觉。（《外科精要》何首乌散）

治疥癣满身：何首乌、艾各等分，锉为末。上相度疮多少用药，并水煎令浓，盆内盛洗，甚解痛生肌。（《博济方》）

治破伤血出：何首乌末敷之即止。（《卫生杂兴》）

治疗疖肿：取新鲜何首乌 2 斤，切片，放锅内（勿用铁锅）加水浓煎成 250ml。外搽患处，每日 1~3 次。治疗 7 例，均在 3 天内痊愈。

12. 红景天

【来源】 景天科大花红景天 *Rhodiola crenulata* （Hook. f. et Thoms.） H. Ohba 的干燥根和根茎。

【性味归经】 甘、苦，平。归肺、心经。

【功效】 益气活血，通脉平喘。

【古籍摘要】《神农本草经》记载："主养命以应天，无毒，多服、久服不伤人，欲轻身益气，不老延年者，本上经。"《千金翼方》谓："景天无毒，轻身明目，久服通神不老。"《药性论》："治风疹恶痒，主小儿丹毒，治发热惊疾。"

【现代研究】

（1）化学成分　苯烷基苷类：红景天苷（苯乙基苷类）及其苷元酪醇、迷迭香酸、酚苷、单萜苷、云杉素、草质素-7-O-α-L-吡喃李糖苷、草质素-7-O-（3-氧-β-D-吡喃葡萄糖基)-α-L-吡喃李糖苷；另外还含有黄酮类：山奈酚、槲皮素、花色苷、芦丁等。另约有 30 种挥发油，其中 Sosaol 含量最高，约占 26%，还有 β-石竹烯、α-橄香烯等。21 种微量元素，18 种氨基酸，多糖，鞣质等。

（2）作用　抗缺氧、抗寒冷、抗疲劳，能迅速提高血红蛋白与氧的结合能力，提高血氧饱和度，降低机体的耗氧量，增加运动耐力，恢复运动后疲劳。通过增强体内细胞的氧气扩散、氧气运用效益、抗氧化的能力，有助提高身体对缺氧刺激的适应力。

适应原样作用：能提升机体对有害刺激的非特异性抵抗力，加强机体的适应性。提高工作效率、提高脑力活动，并能增强脑干网状系统的兴奋性，增强对光、电刺激的应答反应，调整中枢神经系统介质的含量趋于正常。

红景天内含有山奈酚、鞣质等具有抗菌消炎功能的成分，具收敛性，在黏膜表面起保护作用，可制止过多的分泌、停止过量的出血，有镇痛作用。

抗辐射作用：明显抑制辐射引起的心和肝脏过氧化脂质（LPO）的产生，对脂质和细胞膜起到保护作用。

延缓衰老作用：显著提高机体超氧化物歧化酶（SOD）的活性，清除自由基，抑制过氧化脂质生成。红景天能增强甲状腺、肾上腺、卵巢的分泌功能，提高肌肉总蛋白含量和 RNA 的水平，使血液中血红蛋白质和红细胞数增加，促使负荷肌肉氧化代谢指数正常化，对抗破伤风毒素等作用。

对内分泌系统的双向调节作用：双向调节肾上腺素、性激素等的分泌。

抗诱变作用：红景天能提高细胞内 DNA 的修复能力，防止染色体畸变。

同科属植物红景天 *Rholiola rosea* L.、高山红景天（库页红景天）*Rholiola sachalinensis* A. Bor、圣地红景天 *Rholiola sacra*（Prain ex Hamet）S. H. Fu、狭叶红景天 *Rholiola kirilowii*（Regel）Maxim.、玫瑰红景天（蔷薇红景天）*Rholiola rosea* L. 等多种植物的根茎也有类似作用。

13. 黄精

【**来源**】百合科植物滇黄精 *Polygonatum kingianum* Coll. et Hemsl.、黄精 *Polygonatum sibiricum* Red. 或多花黄精 *Polygonatum cyrtonema* Hua 的干燥根茎。

【**性味归经**】甘，平。归脾、肺、肾经。

【**功效**】补气养阴，健脾，润肺，益肾。

【**使用注意**】中寒泄泻、痰湿痞满者忌服。

【**古籍摘要**】《名医别录》："主补中益气，除风湿，安五脏。"《日华子本草》："补五劳七伤，助筋骨，止饥，耐寒暑，益脾胃，润心肺。"《四川中药志》："补肾润肺，益气滋阴。治脾虚面黄，肺虚咳嗽，筋骨酸痹无力，及产后气血衰弱。"

【**现代研究**】

（1）化学成分　含黏液质、淀粉、吖丁啶-2-羧酸、天门冬氨酸、高丝氨酸、二氨基丁酸、毛地黄糖苷以及多种蒽醌类化合物。含甾体皂苷，已分离出 2 个呋甾烯醇型皂苷和 2 个螺甾烯醇型皂苷。

（2）作用　抗病原微生物作用，黄精水提取液（1∶320）对伤寒杆菌、金黄色葡萄球菌、抗酸杆菌有抑制作用，2% 黄精提取液在沙氏培养基内对常见致病真菌有不同程度的抑制作用。黄精 1∶10 浓度对疱疹病毒有抑制作用，对腺病毒有延缓作用。黄精醇提取溶液 2% 以上浓度即可对红色毛癣菌等多种真菌有抑制作用，其水提取物对石膏样毛癣菌等有抑制作用。但也有报道，10% 黄精水煎剂仅对羊毛样小孢子菌有轻度的抑制作用。

黄精浸膏对肾上腺素引起的血糖过高呈显著抑制作用。有抗氧化、抗疲劳、延缓衰老作用，增强对缺氧的耐受力能增强免疫功能，增强新陈代谢；有降血糖和强心作用。

黄精煎液能明显降低心肌脂褐素的含量和提高肝脏中超氧化物歧化酶活性，对增强机体健康水平和延缓衰老有一定意义，可升高红细胞膜 Na^+,K^+-ATP 酶的活性。

黄精提取物可促进弹性蛋白、层粘连蛋白生成，消除超氧自由基、羟基自由基，抑制 B16 黑色素细胞活性，促进血管内皮细胞、毛发上皮细胞的增殖。

（3）应用　在纤维芽细胞等的培养试验中，黄精提取物对弹性蛋白的生成有增殖作用，结合它对自由基的消除作用，有活肤抗衰老作用，可用于抗衰老化妆品；黄精提取物对血管内皮细胞的增殖具促进作用，可加强和固化毛细血管，可用于防治红血丝的化妆品；提取物另可用作皮肤美白剂、生发剂。

治疗癣菌病：取黄精捣碎，以 95% 乙醇溶液浸 1~2 天，蒸馏去大部分乙醇，使浓缩，加 3 倍水，沉淀，取其滤液，蒸去其余乙醇，浓缩至稀糊状，即成为黄精粗制液。直接搽涂患处，每日 2 次。一般对足癣、腰癣都有一定疗效，尤以对足癣的水疱型及糜烂型疗效最佳。对足癣的角化型疗效较差，可能是因霉菌处在角化型较厚的表皮内，而黄精无剥脱或渗透表皮能力之故。黄精粗制液搽用时无痛苦，亦未见变坏的不良反应，缺点是容易污染衣服。

14. 黄连

【来源】 毛茛科植物黄连 *Coptis chinensis* Franch.、三角叶黄连 *Coptis deltoidea* C. Y. Cheng et Hsial 或云连 *Coptis teeta* Wall. 的干燥根茎。以上三种分别习称"味连""雅连""云连"。

【性味归经】 苦，寒。归心、脾、胃、肝、胆、大肠经。

【功效】 清热燥湿，泻火解毒。

【使用注意】 凡阴虚烦热，胃虚呕恶，脾虚泄泻，五更泄泻慎服。黄芩、龙骨、理石为之使。恶菊花、芫花、白僵蚕、玄参、白鲜皮。畏款冬、牛膝。胜乌头。忌猪肉。

【古籍摘要】《名医别录》："调胃厚肠，益胆，疗口疮。"《药性论》："杀小儿疳虫，点赤眼昏痛，镇肝去热毒。"《本草备要》："治痈疽疮疥，酒毒，胎毒。"

【现代研究】

（1）化学成分　生物碱：小檗碱、黄连碱、甲基黄连碱、掌叶防己碱、非洲防己碱等生物碱；木脂素、香豆素、黄酮、萜类、甾体、有机酸、挥发油、多糖等。

（2）作用　有抗病原微生物作用，如抗金黄色葡萄球菌、溶血性链球菌、肺炎球菌、脑膜炎双球菌、痢疾杆菌、炭疽杆菌等，黄连粗提取物与纯小檗碱的抗菌作用基本一致。可作为防腐剂。抑制流感病毒、乙肝病毒等。体外抑制阿米巴原虫、阴道滴虫、锥虫。日本黄连30%乙醇的提取物对牙周致病菌的生长也有较强的抑制作用。

黄连可促进胶原蛋白生长、脑酰胺生成、谷胱甘肽生成，消除 DPPH 自由基、超氧自由基，抑制黑素细胞 B16 的生长。

（3）应用　黄连是我国常用的传统中药，可治疗皮肤炎症、湿症、促进伤口愈合等，有强烈的抗菌性；日本黄连提取物对胶原蛋白等的生成有促进作用，有活肤作用，结合它们的抗氧化性，可用于抗衰老化妆品；提取物尚可用作过敏抑制剂、皮肤美白剂、保湿剂和抗菌剂。

治脓疱疮，急性湿疹：黄连、松香、海螵蛸各三钱。共研细末，加黄蜡二钱，放入适量熟胡麻油内溶化，调成软膏。涂于患处，每日三次。涂药前用热毛巾湿敷患处，使疮痂脱落。（内蒙古《中草药新医疗法资料选编》）

治口舌生疮：黄连煎酒，时含呷之。（《肘后备急方》）

治疗湿疹：用黄连粉1份加蓖麻油3份调成混悬液，涂患部。

同科属植物日本黄连 *Coptis japonica* Makino 的根茎提取物也作此用。

15. 黄芩

【来源】 唇形科植物黄芩 *Scutellaria baicalensis* Georgi 的干燥根。

【性味归经】 苦，寒。归肺、胆、脾、大肠、小肠经。

【功效】 清热燥湿，泻火解毒，止血，安胎。

【使用注意】 脾、肾、肺虚者忌用。山茱萸、龙骨为之使。恶葱实。畏朱砂、牡丹、藜芦。

【古籍摘要】《日华子本草》："下气，主天行热疾，疗疮，排脓。治乳痈，发背。"《科学的民间药草》："外洗创口，有防腐作用。"《本草正》："乳痈发背，尤祛肌表之热，故治斑疹、鼠瘘，疮疡、赤眼。"

【现代研究】

（1）化学成分 主含黄酮类，如黄芩素、黄芩苷、汉黄芩素、汉黄芩苷等。

（2）作用 有较广的抗菌谱，即使对青霉素等抗生素已产生抗药性的金黄色葡萄球菌，对黄芩仍然敏感。对多种皮肤致病性真菌亦有体外抑制效力。

在化妆品中的应用：可抑制弹性蛋白酶、芳香化酶、类胰蛋白酶活性和荧光素酶活性的活化，促进脑酰胺、紧密连接蛋白、水通道蛋白-3、谷胱甘肽生成，消除 DPPH 自由基，抑制干细胞因子分泌和组胺游离释放，抑制兔耳油脂分泌，显示提取物具促进皮肤的新陈代谢、增加皮肤弹性和抗皱的作用，可用于抗衰老化妆品，提取物尚可用作抗炎剂、抗过敏剂、皮脂分泌抑制剂和保湿剂。

（3）应用 治肺热酒渣赤鼻：黄芩、鸡爪黄连、黄柏、山栀子各等份，大黄减半。为细末，滴水为丸。食后每服三十丸，用汤水送下。（《经验秘方》）

16. 桔梗

【来源】 桔梗科植物桔梗 *Platycodon grandiflorum*（Jacq.）A. DC. 的干燥根。

【性味归经】 苦、辛，平。归肺经。

【功效】 宣肺，利咽，祛痰，排脓。

【使用注意】 阴虚久嗽、气逆及咯血者忌用。

【古籍摘要】《名医别录》："利五脏肠胃，补血气，除寒热、风痹，温中消谷，疗喉咽痛。"《日华子本草》："下一切气，止霍乱转筋，心腹胀痛，补五劳，养气，除邪辟温，补虚消痰，破症瘕，养血排脓，补内漏及喉痹。"《珍珠囊》："疗咽喉痛，利肺气，治鼻塞。"《本草纲目》："主口舌生疮，赤目肿痛。"

【现代研究】

（1）化学成分 根含皂苷，其中有远志酸，桔梗皂苷元及葡萄糖。又含菠菜甾醇、α-菠菜甾醇-β-D-葡萄糖苷、Δ7-豆甾烯醇、白桦脂醇，并含菊糖、桔梗聚糖。三萜烯类物质：桔梗酸 A、B 及 C。花含飞燕草素-3-咖啡酰芦丁糖-5-葡萄糖苷。

（2）作用 有祛痰、降低血糖、抗溃疡、抗炎作用。对胆甾醇代谢有影响。体外试验水浸剂对絮状表皮癣菌有抑制作用。抑制 5α-还原酶活性，抑制白细胞黏附和原储脂细胞增殖，消除超氧自由基，促进纤维组织母细胞、角蛋白（质）形成细胞的增殖。

（3）应用 桔梗提取物对组织蛋白酶的活化作用表明，该提取物可增强皮肤细胞新陈代谢，有抗衰作用，结合它的清除自由基的能力，桔梗提取物可用于抗氧抗衰化妆品；提取物尚可用作保湿剂、生发剂、抗炎剂和减肥剂。

治牙疳臭烂：桔梗、茴香等份，烧研敷之。（《卫生易简方》）

骨槽风（牙龈肿痛）：用桔梗研细，与枣肉调成丸子，如皂角子大。裹棉内，上下牙咬住。常用荆芥煎汤漱口。

虫牙肿痛：用桔梗、薏苡，等份为末，内服。

眼睛痛，眼发黑：用桔梗一斤、黑牵牛头三两，共研细，加蜜成丸，如梧子大。每服四十丸，温水送下。一天服二次。此方称"桔梗丸"。

17. 麦冬

【来源】 百合科植物麦冬 *Ophiopogon japonicus*（L. f.）Ker-Gawl. 的干燥块根。

【性味归经】 甘、微苦，微寒。归心、肺、胃经。

【功效】 养阴生津，润肺清心。

【使用注意】 脾胃虚寒泄泻，胃有痰饮湿浊及暴感风寒咳嗽者忌用。地黄、车前为之使。恶款冬、苦瓠。畏苦参、青蘘、木耳。忌鲫鱼。

【古籍摘要】《药性论》："治热毒，止烦渴，主大水面目肢节浮肿。"《安徽药材》："治咽喉肿痛。"《日华子本草》："治五劳七伤，安魂定魄，时疾热狂，头痛，止嗽。"

【现代研究】

（1）化学成分　含多种甾体皂苷：麦冬皂苷 A、B、C、D，苷元均为假叶树皂苷元，另含麦冬皂苷 B′、C′、D′，苷元均为薯蓣皂苷元；尚含多种黄酮类化合物，如麦冬甲基黄烷酮 A、B，麦冬黄烷酮 A，麦冬黄酮 A、B，甲基麦冬黄酮 A、B。

（2）作用　麦冬提取物中的皂苷和蒽醌类成分具有较好的抑菌作用，对大肠埃希菌、假丝酵母、革兰阴性菌、革兰阳性菌、枯草芽孢杆菌都有很好的抑制作用。

本品可促进表皮成纤维细胞的增殖，消除超氧自由基，促进精氨酸酶活性，抑制酪氨酸酶活性。可提高机体免疫力，有明显抗疲劳、延缓衰老作用。

（3）应用　麦冬提取物对精氨酸酶活性有促进作用，皮肤持水的能力与其精氨酸酶的活性成正比关系，因此其有助于对干性皮肤的防治，兼之麦冬提取物在低湿度下的吸湿能力，因此麦冬提取物是一种优秀的保湿添加剂；提取物尚可用作活肤抗衰老剂和皮肤美白剂。

治面上肺风疮：麦门冬一斤，橘红四两。用水煎汁，熬成膏，入蜜二两再熬成，入水中一夜去火毒。（《古今医鉴》麦门冬膏）

18. 人参

【来源】五加科植物人参 *Panax ginseng* C. A. Mey. 的根。

【性味归经】甘、微苦，平。归肺、脾、心经。

【功效】大补元气，补脾益肺，生津，安神益智。

【使用注意】实证、热证者忌用。反藜芦、畏五灵脂、恶皂荚。

【古籍摘要】《神农本草经》："补五脏，安精神，定魂魄，止惊悸，除邪气，明目，开心益智。"《医学启源·药类法象》引《主治秘要》："补元气，止渴，生津液。"《本草汇言》："补气生血，助精养神之药也。"

【现代研究】

（1）化学成分　含人参皂苷、挥发油、氨基酸、微量元素及有机酸、糖类、维生素等。

（2）作用　人参具有抗休克的作用，有抗疲劳，促进蛋白质 RNA、DNA 的合成，促进造血系统功能，调节胆固醇代谢等作用；能增强机体免疫功能；能增强性腺功能，有促性腺激素分泌的作用；能降低血糖。此外，尚有抗炎、抗过敏、抗利尿及抗肿瘤等多种作用。人参的药理活性常因机体状态不同而呈双向作用。

由于人参中含有多种人参皂苷、多糖、氨基酸、维生素及矿物质，具有促进皮下毛细血管的血液循环、增加皮肤的营养供应、防止动脉硬化、调节皮肤水分平衡等作用。所以它能延缓皮肤衰老，防止皮肤干燥脱水，增加皮肤的弹性，从而起到保护皮肤光泽柔嫩，防止和减少皮肤皱纹的作用，人参活性物质还具有抑制黑素的还原性能，使皮肤洁白光滑。在洗发剂中能使头部的毛细血管扩张，可增加头发的营养，提高头发的韧性，减少脱发、断发，对损伤的头发具有保护作用。

（3）应用　本品可用作抗氧化剂及皮肤、头发调理剂。

19. 三七

【来源】五加科植物三七 *Panax notoginseng*（Burk.）F. H. Chen 的干燥根和根茎。支根

习称"筋条"，茎基习称"剪口"。其花亦入药。

【性味归经】甘、微苦，温。归肝、胃经。

【功效】散瘀止血，消肿定痛。

【使用注意】孕妇、无瘀者、血虚吐衄，血热妄行者忌用。不宜入煎剂。花适量，开水冲泡当茶饮。

【古籍摘要】《本草纲目》："止血，散血，定痛。金刃箭伤，跌扑杖疮，血出不止者，嚼烂涂，或为末掺之，其血即止。亦主赤目，痈肿，虎咬，蛇伤诸病。"《玉楸药解》："凡产后、经期、跌打、痈肿，一切瘀血皆破，凡吐衄、崩漏、刀伤、箭射，一切新血皆止。"

【现代研究】

（1）化学成分 皂苷、黄酮、挥发油、氨基酸、多糖等。叶含皂苷，以人参二醇较多。

（2）作用 使局部血管收缩而止血。三七块根对动物实验性"关节炎"有预防和治疗作用。有镇痛、镇静、抗溃疡、抗炎、消肿的作用。

三七有增加冠状动脉血流量、减慢心率、减少心肌氧消耗的作用，并能对抗因脑垂体后叶激素所致的血压升高和冠状动脉收缩。对大鼠实验性心肌缺血再灌注损伤有保护作用。可使机体对失血的耐受性增强，减轻失血性休克代偿期对机体的损害，增强机体抗失血性休克的能力。

三七有延缓衰老的作用，有较强的体外清除自由基能力。三七总皂苷对 D-半乳糖所致小鼠虚损有明显的对抗作用。对体重有明显促生长作用。

三七叶也有止血消炎的作用。

20. 山药

【来源】薯蓣科植物薯蓣 *Dioscorea opposita* L. 的干燥根茎。

【性味归经】甘，平。归脾、肺、肾经。

【功效】补脾养胃，生津益肺，补肾涩精。

【使用注意】有实邪者忌服。二门冬、紫芝为之使，恶甘逆。

【古籍摘要】《神农本草经》："主伤中，补虚，除寒热邪气，补中益气力，长肌肉，久服耳目聪明。"《滇南本草》："清热，解诸疮，痈疽发背，丹流瘰疬。"《本草纲目》："益肾气，健脾胃，止泄痢，化痰涎，润皮毛。"

【现代研究】

（1）化学成分 根含皂苷、黏液质、尿囊素、胆碱、精氨酸、淀粉酶、蛋白质、脂肪、淀粉及碘质等。

（2）作用 降血糖作用，防治人体脂质代谢异常，以及动脉硬化，对维护胰岛素正常功能也有一定作用，有增强人体免疫力、益心安神、宁咳定喘、延缓衰老等保健作用。可调节机体对非特异刺激反应性作用，抗压，耐缺氧。山药多糖能极有效地对抗环磷酰胺的抑制免疫作用。

所含营养成分和黏液质、淀粉酶有滋补作用，能助消化、止泻、祛痰。

特殊的黏性成分对中老年男性易患的前列腺增生（容易导致排尿不畅）能起到预防和治疗作用。山药中的黏性成分是糖蛋白，由甘露聚糖等与球蛋白结合而成（糖蛋白是山药多糖之一）。糖蛋白具有激活雄激素的作用，因此，山药是患有前列腺增生男士的美食佳选。

（3）应用

手足冻疮：有薯蓣一截，磨泥敷上。（《本草纲目》）

治肿毒：山药，蓖麻子，糯米为一处，水浸研为泥，敷肿处。(《普济方》)

治乳癖结块及诸痛日久，坚硬不溃：鲜山药和芎䓖、白糖霜共捣烂涂患处。涂上后奇痒不可忍，忍之良久渐止。(《本经逢原》)

山药 *Dioscorea opposita* 的小块茎、同科属植物脚板薯 *Dioscorea batatas*、长柔毛薯蓣 *Dioscorea villosa*、菊叶薯蓣 *Dioscorea composita*、褐苞薯蓣（广山药）*Dioscorea persimilis*、黄山药 *Dioscorea panthaica* Prain et Burk、墨西哥薯蓣 *Dioscorea mexicana* Hemsl、日本薯蓣 *Dioscorea japonnica* Thunb 的提取物作化妆品原料。

21. 生姜

【来源】姜科植物姜 *Zingiber officinale* Rosc. 的新鲜根茎。

【性味归经】辛，微温。归肺、脾、胃经。

【功效】解表散寒，温中止呕，化痰止咳，解鱼、蟹毒。

【使用注意】阴虚，内有实热，或患痔疮者忌用。久服积热，损阴伤目。高血压患者慎用。不宜与黄芩、黄连同用。

【古籍摘要】《肘后备急方》："善治狐臭，用生姜涂腋下。"《本草纲目》："满口烂疮：生姜自然汁，频频漱吐。"《圣济总录》："治寒冻手足破裂。生姜（拍碎二两）上一味，用淘饭饮三升，和煎至二升，乘热熏洗患处，日三五度。"

【现代研究】

(1) 化学成分　挥发油主要成分为姜醇、姜烯、水芹烯、莰烯、柠檬醛、芳樟醇等。尚含辣味成分姜辣素，以及谷氨酸、天冬氨酸、丝氨酸、甘氨酸等。

(2) 作用　生姜泥和生姜浸出液对创伤愈合有明显的促进作用。生姜不同浓度的乙醇提取物可抑制 5α-还原酶、弹性蛋白酶、蛋氨酸酶活性，可消除超氧自由基、DPPH 自由基，促进脑酰胺的生成。水提取物可以抑制前列腺素 E_2 生成。促进组织蛋白酶 D 活化、荧光酶活性及腺嘌呤核苷三磷酸生成，对皮肤癣菌、口腔致病菌有抑制作用，同时增强皮肤活性，在化妆品中可用作抗衰老剂、活肤调理剂、抗氧化剂、抗炎剂、抑臭剂、保湿剂、生发剂等。

(3) 应用　生姜水含漱可治疗口臭和牙周炎。温热姜水洗面，每日早、晚各 1 次，持续 60 日左右，暗疮可减轻或消失。此法对雀斑及干燥性皮肤等亦有一定的治疗效果。热姜水清洗头发，可有效防治头皮屑掉落，经常用热姜水洗头，对秃头亦有一定治疗效果。

目前姜的根茎、水、油提取物及同科属植物卡萨蒙纳姜 *Zingiber cassumunar* Roxb.、襄荷 *Zingiber mioga*（Thunb.）Rosc.、红球姜 *Zingiber zerumbet*（L.）Smith 的根提取物已作为化妆品原料应用。

22. 石菖蒲

【来源】天南星科植物石菖蒲 *Acorus tatarinowii* Schott 的干燥根茎。

【性味归经】辛、苦，温。归心、胃经。

【功效】开窍豁痰，醒神益智，化湿开胃。

【使用注意】阴虚阳亢、烦躁汗多、咳嗽、吐血、精滑者慎服。心劳、神耗者禁用。秦艽、秦皮为之使。恶地胆、麻黄。忌饴糖、羊肉。勿犯铁器，令人吐逆。

【古籍摘要】《神农本草经》："主风寒湿痹，通九窍，明耳目，出音声。"《名医别录》："主耳聋，痈疮。聪耳目，益心智。"《药性论》："治风湿顽痹，耳鸣，头风，泪下，杀诸虫，治恶疮疥瘙。"

【现代研究】

（1）化学成分　挥发油中含 α-细辛脑、β-细辛脑、γ-细辛脑，欧细辛脑，顺式甲基异丁香油酚，榄香脂素，细辛醛，δ-荜澄茄油烯，百里香酚，肉豆蔻酸，糖类，有机酸，氨基酸等。

（2）作用　石菖蒲高浓度浸出液对常见致病性皮肤真菌有抑制作用。石菖蒲水浸剂对红色毛癣菌、同心性毛癣菌、许兰毛癣菌、奥杜盎小孢子菌、铁锈色小孢子菌、羊毛状小孢子菌、考夫曼-沃尔夫表皮癣菌等皮肤真菌均有不同程度的抑制作用。菖蒲、艾叶、雄黄合剂可作烟熏消毒。

石菖蒲挥发油（β-细辛醚）在一定浓度下有使冠状血管扩张的作用。石菖蒲挥发油还有短暂的降低血压作用及抑制单胺氧化酶作用，能促进消化液的分泌及制止胃肠异常发酵，并有弛缓肠管平滑肌痉挛的作用。

石菖蒲提取物可消除超氧自由基、羟基自由基、单线态氧、过氧化氢，抑制酪氨酸酶、胰蛋白酶活性，活化组织蛋白酶 D，促进毛乳头细胞增殖和荧光素酶活性。

（3）应用　石菖蒲挥发油是一种很好的香料，在各种熏香、精油及化妆香水中都有应用；基于石菖蒲提取物有选择性的对含氧自由基的消除作用，可与其他抗氧化剂配合使用于抗氧化抗衰老类、美白类、抗炎类化妆品；石菖蒲提取物对组织蛋白酶 D 的活性有增强作用，可促进真皮层的新陈代谢；荧光素酶活性低，说明皮肤易发特应性皮炎，石菖蒲提取物对荧光素酶活性的活化作用显示，它具有抗炎性；石菖蒲提取物对毛乳头细胞增殖的促进数据显示，它可用于生发制品。

治阴汗湿痒：石菖蒲、蛇床子等分，为末。日搽二三次。（《济急仙方》）

同科属植物菖蒲 *Acorus calamus* L. 、金钱蒲 *Acorus gramineus* Sol. Aiton 的根和茎也作为化妆品原料。

23. 天麻

【来源】兰科植物天麻 *Gastrodia elata* Bl. 的干燥块茎。

【性味归经】甘，平。归肝经。

【功效】息风止痉，平抑肝阳，祛风通络。

【使用注意】气血虚甚者慎服。

【古籍摘要】《日华子本草》："助阳气，补五劳七伤，通血脉，开窍。"《名医别录》："消痈肿，下支满，疝，下血。"《神农本草经》："主恶气，久服益气力，长阴肥健。"

【现代研究】

（1）化学成分　主要成分是天麻苷也称天麻素，另含天麻醚苷，对-羟基苯甲基醇，对羟基苯甲基醛，4-羟苄基甲醚，4-(4′-羟苄氧基)苄基甲醚，双(4-羟苄基)醚等。

（2）作用　有镇静、抗缺氧、抗炎、增强机体非特异性免疫和细胞免疫的作用。天麻对冠状动脉、外周血管有一定程度的扩张作用，血压下降，心率减慢，心输出量增加，心肌耗氧量下降。天麻素有促进心肌细胞能量代谢，特别是在缺氧情况下获得能量的作用。

天麻可消除羟基自由基，抑制 B16 黑色素细胞活性和 5α-还原酶活性，促进 B16 黑色素细胞活性，抑制角叉胶致大鼠足趾肿胀。动物实验中，天麻提取物中的天麻多糖能增强超氧化物歧化酶（SOD）、过氧化氢酶、谷胱甘肽过氧化物酶的活性，可清除过量的自由基，起到延缓细胞衰老的作用。

（3）应用　天麻提取物对超氧化物歧化酶、过氧化氢酶和谷胱甘肽过氧化物酶有很好的活化作用，可有效地消除自由基，用于化妆品的抗衰；高浓度天麻提取物对黑色素细胞有激活作用，可用于皮肤色泽异常的防治和使灰白头发转黑的护发产品；低浓度则为抑制作用。提取物尚可用作抗炎剂和生发剂。在化妆品中，天麻多于其他植物复配使用，在乌发、舒敏止痒等方面均有产品在市场中应用。

国家药品监督管理局在《已使用化妆品原料名称目录》中已将天麻根提取物、天麻提取物等2种原料收录其中。

24. 西洋参

【来源】 五加科植物西洋参 *Panax quinquefolium* L. 的干燥根。

【性味归经】 甘、微苦，凉。归心、肺、肾经。

【功效】 补气养阴，清热生津。

【使用注意】 不宜与藜芦同用。胃有寒湿者忌服。忌铁器及火炒。

【古籍摘要】《本草再新》："治肺火旺，咳嗽痰多，气虚呵喘，失血，劳伤，固精安神，生产诸虚。"《本草求原》："清肺肾，凉心脾以降火，消暑，解酒。"《医学衷中参西录》："能补助气分，并能补益血分。"

【现代研究】

（1）化学成分　含人参皂苷 R_0、Rb_1、Rb_2、Rc、Rd、Re、Rg_1 及假人参皂苷 F_1，尚含精氨酸、天冬氨酸等18种氨基酸，又含挥发油、树脂等。

（2）作用　西洋参中的皂苷可以有效增强中枢神经调节，达到静心凝神、消除疲劳、增强记忆力等作用，可适用于失眠、烦躁、记忆力衰退及老年痴呆等症状。

西洋参可抗心律失常、抗心肌缺血、抗心肌氧化、强化心肌收缩能力，冠心病患者症状表现为气阴两虚、心慌气短，可长期服用西洋参，疗效显著。西洋参的功效还在于可以调节血压，可有效降低暂时性和持久性高血压，有助于高血压、心律失常、冠心病、急性心肌梗死、脑血栓等疾病的恢复健康。

西洋参可降低血液凝固性、抑制血小板凝聚、抗动脉粥样硬化并促进红细胞生长，增加血色素。西洋参中人参皂苷 Rb_1 可促进弹性蛋白生成，消除超氧自由基。

（3）应用　西洋参提取物可促进表皮成纤维细胞的活性，可以增加弹性蛋白的生成量，结合西洋参提取物的抗氧化作用，可用于抗衰老抗皱的化妆品；西洋参提取物有很好的持水能力，这可能与其中大量的多糖成分有关，可用作化妆品的保湿剂。

25. 玉竹

【来源】 百合科植物玉竹 *Polygonatum odoratum*（Mill.）Druce 的干燥根茎。

【性味归经】 甘，微寒。归肺、胃经。

【功效】 养阴润燥，生津止渴。

【使用注意】 胃有痰湿气滞者忌服，脾虚便溏者慎服。

【古籍摘要】《神农本草经》："主中风暴热，不能动摇，跌筋结肉，诸不足。久服去面黑野，好颜色，润泽，轻身不老。"《本草拾遗》："主聪明，调血气，令人强壮。"《名医别录》："主心腹结气，虚热，湿毒腰痛，茎中寒，及目痛眦烂，泪出。"

【现代研究】

（1）化学成分　玉竹黏多糖（由 D-果糖，D-甘露糖，D-葡萄糖及半乳糖醛酸所组成），玉竹果聚糖 A、B、C、D，氮杂环丁烷-2-羧酸。还含黄精螺甾醇、黄精螺甾醇苷、黄精呋甾醇、黄精呋甾醇苷等甾族化合物，微量皂苷，白屈菜酸，天冬酰胺，鞣质，维生素等。

（2）作用 玉竹煎剂和配糖体均有强心作用。提高机体免疫力，可增强巨噬细胞吞噬作用，提高血清溶血素抗体水平，改善脾淋巴细胞对 ConA（刀豆凝集素 A）的增殖反应，促进干扰素合成。

有抑制结核杆菌生长，降血糖，降血脂，缓解动脉粥样斑块形成，使外周血管和冠脉扩张，延长耐缺氧时间，抗氧化，抗衰老等作用。还有类似肾上腺皮质激素样作用。

玉竹中所含的维生素 A，可改善干裂、粗糙的皮肤状况，使之柔软润滑，起到美容护肤的作用。

消除 DPPH 自由基，促进纤维芽细胞活性，抑制 B16 黑色素细胞增殖和活性，在化妆品中的应用：玉竹提取物可很好的促进纤维芽细胞的活性，有活肤作用，可用于抗衰化妆品；玉竹提取物对 B16 黑色素细胞的增殖有抑制，同时也抑制黑色素的生成，就细胞层面而言，玉竹提取物的美白作用要次于熊果苷。

（3）应用 令面白净如素：葳蕤（玉竹）、白茯苓、土瓜根各五两，猪胰五具，绿豆面一升，皂荚三挺，栝楼实三两。捣筛。将猪胰拌和，更捣令匀，每旦取洗手面。（《千金要方》）

治赤眼涩痛：玉竹、赤芍、当归、黄连等分。煎汤熏洗。（《卫生家宝方》）

26. 紫草

【来源】紫草科植物新疆紫草 *Arnebia euchroma*（Royle）Johnst. 或内蒙紫草 *Arnebia guttata* Bunge 的干燥根。

【性味归经】甘、咸，寒。归心、肝经。

【功效】清热凉血，活血解毒，透疹消斑。

【使用注意】胃虚弱、大便滑泄者慎服。

【古籍摘要】《名医别录》："疗腹肿胀满痛。以合膏，疗小儿疮及面齄。"《本草纲目》："治斑疹、痘毒，活血凉血，利大肠。"《陕西中草药》："治汤火伤，皮炎，湿疹，尿路感染。"

【现代研究】

（1）化学成分 紫草根含乙酰紫草醌、异丁酰紫草醌、β-二甲基丙烯紫草醌、β-羟基异戊酰紫草醌、3,4-二甲基戊烯-3-酰基紫草醌，新疆紫草根含 β-羟基异戊酰紫草醌，3,4-二甲基戊烯-3-酰基紫草醌。

（2）作用 紫草酊剂对化脓菌、大肠埃希菌有抑制作用，并能加速上皮细胞生长及治疗烧伤，能抑制多种真菌。紫草膏可用于颜面癣。紫草甲苯提取物对白色念珠菌、大肠埃希菌、藤黄微球菌、犬小孢子菌、红色毛癣菌、金黄色葡萄球菌、铜绿假单胞菌均有明显抑制作用。

紫草能抑制干细胞因子结合，能抑制毛细血管通透性和角叉菜胶引起的水肿，表明对炎症急性渗出期的血管通透性亢进、渗出和水肿及增殖期炎症均有拮抗作用。紫草的醇提物的抗炎效果优于水提物。

紫草提取物或其色素成分制备的软膏局部用药，对肉芽组织的增殖有促进作用，可明显加速创伤愈合。紫草多糖有抗疱疹病毒地方株的作用。

本品可阻止肝素的抗凝血作用。这种作用可抑制抗凝血因子，促进静脉瘤等的血栓形成。

紫草提取物可消除 DPPH 自由基、超氧自由基、羟基自由基，促进组织蛋白酶活性。

（3）应用 紫草色素作为天然色素已广泛用于医药、化妆品工业中。紫草提取物有抗皮肤真菌病毒作用，结合它的抗炎性，皮肤科临床用于扁平疣、银屑病、皮炎、湿疹等，紫草提取物对组织蛋白酶活性有促进作用，表示该提取物可增强皮肤细胞的新陈代谢，结合其抗氧化性，有抗衰老作用。

治热疮：紫草茸、黄连、黄柏、漏芦各半两，赤小豆、绿豆粉各一合。上药捣细，入麻油为膏，日三敷，常服黄连阿胶丸清心。（《仁斋直指方》紫草膏）

治豌豆疮，面皶，恶疮，瘑癣：紫草煎油涂之。（《医学入门》）

治恶虫咬：油浸紫草涂之。（《太平圣惠方》）

治疗玫瑰糠疹：用紫草 0.5 ~ 1 两（小儿 2 ~ 5 钱），每日煎服 1 剂，10 日为一疗程。经一定间歇后可继续服用几个疗程，最多不超过 2 个月。

二、全草类

1. 薄荷

【来源】唇形科植物薄荷 *Mentha haplocalyx* Briq. 的干燥地上部分。

【性味归经】辛，凉。归肺、肝经。

【功效】疏散风热，清利头目，利咽透疹，疏肝行气。

【使用注意】阴虚血燥、阴阳偏亢及表虚多汗者忌服。

【古籍摘要】《千金要方·食治》："却肾气，令人口气香洁。"《日华子本草》："治中风失音，吐痰。"《本草纲目》："利咽喉、口齿诸病。治瘰疬，疮疥，风瘙瘾疹。"《医林纂要》："愈牙痛，已热嗽，解郁暑，止烦渴。"

【现代研究】

（1）化学成分 挥发油中主要为薄荷脑、薄荷酮、乙酸薄荷酯、柠檬烯、莰烯、异薄荷酮、蒎烯、薄荷烯酮、鞣质等。

（2）作用 薄荷中 8 种儿茶萘酚酸是有效的抗炎剂，能抑制 3α-羟基类固醇脱氢酶。其中的蓝香油烃对烫伤部位有抗炎作用。薄荷水局部应用有清凉、止痒、消炎、止痛的功效。

薄荷油对枯草芽孢杆菌、痤疮杆菌、腐生葡萄球菌、金黄色葡萄球菌等有抑制作用。

（3）应用 薄荷挥发油为传统芳香原料，可抑制黄嘌呤氧化酶活性，对酪氨酸酶活性的活化、过氧化物酶激活受体（PPAR）的活化有促进作用，可促进血管内皮细胞生长因子的生成，提高精氨酸酶活性。薄荷提取物可用作抗菌剂、抗氧化剂、抗炎剂、皮肤晒黑剂、血管增强剂和保湿剂。薄荷精油美容，不仅可以清洁肌肤，还能起到清除黑头及粉刺的作用。

治风气瘙痒：大薄荷、蝉蜕等分为末，每温酒调服一钱。（《永类钤方》）

治口臭：儿茶四两，桂花、硼砂、薄荷叶各五钱，甘草。熬膏成饼，含口中噙化。（《梅氏验方新编》香茶饼）

2. 车前草

【来源】车前科植物车前 *Plantago asiatica* L. 或平车前 *Plantago depressa* Willd. 的干燥全草。

【性味归经】甘，寒。归肝、肾、肺、小肠、膀胱经。

【功效】清热利尿通淋，祛痰，凉血，解毒。

【使用注意】凡内伤劳倦，阳气下陷，肾虚精滑及内无湿热者，慎服。

【古籍摘要】《药性论》："能去风毒，肝中风热，毒风冲眼，目赤痛障翳，脑痛泪出……去心胸烦热。"《日华子本草》："通小便淋涩，壮阳。治脱精，心烦。下气。"《雷公炮制药性解》："主淋沥癃闭，阴茎肿痛，湿疮，泄泻，赤白带浊，血闭难产。"

【现代研究】

（1）化学成分　全草含熊果酸，桃叶珊瑚苷，车前草苷（A、B、C、D、E、F），去鼠李糖异洋丁香酚苷 B，去鼠李糖洋丁香酚苷，异洋丁香酚苷，洋丁香酚苷，天人草苷 A，异角胡麻苷，角胡麻苷，车前黄酮苷；还含有齐墩果酸、延胡索酸、苯甲酸、桂皮酸、丁香酸等有机酸，亦含有黄芩苷元、高山黄芩素、木犀草素、黄芩苷、绿原酸、新绿原酸等。

（2）作用　车前草及车前子有利尿作用。

抗病原微生物作用：车前草水浸剂（1∶4）在试管内对同心性毛癣菌、羊毛状小孢子菌、星形奴卡菌等有不同程度的抑制作用，金黄色葡萄球菌对其高度敏感，宋氏痢疾杆菌对其中度敏感，大肠埃希菌、铜绿假单胞菌、伤寒杆菌对其轻度敏感。

对心血管系统作用：小剂量车前苷能使家兔心跳变慢、振幅加大、血压升高；大剂量时则可引起心脏麻痹、血压降低。

大车前叶的果胶粉还可减轻右旋糖酐等所致的炎性水肿。大车前子提取物对纤维芽细胞的增殖有促进作用，抑制前列腺素生成。

车前草乙酸乙酯提取物对Ⅰ型脂肪氧合酶、Ⅱ型脂肪氧合酶均有抑制作用。

车前草提取物可促进组织蛋白酶活性，消除超氧自由基、羟基自由基，抑制脂肪过氧化、B16 黑素细胞活性、蛋氨酸酶活性，促进脂肪分解，车前草提取物对毛孔有收缩作用。

（3）应用　车前草提取物对自由基有很好的清除作用，对脂肪氧合酶有抑制作用，可用作化妆品的抗氧化剂；车前草提取物对组织蛋白酶等的活化有促进作用，组织蛋白酶活性的降低与皮肤疾患的发生有关，也验证了车前草的抗炎作用；提取物尚可用作抑臭剂、减肥剂和紧肤收敛剂。

已有车前（*Plantago asiatica* L.）全草及籽提取物、同科属植物大车前（*Plantago major* L.）叶及籽提取物、欧车前（*Plantago psyllium* L.）果壳及籽提取物、长叶车前（*Plantago lanceolata* L.）叶提取物、卵叶车前（*Plantago ovata*）叶、籽提取物均已应用于化妆品。

3. 广藿香

【来源】唇形科植物广藿香 *Pogostemon cablin*（Blanco）Benth. 的干燥地上部分。

【性味归经】辛，微温。归脾、胃、肺经。

【功效】芳香化浊，开胃止呕，发表解暑。

【使用注意】阴虚者禁服。

【古籍摘要】《名医别录》："疗风水毒肿，去恶气。"《汤液本草》："温中快气，上焦壅热，饮酒口臭，煎汤漱。"《本草再新》："治疮疥。梗：可治喉痹，化痰、止咳嗽。"

【现代研究】

（1）化学成分　含挥发油，油中主要成分为广藿香醇、α-藿香萜烯、β-藿香萜烯和 γ-藿香萜烯、α-愈创烯、α-布藜烯、广藿香酮、丁香烯、安息香醛、桂皮醛、丁香酚及广藿香吡啶碱等。

（2）作用　其精油可镇静、利尿、消炎、促进伤口愈合、除臭、解虫蛇咬伤的毒。

广藿香挥发油能完全抑制浅部皮肤真菌，如红色毛癣菌、犬小孢子菌和絮状表皮癣菌等的生长繁殖。对金黄色葡萄球菌、微球菌、大肠埃希菌、霉菌、枯草芽孢杆菌及汉逊酵母菌也有较强的抑制作用。对螨虫、淡色库蚊有杀死作用。

（3）应用 可消除超氧自由基、羟基自由基，促进对脂肪分解。

广藿香挥发油是芳香原料，是植物香料中味道最为浓烈的一种，常用于香精和香水的调配。广藿香油对癣菌有广谱而又强烈的抑制作用，可用于防治此类皮肤疾患；广藿香提取物尚可用作抗氧化剂、抗菌剂、驱螨剂、驱蚊剂和减肥剂。

香口去臭：藿香洗净，煎汤，时时噙漱。（《摘元方》）

治小儿牙疳溃烂出脓血，口臭，嘴肿：土藿香，入枯矾少许为末，搽牙根上。（《滇南本草》）

4. 积雪草

【来源】 伞形科植物积雪草 *Centella asiatica*（L.）Urb. 的干燥全草。

【性味归经】 苦、辛，寒。归肝、脾、肾经。

【功能】 清热利湿，解毒消肿。

【使用注意】 虚寒者不宜。

【古籍摘要】 《神农本草经》："主大热，恶疮，痈疽，浸淫，赤熛，皮肤赤，身热。"《新修本草》："捣敷热肿丹毒。"《日华子本草》："以盐挪贴，消肿毒并风疹疥癣。"

【现代研究】

（1）化学成分 含多种 α-香树脂醇型的三萜成分，其中有积雪草苷、羟基积雪草苷、马达积雪草酸等。尚含内消旋肌醇、积雪草糖、黄酮苷类。

（2）作用 积雪草苷能治疗皮肤溃疡，如顽固性创伤、皮肤结核、麻风等，可促进皮肤生长等。

体外抗菌实验表明，积雪草提取物对金黄色葡萄球菌、溶血性链球菌，各种痢疾杆菌、伤寒杆菌均有抑制作用。其提取物可抑制弹性蛋白酶、β-D-葡糖苷醛酸酶、脂合蛋白酶活性，促进腺嘌呤核苷三磷酸、透明质酸、水通道蛋白-9 生成，抑制一氧化氮、内皮素生成，消除 DPPH 自由基，促进大鼠毛发生长。积雪草苷可以提高成纤维细胞 DNA 的合成量，促进成纤维细胞的增殖，并且可以促进成纤维细胞胶原蛋白的合成且呈现剂量依赖关系；但在较高浓度下，积雪草苷则具有抑制成纤维细胞生长及胶原合成的能力。

（3）应用 积雪草中主要成分积雪草苷对瘢痕成纤维细胞活力有促进作用，因此积雪草提取物在化妆品中的应用主要是祛瘢痕的作用，兼之对弹性蛋白酶和对一氧化氮生成的抑制和抗氧化性，可用于抗衰老化妆品；提取物尚可用作皮肤美白剂、保湿剂、抑臭剂、减肥剂和生发剂。

治麻疹：积雪草一至二两。水煎服。（《常用中草药手册》）

治疔疮：①鲜积雪草，洗净，捣烂敷患处。（《江西民间草药》）②鲜积雪草一至二两。水煎服。（《福建中草药》）

现已有积雪草苷、积雪草酸单品出售。

5. 马齿苋

【来源】 马齿苋科植物马齿苋 *Portulaca oleracea* L. 的干燥地上部分。

【性味归经】 酸，寒。归肝、大肠经。

【功效】 清热解毒，凉血止血，止痢。

【使用注意】 脾胃虚寒、肠滑作泄者忌服，孕妇慎用。不得与鳖甲同入。

【古籍摘要】 《生草药性备要》："洗痔疮疳疔。"《新修本草》："主诸肿瘘疣目，捣揩之；用汁洗紧唇、面疱、马汗、射工毒涂之瘥。"《滇南本草》："疗疮红肿疼痛。"

【现代研究】

（1）化学成分 全草含大量去甲肾上腺素和多量钾盐（包括硝酸钾、氯化钾、硫酸钾和其他钾盐）。还含多巴、多巴胺、甜菜素、异甜菜素、甜菜苷、异甜菜苷、草酸、苹果酸、柠檬酸、谷氨酸、天冬氨酸、丙氨酸及葡萄糖、果糖、蔗糖等。另据报道全草含生物碱、香豆精、黄酮、强心苷，并含大量的聚 ω3 不饱和脂肪酸。

（2）作用 马齿苋提取物对金黄色葡萄球菌、大肠埃希菌、变形杆菌、枯草芽孢杆菌等的抑菌作用较强；马齿苋水煎剂对常见致病菌，如表皮葡萄球菌、铜绿假单胞菌也有明显抑菌作用。

本品含有丰富的维生素 A 样物质，故能促进上皮细胞的生理功能趋于正常，并能促进溃疡的愈合。马齿苋的 10% 乙醇提取液对胃黏膜损伤引起的溃疡有显著的治疗作用。研究者认为，马齿苋的这种新功效，可能与其富含 ω3 脂肪酸、维生素 C 等有关，这些物质具有很强的抗氧化作用，并有保护胃黏膜的作用。马齿苋提取物可促进脂肪分解，可提高家兔机体抗氧化能力，使血清丙二醛（MDA）含量减少，具有抗衰老的重要作用。

消除色素斑：马齿苋提取物可消除超氧自由基、DPPH 自由基，抑制透明质酸酶、脂氧合酶的活性，其中的维生素 C 有一定的消除色素斑作用，而维生素 E 可以保护线粒体的磷脂，有抗自由基作用，是美容佳品。

马齿苋水提取物具有消炎作用，1g/kg 剂量的马齿苋水提取物对二甲苯所致炎症有明显抑制作用；2g/kg 剂量的马齿苋水提取物对巴豆油所致炎症有抑制作用。

（3）应用 马齿苋提取物有极好的促进脂肪分解活性，可用于减肥化妆品；马齿苋提取物有广谱的抗菌性，又具有消炎作用，可用于防治皮肤湿疹、过敏性皮炎、接触性皮炎、丹毒、脓疱疮等皮肤病；马齿苋提取物对氧自由基有良好的清除能力，说明其具有较明显的抗氧化和延缓衰老的作用；提取物尚可用作保湿剂。

乌发：马齿苋铜元素含量较高（21g/100g），而体内铜离子是酪氨酸酶的重要组成部分，缺乏可导致黑素生成减少，致使白发增多。所以，常吃马齿苋能增加表皮中黑素细胞的密度和相关酶的活性，使白发变黑。

治多年恶疮：马齿苋捣敷之。（《滇南本草》）

治翻花疮：马齿苋一斤烧为灰，细研，以猪脂调敷之。（《太平圣惠方》）

治甲疽：墙上马齿苋（阴干）一两，木香、丹砂（研细），盐（研细）各一分。上四味，除丹砂、盐外，锉碎拌令匀，于熨斗内，炭火烧过，取出细研，即入丹砂、盐末，再研匀，旋取敷疮上，日三、两度。（《圣济总录》马齿散敷方）

治腋臭：马齿苋草一束捣碎，以蜜和作团，以绢袋盛之，以泥纸裹厚半寸，曝干，以火烧熟，破取，更以少许蜜和，使热，勿令冷。先以生布揩之，夹药腋下，药痛久忍之不能，然后以手中勒两臂。（《备急千金要方》）

治面上瘢痕：马齿苋汁，洗。（《普济方》）

治发早白：马齿苋子一升，白茯苓一两，熟干地黄四两，泽泻二两，卷柏二两，人参二两（去芦头），松脂四两（炼成者），桂心一两。（《太平圣惠方》马齿苋还黑散）

同科属植物大花马齿苋（*Portulaca graniflora* Hook.）、马齿苋（*Portulaca oleracea* L.）花/叶/茎提取物作化妆原料用。

6. 蒲公英

【来源】 菊科植物蒲公英 *Taraxacum mongolicum* Hand. -Mazz.、碱地蒲公英 *Taraxacum*

borealisinense Kitam. 或同属数种植物的干燥全草。

【性味归经】苦、甘，寒。归肝、胃经。

【功效】清热解毒，消肿散结，利尿通淋。

【使用注意】脾虚泄泻者忌用。

【古籍摘要】《滇南本草》："敷诸疮肿毒，疥癞癣疮；祛风，消诸疮毒，散瘰疬结核；止小便血，治五淋癃闭，利膀胱。"《本草纲目拾遗》："疗一切毒虫蛇伤。"《常用中草药手册》："清热解毒，凉血利尿，催乳。治疗疮，皮肤溃疡，眼疾肿痛，消化不良，便秘，蛇虫咬伤，尿路感染。"

【现代研究】

（1）化学成分　含蒲公英甾醇、胆碱、菊糖和果胶等。叶含叶黄素、蝴蝶梅黄素、叶绿素、维生素 C、维生素 D。花中含山金车二醇、叶黄素、毛茛黄素、胡萝卜素等。

（2）作用　内服叶的浸剂可治蛇咬伤，也有用以促进妇女的乳汁分泌的，具广谱抗菌的作用。

蒲公英提取物可促进成纤维细胞的增殖，消除羟基自由基、超氧自由基、DPPH 自由基，抑制脂肪过氧化，抑制核因子 κB 受体活化和 β-己糖胺酶分泌，抑制 5α-还原酶活性，30% 丁二醇蒲公英提取物能促进毛发生长。

（3）应用　蒲公英提取物有很好的杀菌和抑菌作用，结合其抗炎性、对雄性激素分泌的抑制和抗氧化性，可用于预防皮肤炎症，如粉刺类化妆品；提取物另可用作过敏抑制剂、抗衰老剂和生发剂。

治痈疮疔毒：蒲公英捣烂覆之，别更捣汁，和酒煎服，取汗。（《本草纲目》）

皮肤科炎症：多发性毛囊炎、传染性湿疹、脓疱疮、皮肤感染等。

7. 石斛

【来源】兰科植物金钗石斛 *Dendrobium nobile* Lindl.、鼓槌石斛 *Dendrobium chrysotoxum* Lindl. 或流苏石斛 *Dendrobium fimbriatum* Hook. 的栽培品及其同属植物近似种的新鲜或干燥茎。

【性味归经】甘，微寒。归胃、肾经。

【功效】益胃生津，滋阴清热。

【使用注意】虚而无火者忌用。陆英为之使。恶凝水石、巴豆。畏僵蚕、雷丸。

【古籍摘要】《名医别录》："益精，补内绝不足，平胃气，长肌肉，逐皮肤邪热痱气。"《本草纲目》："治发热自汗，痈疽排脓内塞。"《本草纲目拾遗》："清胃除虚热，生津，已劳损，以之代茶，开胃健脾。定惊疗风，能镇涎痰，解暑，甘芳降气。"

【现代研究】

（1）化学成分　金钗石斛含石斛碱、石斛胺、石斛次碱、石斛星碱、石斛因碱、6-羟基石斛星碱，尚含黏液质、淀粉。

（2）作用　石斛的水蒸气蒸馏液（精油成分）对大肠埃希菌、枯草杆菌和金黄色葡萄球菌、链球菌有抑制作用。

石斛能显著提高超氧化物歧化酶（SOD）含量，降低过氧化脂质（LPO）含量，调节脑单胺类神经介质水平，抑制单胺氧化酶（MAO），起到延缓衰老的作用。近些年备受关注的石斛兰多糖也具有显著的免疫增强活性和抗衰老、抗辐射等多种功效。

石斛提取物可消除超氧自由基、羟基自由基、DPPH 自由基。

（3）应用　石斛的提取物可增加毛细血管的血流量，可用于美发、抗衰老等需活血的化妆品；提取物尚可用作抗氧化剂和保湿剂。

同科属植物铁皮石斛 *Dendrobium officinale* Kimura et Migo 的茎，剪去部分须根，边加热边扭成螺旋形或弹簧状，烘干；或切成段，干燥或低温烘干，前者习称"铁皮枫斗"（耳环石斛）；后者习称"铁皮石斛"。收载在 2020 年版《中国药典》中。

8. 小蓟

【来源】菊科刺儿菜属植物刺儿菜 *Cirsium setosum*（Willd.）MB. 的干燥地上部分。

【性味归经】甘、苦，凉。归心、肝经。

【功效】凉血止血，散瘀解毒消痈。

【使用注意】脾胃虚寒、无瘀滞者忌用。忌铁器。

【古籍摘要】《本草纲目拾遗》："清火疏风豁痰，解一切疔疮痈疽肿毒。"《上海常用中草药》："清热，止血，降压，散瘀消肿。治各种出血症，高血压，黄疸，肝炎，肾炎。"《本草拾遗》："破宿血，止新血，暴下血，血痢，金疮出血，呕吐等，绞取汁温服；作煎和糖，合金疮及蜘蛛蛇蝎毒，服之亦佳。"

【现代研究】

（1）化学成分　含胆碱、儿茶酚胺类物质、皂苷、生物碱、挥发油、菊糖、生物碱、皂苷类、香豆精衍生物等成分。

（2）作用　小蓟煎剂中的黄白色粉末状物质的 7% 水溶液能使局部血管收缩而止血，用于创伤表面，而有良好的止血效应。

有一定程度的消炎、镇静作用。

水煎剂对白喉杆菌、肺炎球菌、溶血性链球菌、金黄色葡萄球菌、铜绿假单胞菌、变形杆菌、福氏痢疾杆菌、大肠埃希菌、伤寒杆菌、副伤寒杆菌等均有抑制作用。

（3）应用　治乳痈：鲜全草和蜂蜜捣烂外敷。

治疔疮：鲜全草 1~2 两，水煎服；另用鲜根和冷饭、食盐少许，捣烂外敷。

治疗疮疡：采新鲜小蓟叶先后经 0.1% 过锰酸钾溶液及 0.5% 食盐水冲洗数次后，压榨取汁，静置 1h，倾去上层清液，取深绿色沉淀液体 20ml 和白凡士林 80g 调成药膏。

治疗舌上出血兼治大衄：刺蓟一握，研绞取汁，以酒半盏调服。如无生汁，只捣干者为末，冷水调下 15g。（《圣济总录》清心散）

治小儿浸淫疮，疼痛不可忍，发寒热：小蓟末，新水调敷，干即易。（《卫生易简方》）

三、花类

1. 丁香

【来源】桃金娘科植物丁香 *Eugenia caryophyllata* Thunb. 的干燥花蕾。

【性味归经】辛，温。归脾、胃、肺、肾经。

【功效】温中降逆，补肾助阳。

【使用注意】热病及阴虚内热者忌服用。气血盛者不可服。不宜与郁金同用。

【古籍摘要】《日华子本草》："治口气，反胃，疗肾气，奔豚气，阴痛，壮阳，暖腰膝，杀酒毒，消疹癖，除冷劳。"《开宝本草》："风毒诸肿，齿疳匿。"《本草纲目》："治虚哕，小儿吐泻，痘疮胃虚灰白不发。"

【现代研究】

（1）化学成分　挥发油中主要为丁香油酚、乙酰丁香油酚及少量 α-丁香烃与 β-丁香烃；其次为葎草烯、胡椒酚、α-衣兰烯；尚含有鼠李素、山柰酚等黄酮类；以及齐墩果酸、鞣质、脂肪油等。母丁香为丁香的干燥果实，应用与丁香花蕾相似，但药力较弱，功效较差，主要成分为挥发油，挥发油含量为 2%~9%。

（2）作用　丁香能促使胃液分泌，增强胃肠蠕动，有健胃作用。另有耐缺氧、耐寒、止痛、止泻、保肝作用。少量丁香油滴入龋齿腔，既有消毒作用，亦能破坏其神经，从而减轻牙痛。

丁香油能有效抑制由花生四烯酸（AA）、胶原和肾上腺素诱发的血小板聚集，尤其对 AA 诱发的聚集抑制最强。

丁香酚具有很强的杀菌力，作为局部镇痛药可用于龋齿，且兼有局部防腐作用，稀释后对人体黏膜组织无刺激性，故可安心用于牙科口腔治疗。取 3 滴丁香酚，加入 200ml 的水中，用来漱口，可消除口腔异味，预防蛀牙及牙龈炎。丁香酚可稀释后用于疮、痈、疔、疖等的皮肤创伤，有消肿抗炎，促进伤口愈合的作用。丁香油及丁香酚在 1∶8 000~1∶16 000 浓度时，对多种毛癣菌、黄癣菌及腹股沟表皮癣菌有抗菌作用，在试管内对布氏杆菌、鸟型结核杆菌的抑制作用较强，对常见致病性皮肤真菌有显著的抑制作用。

丁香花蕾提取物可促进角质细胞增殖，抑制弹性蛋白酶、胶原酶、脂肪氧合酶、5α-还原酶、细胞间黏附分子-1（ICAM-1）活性，消除超氧自由基，促进脂肪分解。

（3）应用　丁香花蕾精油是常用的香料；提取物对 5α-还原酶有抑制作用，说明提取物对因雄性激素偏高而引起的疾患有很好的防治作用，结合它的抗菌性及抗炎性，可用于防治粉刺；提取物尚可用作抗衰老剂、抗皱剂、抗牙周炎剂和减肥剂。

其主要成分丁香酚用于调配石竹花香的体香，广泛用于香薇等香型，可作为修饰剂和定香剂，加入有色香皂加香。可用于许多花香香精，如玫瑰等；也可用于辛香、木香和东方型、薰香型中；还可用于食用的辛香型、薄荷、坚果、各种果香、枣子香等香精及烟草香精中。

丁香酚具有浓郁的石竹麝香气味，是康乃馨系香精的调和基础，在化妆、皂用、食用等香精的调和中均有使用。

治口气臭秽：①丁香半两，甘草三两，细辛、桂心各一两半，川芎一两。末之，蜜和丸如弹子大。临卧时服二丸。（《备急千金要方》）②丁香三钱，甘草一钱，川芎二钱，白芷半钱。为细末，炼蜜丸如弹子大、绵裹一丸，噙咽津。（《济生方》）

莹肌如玉：白丁香、白牵牛、白及、白蔹各一两，白蒺藜、当归末、升麻各五钱，白芷、楮实子、白茯苓各三钱，麻黄二钱，白附子、连翘各一钱五分，小椒一钱。为细末，如常用。（《扶寿精方》）

白发变黑：用丁香以生姜汁研，拔去白发涂汁孔中。（《普济方》）

现已有丁香油酚、丁香酚乙酸酯、丁香酚葡糖苷单一成分出售。

丁香 *Eugenia caryophyllata* 的花蕾粉、花蕾、花、果实和叶提取物均作化妆品原料；另有木犀科丁香属植物白丁香（*Syringa oblata* Lindl. var. *alba* Rehder）提取物、丁香［*Syzygium aromaticum*（L.）Merr. & L. M. Perry］油、紫丁香（*Syringa oblata* Lindl.）的树皮和叶粉、欧丁香（*Syringa vulgaris* L.）提取物。

2. 番红花

【来源】 鸢尾科植物番红花 *Crocus sativus* L. 的干燥柱头。

【**性味归经**】甘，平。归心、肝经。

【**功效**】活血化瘀，凉血解毒，解郁安神。

【**使用注意**】孕妇慎用。

【**古籍摘要**】《中华藏本草》："柱头清肝热，培元滋身；治一切肝病"。《维药志》："用于跌打损伤，瘀血疼痛，血滞经闭，肝郁气闷，胸胁刺痛，产后腹痛，神志不安，视物昏花，健忘"。

【**现代研究**】

（1）化学成分　含胡萝卜素类化合物，其中主要为番红花苷、番红花酸二甲酯，番红花苦苷及挥发油，油中主要为番红花醛等。番红花中的挥发油为著名的香料，其色素类成分为重要的天然着色物质藏花素。

（2）应用　番红花由于具有抑制酪氨酸酶活性以及抑制黑素形成的能力而主要被应用于美白类化妆品，如佰草集、美肤宝等品牌均有选择其作为主要原料并进行植物组方应用的化妆品系列。是世界上最贵重的香料，也是化妆品中的高级染料。

目前番红花全株、花的提取物、番红花油已作为化妆品的原料。

3. 红花

【**来源**】菊科植物红花 *Carthamus tinctorius* L. 的干燥花。

【**性味归经**】辛，温。归心、肝经。

【**功效**】活血通经，散瘀止痛。

【**使用注意**】月经过多，有出血倾向者，孕妇均忌用。

【**古籍摘要**】《本草蒙筌》："喉痹噎塞不通，捣汁咽。"《本草纲目》："活血，润燥，止痛，散肿，通经。"《本草正》："达痘疮血热难出，散斑疹血滞不消。"

【**现代研究**】

（1）化学成分　含红花黄色素及红花苷。尚含脂肪油称红花油，是棕榈酸、硬脂酸、花生酸、油酸、亚油酸、亚麻酸等的甘油酯类。叶含木犀草素-7-葡萄糖苷。

（2）作用　红花黄色素有增加冠脉血流量及心肌营养性血流量的作用，对急性心肌缺血有明显保护作用，扩张血管作用与血管的功能状态和用量有关。红花煎剂、红花黄色素及其他制剂均有不同程度的降压作用。本品还有耐缺氧、抗疲劳、镇痛和镇静作用。

从红花中提取的天然色素红花黄色素和红花红色素等，安全可食用，可作为高档化妆品的染色剂；红花黄色素不仅对·OH自由基呈剂量依赖性抑制，还可以缓解·OH自由基引发红细胞破裂以及抑制小鼠肝匀浆脂质过氧化；而红花红色素则表现为对氧自由基有较好的清除作用。

红花提取物具有活血、抗炎、抗氧化等作用，通过改善皮肤血液循环、促进皮肤新陈代谢、抑制黑素沉积、加速消斑脱色、吸收紫外线等，发挥美白、防晒、抗衰老的功效，并且对接触性皮炎、脂溢性皮炎、瘙痒症、神经性皮炎有治疗作用。

（3）应用　红花的抗氧化、抗炎、延缓衰老等多种功效在化妆品中被广泛认可。目前在市场上主要分为两类，一类是化妆品级红花油，其为黄色不透明液体，富含人体必需的不饱和脂肪酸亚油酸，具有保湿、活血、脱敏、消炎的作用。红花油肤感凝重不黏腻，润肤性极佳。在皮肤上有很好的扩展性，同时还可用在按摩油中扩张皮肤下毛细血管微循环。另一类，红花色素也被广泛应用，红花色素是红花花瓣被碾碎后经浸提、浓缩、过滤，精制而成的天然色素，易溶于水、稀乙醇、耐光耐热性好。随着合成色素带来的安全性问题，天然色素必将成为今后开发的重点。

古代把红花提取物掺入淀粉中，也可以做胭脂。

果实称白平子，含红花子油，能降胆甾醇和高血脂，软化和扩张血管，防衰老，调节内分泌。红花子油可作为化妆品油性原料，深层次补充肌肤的多种营养成分。

4. 鸡冠花

【来源】苋科植物鸡冠花 *Cetera cristoto* L. 的干燥花序。

【性味归经】甘、涩，凉。归肝、大肠经。

【功效】收敛止血，止带，止痢。

【使用注意】瘀血阻滞崩漏及湿热下痢初起兼有寒热表证者不宜使用。

【古籍摘要】《滇南本草》："止肠风下血，妇人崩中带下，赤痢。"《本草纲目》："治痔漏下血，办白下痢，崩中，亦白带下，分赤白用。"《玉楸药解》："清风退热，止衄敛营。治吐血，血崩，血淋诸失血证。"

【现代研究】

（1）化学成分 花含山奈苷、苋菜红苷、松醇及大量硝酸钾；黄色花序中含微量苋菜红素，红色花序中含大量苋菜红素。种子含脂肪油，脂肪酸组成：丹桂酸微量，肉豆蔻酸，棕榈酸，硬脂酸，花生酸微量，山嵛酸，二十碳烯酸，芥酸，二十四碳烯酸，亚油酸，亚麻酸等。

（2）作用 鸡冠花煎剂对人阴道毛滴虫有杀灭作用，虫体与药液接触 5 ~ 10 分钟后即消失。10% 煎剂在试管中，加等量阴道滴虫培养液，30 分钟时虫体变圆，活动力减弱，60 分钟时大部分虫体消失；如煎剂浓度为 20%，则 15 分钟时虫体即消失。试管法证明，本品煎剂对人阴道毛滴虫有良好杀灭作用。

鸡冠花甲醇提取物仅对枯草杆菌有较好的抑制作用，消除氧自由基，抑制 B16 黑色素细胞活性。

（3）应用 鸡冠花提取物可用作抗氧剂、皮肤美白剂、保湿剂和染发剂。

治风疹：白鸡冠花、向日葵各三钱，冰糖一两。开水炖服。（《闽东本草》）

治额疽：鲜鸡冠花、一点红、红莲子草（苋科）各酌量，调红糖捣烂敷患处。（《福建中草药》）

治荨麻疹：鸡冠花全草，水煎，内服外洗，治荨麻疹。

5. 金银花

【来源】忍冬科植物忍冬 *Lonicera japonica* Thunb. 的干燥花蕾或带初开的花。

【性味归经】甘，寒。归肺、心、胃经。

【功效】清热解毒，疏散风热。

【使用注意】脾胃虚寒及气虚疮疡脓清者忌服。

【古籍摘要】《滇南本草》："清热，解诸疮，痈疽发背，丹流瘰疬。"《生草药性备要》："能消痈疽疔毒，止痢疾，洗痔疮，去皮肤血热。"《本草备要》："治疥癣。"

【现代研究】

（1）化学成分 挥发油中主要为双花醇、芳樟醇、木犀草素、肌醇约 1% 及皂苷、绿原酸、异绿原酸、鞣质等。另外不仅金银花的花蕾含有黄酮类物质，其茎和叶也含有黄酮类物质，而金银花叶子中的黄酮类物质的含量最多。

（2）作用 金银花乙醇提取物对金黄色葡萄球菌、铜绿假单胞菌、枯草杆菌有较好的抑制作用。咖啡鞣酸、木犀草素有强烈的抗菌作用。有广谱抗菌作用。

金银花有促进白细胞吞噬的作用；有明显的抗炎及解热作用。

金银花提取物可促进表皮角质细胞的增殖，胶原蛋白、层粘连蛋白、脑酰胺的生成，促进组织蛋白酶、荧光素酶活性和脂肪细胞分解，抑制内皮素生成、白细胞生成和游离组胺释放，具有良好的抗敏性。可清热去火，有抗炎作用。金银花80%甲醇提取物可消除DPPH自由基而抗衰老。抑制皮肤黑色素的生成与沉淀。具有良好的抗敏性；抗菌和抗氧化；清除自由基，抗炎和抗衰老。诸多文献记载金银花与金银花叶都有良好的抗菌、抗氧化和抗衰老等功效。

（3）应用 金银花精油为上等香料，可用于香精的调配；提取物可作抗炎剂、抗菌剂、抗氧化剂和抗衰老剂、保湿剂和减肥剂。

咖啡鞣酸具减脂美肤和防止皮肤老化的作用。含有的木犀草素有抗菌、抗炎的作用，还可消除自由基，并且具有紫外线吸收的功能，所以可以抑制和消除皮肤色斑，特别是老年斑。

同科植物灰毡毛忍冬 *Lonicera macranthoides* Hand. -Mazz. 、红腺忍冬 *Lonicera hypoglauca* Miq. 、华南忍冬 *Lonicera confuse*（Sweet）DC. 或黄褐毛忍冬 *Lonicera fulvotomentosa* Hsu et S. C. Cheng 的干燥花蕾或带初开的花，产于我国南方各地，功效与金银花近似。

6. 菊花

【来源】 菊科植物菊 *Dendranthema morifolium*（Ramat.）Tzvel. 的干燥头状花序。由于产地不同，商品分别称为亳菊、滁菊、贡菊、杭菊及怀菊、川菊、资菊。

【性味归经】 甘、苦，微寒。归肺、肝经。

【功效】 散风清热，平肝明目，清热解毒。

【使用注意】 气虚胃寒，食少泄泻者慎用。术、枸杞根、桑根白皮为之使。

【古籍摘要】《日华子本草》："治四肢游风，并痈毒，头痛，作枕明目。"《用药心法》："去翳膜，明目。"《本草纲目拾遗》："专入阳分。治诸风头眩，解酒毒疔肿。"

【现代研究】

（1）化学成分 挥发油中有龙脑、樟脑、菊油环酮等。黄酮类有木犀草素-7-葡糖苷、大波斯菊苷、刺槐苷等，以及氨基酸和微量维生素。

（2）作用 有扩张冠状血管，增强毛细血管抵抗力，增强耐缺氧能力，抗炎，抗菌作用。可舒缓抗敏，作为抗炎剂、抗氧化剂。

（3）应用 治热毒风上攻，目赤头眩，眼花面肿：菊花（焙）、排风子（焙）、甘草（炮）各一两。上三味，捣罗为散。夜卧时温水调下三钱匕。（《圣济总录》菊花散）

治肝肾不足，虚火上炎，目赤肿痛，久视昏暗，迎风流泪，怕日羞明，头晕盗汗，潮热足软：枸杞子、甘菊花、熟地黄、山萸肉、怀山药、白茯苓、牡丹皮、泽泻。炼蜜为丸。（《医级》杞菊地黄丸）

治疗：白菊花四两，甘草四钱。水煎，顿服，渣再煎服。（《外科十法》菊花甘草汤）

治头风白屑瘙痒：甘菊花、桑白皮、附子、藁本、松叶、莲子草、蔓荆子、零陵香、桑寄生各三两，细锉，每次用五两，以生绢袋盛，用桑柴灰汁一斗，煎令药味出，冷热得所，去药袋，沐头避风，不过五七度瘥。（《太平圣惠方》）

7. 玫瑰花

【来源】 蔷薇科植物玫瑰 *Rosa rugosa* Thunb. 的干燥花蕾。

【性味归经】甘、微苦，温。归肝、脾经。

【功效】行气解郁，和血，止痛。

【使用注意】阴虚火旺慎服。

【古籍摘要】《药性考》："行血破积，损伤瘀痛，浸酒饮。"《随息居饮食谱》："调中活血，舒郁结，辟秽。酿酒可消乳癖。"《本草纲目拾遗》："和血行血，理气。治风痹。"

【现代研究】

（1）化学成分　花含挥发油（玫瑰油），主要成分为香茅醇、牻牛儿醇、橙花醇、丁香油酚、苯乙醇等。尚含槲皮苷、苦味质、鞣质、脂肪油、有机酸（没食子酸）、色素、蜡质、β-胡萝卜素等。黄酮类化合物含量丰富，这类化合物易溶于水，水溶液色泽鲜艳且具有一定的保健功能，可作为食品添加剂，是一类值得开发的天然色素。还含维生素 A、维生素 B、维生素 C、维生素 E、维生素 K，以及单宁酸，其中维生素 C 含量较高，比中华猕猴桃还高 8 倍以上，可称作维生素 C 之王。玫瑰花渣中含有人体必需的 8 种氨基酸（赖氨酸、亮氨酸、异亮氨酸、蛋氨酸、苯丙氨酸、苏氨酸、色氨酸、缬氨酸）。玫瑰花中含有玫瑰红色素，该色素耐酸，酸性条件下具耐热性，在空气中不易变色，常压下加热浓缩，可得深红色色素膏。玫瑰籽油中必需脂肪酸亚油酸含量（50.10%）和亚麻酸含量（29.77%）总和接近 80%。

（2）作用　玫瑰花提取物对人类免疫缺陷病毒（艾滋病病毒）、白血病病毒和 T 细胞白血病病毒均有抗病毒作用。玫瑰花水煎剂能解除口服锑剂的毒性。

儿茶素类物质有维生素 B_5 样的作用，可用于放射病的综合治疗，并有抗肿瘤作用。

玫瑰鞣酸 G 可全面激活细胞膜上的转运蛋白，迅速排出细胞内色素毒素和代谢毒素。具有很好的排毒养颜功效。

玫瑰花提取物对真皮纤维芽细胞有赋活作用，可促进 ATP 生成，消除羟基自由基、超氧自由基、DPPH 自由基，抑制金属蛋白酶（MMP-3）、尿酸酶、酪氨酸酶、透明质酸酶、5α-还原酶活性，乙酸乙酯提取物能抑制脂肪氧合酶-1、脂肪氧合酶-2 活性。玫瑰花提取物能促进干细胞的增殖，促进小鼠毛发生长。

本品可活血散滞，解毒消肿，因而能消除因内分泌功能紊乱而引起的面部暗疮等症。

（3）应用　目前玫瑰花在化妆品市场上应用比较广泛，例如在膏霜类，粉类，化妆水，面膜以及彩妆用品中。玫瑰花提取物在细胞培养中对干细胞的增殖作用，显示它有增强细胞活性的效果，结合它的抗氧化性，有活肤作用；玫瑰花提取物对尿酸酶的抑制表明它有减少体臭的性能，可用于抑汗类化妆品；提取物尚可用作抗炎剂、保湿剂和生发剂。

同科植物月季 *Rosa chinensis* Jacq. 的花目前也充分用于化妆品中。月季中的槲皮素、芹菜苷和没食子酸均具有一定的抗癌、抗肿瘤作用。酚类物质没食子酸具有很强的抗真菌作用。现代营养学研究表明，月季花瓣富含蛋白质、糖类以及人体所需的全部必需氨基酸、多种维生素和矿物质，具有较高的营养保健价值。月季花可以做美白面膜，具有美白、滋润肌肤的美容功效，适用于各种肤质的肌肤。月季花含有黄酮类化合物，可清除自由基，延缓肌肤衰老，可作为功效成分添加至化妆品中。

8. 桃花

【来源】蔷薇科植物桃 *Amygdalus persica* L. 或山桃 *Amygdalus davidiana*（Carrière）de Vos ex Henry. 的花。

【性味归经】甘，平，微温，无毒。归心、肺、大肠经。

【功效】消食顺气，泻下通便，利水消肿。

【使用注意】孕妇及月经量过多者慎用。

【古籍摘要】《神农本草经》："令人好颜色。"《千金药方》载："桃花三株，空腹饮用，细腰身。"《名医别录》载："桃花味苦、平，主除水气、利大小便，下三虫。"《岭南采药录》："带蒂入药，能凉血解毒，痘疹通用之。"

【现代研究】

（1）化学成分　山奈素-3-鼠李糖苷，槲皮苷，蔷薇苷 A、B，野蔷薇苷 A，绿原酸，紫云英苷，蜡梅苷，柚皮素，柚皮素-5-β-D-吡喃葡萄糖苷，橙皮素，桃皮素，桃皮素-5-β-D-吡喃葡萄糖素苷，右旋儿茶酚，左旋表儿茶酚没食子酸酯，矢车菊苷，山奈酚，香豆精。白桃花含三叶豆苷。

（2）作用　桃花能扩张血管，改善血液循环，促进皮肤营养和氧供给，促进脂褐质素排泄，防止黑色素在皮肤内沉积，可有效地预防黄褐斑、雀斑、黑斑，令肌肤润白光泽。游离状态的氨基酸容易被皮肤吸收，对防治皮肤干燥、粗糙及皱纹等有效，还可提高皮肤的防御能力，从而防治脂溢性皮炎、化脓性皮炎、维生素 C 缺乏病等。

（3）应用　雀斑：桃花 50g，冬瓜仁（去壳）50g，共研细末，加蜂蜜调匀，涂于患处。每日数次。桃花 100g，红花 30g，冬瓜子 100g，焙干研为细末，用牛奶调成糊状制成面膜涂面部。每日 1 次，长期应用，可使皮肤白里透红，且对黄褐斑也有一定疗效。

皮肤瘙痒：桃花阴干，研为细末，用蜂蜜调为膏，擦患处。此方尤适治春天皮肤瘙痒。

头癣（秃疮）：桃花适量阴干，与桑椹各等份。研为末，收猪油调和，洗净疮痂，涂于患处。（《孟诜方》）

治瘑疮（生于手足间的疽疮）：桃花、食盐等份。杵匀，醋和敷之。（《肘后方》）

9. 辛夷

【来源】木兰科植物望春花 *Magnolia biondii* Pamp.、玉兰 *Magnolia denudata* Desr.、武当玉兰 *Magnolia sprengeri* Pamp. 的干燥花蕾。

【性味归经】辛，温。归肺、胃经。

【功效】散风寒，通鼻窍。

【使用注意】已开者劣，谢者不佳。川芎为之使。恶五石脂。畏菖蒲、蒲黄、黄连、石膏。气虚、头脑痛属血虚火炽者、齿痛属胃火者、偶感风寒所致诸窍不通均忌用。

【古籍摘要】《神农本草经》："主五脏身体寒热，风头脑痛，面皯。"《名医别录》："温中解肌，利九窍，通鼻塞、涕出，治面肿引齿痛，眩冒、身几几如在车船之上者。生须发，去白虫。"《药性论》："能治面生皯。面脂用，主光华。"

【现代研究】

（1）化学成分　含挥发油，其中含柠檬醛、丁香油酚，1,8-桉叶素。生物碱，此外尚含木兰花碱、柳叶木兰碱、芸香苷、黄酮、鞣质，微量元素锰、镍、锌、铁等。另还分出松树脂醇二甲醚、鹅掌楸树脂醇 B 二甲醚、望春花素和发氏玉兰素等木脂素成分。挥发油中含 α-蒎烯、β-蒎烯、1,8-桉叶素、香桧醇、乙酸龙脑酯、松油醇、杜六醇、胡椒酚甲醚、沉香醇、异丁香醇等。

（2）作用　抗菌作用：望春花提取物对金黄色葡萄球菌、肺炎双球菌、铜绿假单胞菌、大肠埃希菌均有不同程度的抑制作用。玉兰花对常见皮肤真菌有抑制作用。

抗炎作用：在小鼠耳郭肿胀实验中，辛夷油施用组有明显抑制小鼠耳郭肿胀的作用。

抗变态反应、抗氧化以及舒张平滑肌等，临床主要用来治疗急慢性鼻炎、过敏性鼻炎和其他的鼻炎症状。

有麻醉，镇痛，松弛横纹肌，降压，钙拮抗，改善微循环，抗凝血、抗血栓，抗血小板聚集，兴奋子宫，抗过敏、抗组胺，抗病毒，抗真菌作用。

望春花精油抑制 NO 生成和 B16 黑色素细胞活性，抑制血小板凝聚（PAF 诱导）和脂肪酶活性的抑制，望春花 30% 乙醇提取物能消除过氧化氢对头发的氧化作用，加入 1% 提取物的洗发液可减少一定的氨基酸流失。

（3）应用　对血小板凝聚的抑制与抑制过敏有关，因此望春花提取物有抗过敏作用；提取物尚可用作抗菌剂、抗衰剂、护发剂和抗炎剂。玉兰花能够抑制酪氨酸酶的活性，具有抗氧化的功效，促进新陈代谢，美白肌肤，使面色红润、容光焕发、皮肤光滑细腻、延缓衰老，可用作美白剂和生发剂。

玉兰花中的挥发油可以促进局部血管特别是微血管的扩张，起到改善皮肤营养的作用。结合其抗氧化性，可用于抗衰化妆品。另外，玉兰花提取物能抑制细菌生长、消肿止痛、活血，改善敏感肌肤，可用作过敏抑制剂、保湿剂。

治疗急性或慢性鼻炎、过敏性鼻炎、肥厚性鼻炎、鼻窦炎、副鼻窦炎等病，均有良效。

同科属植物木兰（紫玉兰）*Magnolia liliflora* Desr 的花，应春花（二月花）*Magnolia diva* stapf 的花，滇藏木兰 *Magnolia campbellii* Hook. f. et Thoms. 的花，荷花玉兰（广玉兰）*Magnolia grandiflora* L. 的花，皱叶木兰 *Magnolia kobus* Koidz. 的树枝、花、叶，尖头木兰 *Magnolia acuminata* 的花都作为化妆品原料。

四、果实种子类

1. 枸杞子

【来源】茄科植物宁夏枸杞 *Lycium barbarum* L. 的干燥成熟果实。

【性味归经】甘，平。归肝、肾经。

【功效】滋补肝肾，益精明目。

【使用注意】外邪实热，脾虚有湿及泄泻者忌服。得熟地良。

【古籍摘要】《药性论》："能补益诸精不足，易颜色，变白，明目。"《食疗本草》："坚筋耐老，除风，补益筋骨，能益人，去虚劳。"《本草纲目》："滋肾，润肺，明目。"

【现代研究】

（1）化学成分　含甜菜碱、阿托品、天仙子胺，含胡萝卜素、维生素 B_1、维生素 B_2、维生素 B_5、维生素 C，又含玉蜀黍黄质、酸浆果红素、隐黄质、东莨菪素。尚分离出 β-谷甾醇、亚油酸、多种氨基酸。

（2）作用　枸杞子浸出液对金黄色葡萄球菌、表皮葡萄球菌、大肠埃希菌、产气杆菌、铜绿假单胞菌、枯草杆菌、白色念珠菌等 17 种细菌均有较强的抑菌作用。

枸杞子可促进纤维芽细胞、血管内皮细胞的增殖，消除单线态氧、超氧自由基、羟基自由基、DPPH 自由基，抑制 5-脂氧合酶、酪氨酸酶活性，促进胸腺素 $β_{10}$ 生成和脂肪分解，促进未成熟树状细胞的活性。

（3）应用　枸杞子提取物对酪氨酸酶有活化作用，可用于需要增加黑素的化妆品，如晒黑型制品和乌发产品；提取物尚可用作红血丝防治剂、抗氧化抗衰老剂、免疫功能促进剂、油性皮肤调理剂和减肥剂。

治面疱：枸杞子一两，白茯苓一两，杏仁一两，防风一两，细辛一两。捣细罗为散。先以腻粉敷面三日，即以白蜜一合和散药，夜卧时先用水浆洗面敷之。（《太平圣惠方》枸杞子散）

2. 诃子

【来源】使君子科植物诃子 *Terminalia chebula* Retz 或绒毛诃子 *Terminaliachebula* Retz. var. *tomentella* Kurt. 的干燥成熟果实。

【性味归经】苦、酸、涩，平。归肺、大肠经。

【功效】涩肠止泻，敛肺止咳，降火利咽。

【使用注意】外邪未解，内有湿热积滞者慎服。气虚者不宜多用。

【古籍摘要】《药性论》："通利津液，主胸膈结气，止水道，黑髭发。"《本经逢原》："生用清金止嗽，煨熟固脾止泻。"《南方草木状》："可作饮，变白髭发令黑。"

【现代研究】

（1）化学成分　大量鞣质（23.60%~37.36%），其成分为诃子酸、诃黎勒酸、1,3,6-三没食子酰葡萄糖及1,2,3,4,6-五没食子酰葡萄糖、鞣云实精、原诃子酸、葡萄糖没食子鞣苷、并没食子酸及没食子酸等。又含莽草酸、去氢莽草酸、奎宁酸、阿拉伯糖、果糖、葡萄糖、蔗糖、鼠李糖和氨基酸。还含番泻苷 A、诃子素、鞣酸酶、多酚氧化酶、过氧化物酶、抗坏血酸氧化酶等。

（2）作用　诃子水煎剂除对各种痢疾杆菌有效外，且对铜绿假单胞菌、白喉杆菌作用较强，对金黄色葡萄球菌、大肠埃希菌、马拉色菌、肺炎球菌、溶血性链球菌、变形杆菌、鼠伤寒杆菌均有抑制作用。乙醇提取物具有更强的抗菌及抗真菌作用。

诃子醇提物具有抑制脂质过氧化作用，诃子水提物也有一定的抑制作用。

（3）应用　诃子中的鞣质可作为染发剂，水煎液发用具有较好的去屑止痒作用。

3. 黑芝麻

【来源】脂麻科植物脂麻 *Sesamum indicum* L. 的干燥成熟种子。

【性味归经】甘，平。归肝、肾、大肠经。

【功效】补肝肾，益精血，润肠燥。

【使用注意】脾弱便溏者勿服。

【古籍摘要】《神农本草经》："主伤中虚羸，补五内，益气力，长肌肉，填脑髓。"《本草备要》："补肝肾、润五脏，滑肠。"《玉楸药解》："补益精液，润肝脏，养血舒筋。"

【现代研究】

（1）化学成分　脂肪和蛋白质，还有糖类、维生素 A、维生素 E、卵磷脂、钙、铁、铬等。脂肪油，为油酸、亚油酸、棕榈酸、硬脂酸、花生酸等甘油酯。并含芝麻素、芝麻林酚素、芝麻酚、胡麻苷、车前糖、芝麻糖等。

（2）作用　促肾上腺作用，可增加肾上腺中抗坏血酸及胆固醇含量。有降血糖作用。

黑芝麻含有的铁和维生素 E 是预防贫血、活化脑细胞、消除血管胆固醇的重要成分；黑芝麻的脂肪大多为不饱和脂肪酸，可降低血中胆固醇含量。并有防治动脉硬化作用。

（3）应用　芝麻用于抗病毒、杀菌剂、抗氧化剂、杀虫增效剂、治疗气管炎。其油中所含芝麻素对除虫菊酯的灭蝇有协同作用。

精亏血虚，肝肾不足引起的头晕眼花、须发早白、四肢无力等症：嫩桑叶（去蒂洗净暴干为末）一斤，巨胜子（即黑芝麻，淘净）四两，白蜜一斤。（《寿世保元》桑麻丸）

肠燥便秘：本品富含油脂，能润肠通便，适用于精亏血虚之肠燥便秘。可单用，或与肉苁蓉、苏子、火麻仁等润肠通便之品配伍。

治疗脱发：黑芝麻、当归各 20g，首乌 25g，生地、熟地、侧柏叶各 15g。水煎，分 2 次服，日 1 剂。3 个月为 1 疗程，如未愈再继续服用。治疗各种脱发 192 例，结果痊愈 16 例，显效 43 例，好转 122 例，无效 11 例，总有效率为 94.27%。

4. 苦杏仁

【来源】蔷薇科植物山杏 *Armeniaca sibirica*（L.）Lam.、西伯利亚杏 *Armeniaca sibirica* L.、东北杏 *Armeniaca mandshurica*（Maxim.）Koehne 或杏 *Armeniaca vulgaris* Lam. 的成熟种子。

【性味归经】苦，微温；有小毒。归肺、大肠经。

【功效】降气止咳平喘，润肠通便。

【使用注意】肺有虚热及大便溏泄者忌服。

【古籍摘要】《本草纲目》："杀虫，治诸疮疥，消肿，去头面诸风气皶疱。"《景岳全书》："杀诸虫牙虫，头面黑斑鼓疱。"《滇南本草》："消痰润肺，润肠胃，消面粉积。"

【现代研究】

（1）化学成分　含苦杏仁苷、脂肪油、苦杏仁酶、苦杏仁苷酶、樱叶酶、醇腈酶、可溶性蛋白质等。

（2）作用　现代研究证明，苦杏仁中所含的脂肪油可使皮肤角质层软化，润燥护肤，有保护神经末梢、血管和组织器官的作用，并可抑杀细菌。此外，被酶水解所生成的氰化氢（HCN）能够抑制体内的活性酪氨酸酶，消除色素沉着、雀斑、黑斑等，从而达到美容的效果。

（3）应用　治鼻中生疮：捣杏仁乳敷之；亦烧核，压取油敷之。（《备急千金要方》）

令人面色悦泽如桃花：①山芋末一斤，杏仁一升，生牛乳一升。先研杏仁极细，入生牛乳绞汁，次取山芋末相拌，入新瓷器密封。（《圣济总录》地仙煎）②杏仁、滑石、轻粉各等份，为细末。蒸过，入脑麝香少许，以鸡子清调匀，早晚洗面，后敷之。（《鲁府禁方》杨太真红玉膏）

洗面黯䵟令光白润泽：杏仁一两半，雄黄一两，瓜子一两，白芷一两，零陵香半两，白蜡三两。除白蜡外，并入乳钵中，研令细，入油半升并药，纳锅中，以文火之，候稠凝，即入白蜡，又煎搅匀，内瓷合中。（《圣济总录》杏仁膏）

治面渣疱：用杏仁末，鸡子白调涂。（《罗氏会约医镜》）

治手足皲裂：杏仁烧令黑，研如面。涂之，令瘥止。（《外台秘要》）

治面有色斑或皮肤干燥：用于面皯。本品质润多脂，功能润肤祛皯，可单用捣烂，与鸡蛋清调和敷面；或与滑石、轻粉、麝香等配伍同用，外敷。

粉刺：本品能祛风除臙，治粉刺，常与硫黄、密陀僧等配伍外用。此外，本品还可治疗头风白屑、手足皲裂等。

润肤祛皯方：取单味杏仁去皮捣烂，和鸡蛋清，夜卧涂面，晨起以水洗净，可润肤祛皯增白。（《肘后备急方》）

滋润和面方：杏仁粉 3g，杏花末 3g，猪胰 1 具，密陀僧 1.5g，红枣 2 个（去皮核）。上四味为细末，入枣肉，捣如泥，好黄酒 2 杯浸之，昼夜许即可用。治手面皮肤苦涩不华，久服令皮肤光润。

现今山杏的汁、果（及水提取物）、仁（油提取物、油不皂化物）、叶、籽粉等都为化妆品的原料。

5. 连翘

【来源】木犀科植物连翘 *Forsythia suspensa*（Thunb.）Vahl 的干燥果实。果实初熟尚带绿色者习称"青翘"；果实熟透的习称"老翘"。

【性味归经】苦，微寒。归肺、心、小肠经。

【功效】清热解毒，消肿散结，疏散风热。

【使用注意】脾胃虚弱，气虚发热，痈疽已溃、脓稀色淡者忌服。

【古籍摘要】《神农本草经》："主寒热，鼠瘘，瘰疬，痈肿恶疮，瘿瘤，结热。"《日华子本草》："通小肠，排脓。治疮疖，止痛，通月经。"李杲："散诸经血结气聚；消肿。"

【现代研究】

（1）化学成分　含齐墩果酸、连翘苷、连翘酚、甾醇化合物、皂苷。青翘中含皂苷、生物碱。苯并二蒽酮类化合物：金丝桃素、伪金丝桃素、原金丝桃素、原伪金丝桃素、环伪金丝桃素、异金丝桃素等。

连翘籽含油率达 25%～33%，籽实油含胶质，挥发性能好，富含易被人体吸收、消化的油酸和亚油酸，油味芳香，可供制造肥皂及化妆品。

（2）作用　连翘提取物主要有抗病毒、抗炎、抗辐射损伤、解热等作用。可抑制弹性蛋白酶活性。

连翘可抑制伤寒杆菌、副伤寒杆菌、大肠埃希菌、痢疾杆菌、白喉杆菌、霍乱弧菌、葡萄球菌、链球菌等，尤其对痢疾杆菌、金黄色葡萄球菌的抑制作用很强。

连翘可消除超氧自由基、羟基自由基、DPPH 自由基，能抑制弹性蛋白酶活性，促进胶原蛋白的增殖。促进上皮增殖因子增殖，抑制游离组胺释放，有抗炎作用。

（3）应用　连翘提取物有抗菌性和抗炎性，对一些皮肤疾患有防治作用；连翘提取物具一定的保湿性，吸湿效力属于中等，可用于改善皮肤干燥和粗糙；提取物显示较好的综合抗氧化性，结合它对上皮增殖因子等的促进作用，有活肤作用，可用于抗衰老化妆品。

6. 木瓜

【来源】蔷薇科植物贴梗海棠 *Chaenomeles speciosa*（Sweet）Nakai 的干燥近成熟果实。

【性味归经】酸，温。归肝、脾经。

【功效】平肝舒筋，和胃化湿。

【使用注意】精血虚，真阴不足者不宜用。不可多食，损齿及骨。忌铅、铁。

【古籍摘要】《雷公炮炙论》："调营卫，助谷气。"《本草再新》："敛肝和脾胃，活血通经。"《本草拾遗》："下冷气，强筋骨，消食，止水痢后渴不止，作饮服之。又脚气冲心，取一颗去子，煎服之，嫩者更佳。又止呕逆，心膈痰唾。"

【现代研究】

（1）化学成分　含苹果酸、酒石酸、枸橼酸、皂苷及齐墩果酸等，鲜果含过氧化氢酶，种子含氢氰酸。

（2）作用　有保肝作用，可防止肝细胞肿胀，并促进肝细胞修复，显著降低血清丙氨酸转氨酶水平。有抗菌作用，对志贺痢疾杆菌、福氏痢疾杆菌、宋内痢疾杆菌及其变种、大肠埃希菌、变形杆菌、肠炎杆菌、白色葡萄球菌、金黄色葡萄球菌、铜绿假单胞菌、甲型溶血性链球菌等抑菌作用明显。

含有过氧化氢酶、酚氧化酶、氧化酶，特别富含超氧化物歧化酶（SOD）和齐墩果酸。

其 SOD 的含量是世界上所有水果中无与伦比的，一克宣木瓜鲜果 SOD 的含量高达 3227 国际单位。SOD 是现代美容养颜产品的核心物质，可以有效消除体内过剩自由基，增进肌体细胞更新。齐墩果酸具有广谱抗菌作用，具有护肝降酶、促免疫、抗炎、降血脂血糖等作用。

（3）应用　治荨麻疹：木瓜六钱，水煎，分二次服，每日一剂。（内蒙古《中草药新医疗法资料选编》）

治脚膝筋急痛：煮木瓜令烂，研作浆粥样，用裹痛处，冷即易，一宿三、五度，热裹便差。煮木瓜时，入一半酒同煮之。（《食疗本草》）

现在木瓜、日本木瓜 *Chaenomeles japonica*（Thunb.）Lindl. 果提取物、番木瓜 *Carica papaya* L. 叶、果提取物及其籽油、果汁均用于化妆品中。

7. 沙棘

【来源】胡颓子科植物沙棘 *Hippophae rhamnoides* L. 的干燥成熟果实。

【性味归经】酸、涩，温。归脾、胃、肺、心经。

【功效】健脾消食，止咳祛痰，活血散瘀。

【使用注意】孕妇禁用；糖尿病患者慎用。

【古籍摘要】《四部医典》："沙棘可祛痰、利肺、化湿、壮阳、升阳，有祛痰利肺，健脾养胃，破瘀治血之功。"《月王药珍》："培根。"《晶珠本草》："活肺病、喉病，益血。"。

【现代研究】

（1）化学成分　沙棘果实含黄酮类成分：异鼠李素，异鼠李素-3-O-β-D-葡萄糖苷，异鼠李素-3-O-β-芸香糖苷，芸香苷，紫云英苷及其苷元等。还含维生素 A、B_1、B_2、C、E，去氢抗坏血酸，叶酸，胡萝卜素，类胡萝卜素，儿茶精，花色素等。

种子含油，其中脂肪酸为：棕榈酸，硬脂酸，油酸，亚油酸，亚麻酸，非皂化部分有：玉蜀黍黄质，隐黄质，α-胡萝卜素，γ-胡萝卜素和 δ-胡萝卜素，谷甾醇，β-谷甾醇-β-D-葡萄糖苷，以及磷脂。皮含 5-羟色胺，葡萄糖欧鼠李苷。叶含抗坏血酸、去氢抗坏血酸、异鼠李素、胡萝卜素。根皮含生物碱，根瘤含氯化血红素。还有蛋白质及多种氨基酸，脂肪及脂肪酸，糖类。此外，尚含生物碱，香豆素及酸性物质，并富含矿物质和微量元素。

（2）作用　沙棘黄酮能改善心肌微循环，降低心肌耗氧量，缓解心绞痛，减低血小板凝集，抗血管硬化，抗炎等作用；沙棘油及其果汁有抗疲劳、降低胆固醇及血脂、抗辐射、抗溃疡、保肝及增强免疫功能等作用。

具有强力杀菌作用，尤其适用肺，胃部的感染及微生物感染。有祛痰、止咳、平喘和治疗慢性气管炎的作用；能治疗胃和十二指肠溃疡以及消化不良等，对慢性浅表性胃炎、萎缩性胃炎、结肠炎等病症疗效显著。

（3）应用　沙棘油中含有的大量维生素 E、维生素 A、黄酮和超氧化物歧化酶（SOD）活性成分，被称为维生素 C 之王，具有抗氧化作用和清除细胞膜上的自由基的作用。SOD 具有清除人体内自由基的作用，同时又能增强免疫系统功能，调节免疫活性细胞，是一种有效的免疫调节剂，可用于提高人体的抗病能力，延缓人体的衰老。主要用做面霜的功能性成分。

沙棘油中的维生素 E、类胡萝卜素、不饱和脂肪酸等具有抗皱、增白、消炎作用，可改善黄褐斑、皮肤老化皱纹、老年斑、牛皮癣等。

沙棘油为天然镇痛药，可用于治疗辐射损伤、压疮及其他皮肤病。沙棘油具有神奇的促进组织再生和上皮组织愈合的作用，临床上和民间用于治疗烫伤、烧伤、刀伤和冻伤均取得极好的效果。沙棘油不仅可以治疗轻度的烧伤、烫伤，也可治疗Ⅱ、Ⅲ度烧伤，每日在烧伤面涂敷 2～3 次，即可获得满意的效果，而且一般不留瘢痕，对于化学烧伤同样有效。沙棘籽被认为是很好的原花青素的来源，它的提取物含有更多的二聚体、三聚体，而二聚体和三聚体较单体和多聚体具有更强的抗氧化性。而沙棘籽油中的甾醇类对维持皮肤水分的正常代谢有重要作用，可以维持毛细血管韧性，防止皮肤的小血管硬化，改善表皮微循环。

沙棘为药妆食同源植物，由其加工成的沙棘果壳粉、沙棘果提取物、沙棘果油、沙棘果汁、沙棘仁提取物、沙棘水、沙棘提取物、沙棘油、沙棘籽粉、沙棘籽油等作为化妆品的原料。

8. 山楂

【来源】 蔷薇科植物山里红 *Crataegus pinnatifida* var. *major* N. E. Br. 或山楂 *Crataegus pinnatifida* Bge. 的干燥成熟果实。

【性味归经】 酸、甘，微温。归脾、胃、肝经。

【功效】 消食健胃，行气散瘀，化浊降脂。

【使用注意】 脾胃虚弱者慎服。

【古籍摘要】 陶弘景："煮汁洗漆疮。"《本草撮要》："冻疮涂之。"《新修本草》："汁服主利，洗头及身上疮痒。"

【现代研究】

（1）化学成分　黄酮类、黄烷醇类、二氢黄酮、二氢黄烷醇、有机酸类、三萜类、甾体类和氨基酸类等。

（2）作用　山楂含有脂肪酶，能促进脂肪消化，并能增加胃消化酶的分泌，促进消化，对胃肠功能具有一定调节作用。山楂内所含的三萜酸能改善冠脉循环而使冠状动脉性衰竭得以代偿，达到强心作用。山楂制剂有显著持久的扩张冠脉作用，并增强心搏能力，对心肌损伤有一定保护作用。

山楂水提取液有清除氧自由基、抑制小鼠肝脏脂质过氧化反应，减低透明质酸解聚作用。

山楂对志贺痢疾杆菌、福氏痢疾杆菌、痢疾杆菌等有较强的抗菌作用；对金黄色葡萄球菌、白色念珠菌、乙型链球菌、大肠埃希菌、变形杆菌、炭疽杆菌、白喉杆菌、伤寒杆菌、铜绿假单胞菌等也有抗菌作用；一般对革兰阳性细菌作用强于革兰阴性细菌。临床上用作植物性消毒剂。

山楂可抑制酪氨酸酶、芳香化酶、B16 黑素细胞、基质金属蛋白酶-13 活性，激活荧光素酶、组织蛋白酶，促进角质层细胞的增殖、胶原蛋白生成、脑酰胺生成，消除超氧自由基和羟基自由基。

山楂提取物对酪氨酸酶有很好的抑制作用，水提取物的效果更好，说明可用作皮肤的美白剂；对羟基自由基和超氧自由基有清除作用，作用强度随提取物的百分比浓度增加而增加；对金属蛋白酶有抑制作用，金属蛋白酶活性的增大是皮肤老化的标志，因此山楂提取物可用于抗衰老；对荧光素酶有强烈的激活作用，对预防皮肤炎症有效；对脑酰胺的合成有促进作用，显示它可改变分泌的皮脂组成，对改善皮肤的柔润程度和油性程度有效。

（3）应用　山楂提取物可用作皮肤的美白剂、抗氧化、抗衰老剂、抗炎剂、保湿剂和过敏抑制剂。

同科属植物野山楂 *Crataegus cuneata* Sieb. et Zucc. 果提取物、单柱山楂 *Crataegus monogyna*、锐刺山楂 *Crataegus oxyacantha* 的花、果、叶等的提取物也用作原料。

9. 山茱萸

【来源】山茱萸科植物山茱萸 *Cornus officinalis* Sieb. et Zucc. 的干燥成熟果肉。

【性味归经】酸、涩，微温。归肝、肾经。

【功效】补益肝肾，收涩固脱。

【使用注意】强阳，素有湿热，小便淋涩者忌服。蓼实为之使。恶桔梗、防风、防己。

【古籍摘要】《日华子本草》：“破癥结，治酒皶。”《名医别录》：“肠胃风邪，寒热疝瘕，头风，风气去来，鼻塞，目黄，耳聋，面疱，温中，下气，出汗，强阴，益精，安五脏，通九窍，止小便利，明目，强力。”《药性论》：“除面上疮，主能发汗，止老人尿不节。”

【现代研究】

（1）化学成分 挥发性成分有棕榈酸、桂皮酸苄酯、异丁醇、异戊醇、反式芳樟醇氧化物、榄香素、甲基丁香油酚、异细辛脑、β-苯乙醇。糖苷类及苷元有山茱萸苷（即马鞭草苷）、莫诺苷、獐芽菜苷、马钱子苷及熊果酸、环烯醚萜类。山茱萸果实中尚含有山茱萸鞣质1、2、3，没食子酸，苹果酸，酒石酸及维生素 A。脂肪油中有棕榈酸、油酸及亚油酸、氨基酸等。

（2）作用 山茱萸水浸剂对堇色毛癣菌、同心性毛癣菌、许兰毛癣菌、奥杜盎小孢子菌、铁锈色小孢子菌、羊毛状小孢子菌、腹股沟表皮癣菌、红色表皮癣菌、考夫曼 – 沃尔夫表皮癣菌、星形奴卡菌等皮肤真菌均有不同程度的抑制作用。

山茱萸鞣酸能抑制脂质过氧化，阻止脂肪分解，亦能抑制肾上腺素和肾上腺皮质激素，具有促进脂肪分解的作用。

山茱萸能增强心肌收缩性，提高心脏效率，扩张外周血管，明显增强心脏泵血功能，使血压升高，抑制血小板聚集，抗血栓形成。

山茱萸可消除羟基自由基、超氧自由基、DPPH 自由基，抑制花粉过敏、核因子 κB 受体活化，对巨噬细胞有活化作用。山茱萸水煎剂对二甲苯、蛋清、乙酸等致炎物引起的炎性渗出和组织水肿及肉芽组织增生均有明显的抑制作用，并有促进角质形成细胞增殖、促进脂肪分解和毛发生长、抑制芳香化酶活性的作用。

10. 桃仁

【来源】蔷薇科植物桃 *Prunus persica*（L.）Batsch 或山桃 *Prunus davidiana*（Carr.）Franch. 的干燥成熟种子。

【性味归经】苦、甘，平。归心、肝、大肠经。

【功效】活血祛瘀，润肠通便，止咳平喘。

【使用注意】孕妇忌服。血燥虚者慎之。香附为之使。

【古籍摘要】李杲：“治热入血室，腹中滞血，皮肤血热燥痒，皮肤凝聚之血。”《本草纲目》：“主血滞风痹，骨蒸，肝疟寒热，产后血病。”《名医别录》：“止咳逆上气，消心下坚，除卒暴击血，破症瘕，通脉，止痛。”

【现代研究】

（1）化学成分 桃仁含苦杏仁苷、挥发油、脂肪油；油中主含油酸甘油酯和少量亚油酸甘油酯。另含苦杏仁酶等。

（2）作用　抗血凝作用：本品水煎醇沉液可使血管流量增加，有舒张血管作用，能增加动脉血流量及降低血管阻力，对血管壁有直接扩张作用。本品还有抑制血液凝固和溶血作用。桃仁提取物 50mg/ml 对肝脏表面微循环有一定的改善作用。另有抗炎、抗过敏作用。

（3）应用　治小儿烂疮初起，膘浆似火疮：杵桃仁面脂敷上。（《子母秘录》）

令手白润：桃仁、杏仁各二两，橘子仁一合，赤小豆十枚，辛夷仁、川芎、当归各一两，大枣二十枚，牛脑、羊脑、白狗脑各二两。捣。先以酒一升，渍诸脑，又别以酒六升，煮赤豆令烂，绢裹绞去渣，乃入诸脑等候，以绵裹诸药，纳酒中，慢火煎，欲成，绞去渣滓再煎，膏成以瓷器盛之。五日以后堪用，先净手讫，取药膏涂之，甚光润。（《千金翼方》）

去鼾皱，悦皮肤：桃仁不以多少。用桃仁膏同蜜少许一处，用温水化开，摩患处后用玉屑膏涂贴。（《御药院方》桃仁膏）

治风劳毒肿挛痛，或牵引小腹及腰痛：桃仁一升，去皮、尖，熬令黑烟出，热研如脂膏。以酒三升，搅和服，暖卧取汗。（《食医心镜》）

治风虫牙痛：针刺桃仁，灯上烧烟出，吹灭，安痛齿上咬之。（《卫生家宝方》）

11. 薏苡仁

【来源】禾本科植物薏苡 *Coix lacrymajobi* L. var. *mayuen*（Roman.）Stapf 的干燥成熟种仁。

【性味归经】甘、淡，凉。归脾、胃、肺经。

【功效】利水渗湿，健脾止泻，除痹，排脓，解毒散结。

【使用注意】脾约难便、外感咳嗽及孕妇慎服。

【古籍摘要】《本草纲目》："健脾益胃，补肺清热、祛风胜湿，养颜驻容、轻身延年。"《名医别录》："除筋骨邪气不仁，利肠胃，消水肿，令人能食。"《药性论》："主肺痿肺气，吐脓血，咳嗽涕唾上气。煎服之，破五溪毒肿。"

【现代研究】

（1）化学成分　种仁含蛋白质、脂肪、糖类、少量维生素 B_1。种子含亮氨酸、赖氨酸、精氨酸、酪氨酸等，以及薏苡素、薏苡酯、三萜化合物。

（2）作用　薏苡仁 5% 的水提取物对大肠埃希菌、金黄色葡萄球菌、铜绿假单胞菌和黑色弗状菌有抑制作用。

薏苡仁油（棕榈酸及其酯）对横纹肌及运动神经末梢，低浓度呈兴奋作用，高浓度呈麻痹作用。

薏苡仁热水提取物对中性多糖葡聚糖混合物及酸性多糖Ⅱa-1、2、3，Ⅱb 有免疫作用。另有降血糖、血钙、血压作用。可诱发排卵。结合维生素 E 有抗氧化作用。

薏苡仁 50% 丁二醇提取物促进脑酰胺生成和组织蛋白酶活性；促进谷胱甘肽生成，消除超氧自由基，抑制氮氧化合物和干细胞因子生成，抑制荧光素酶活性；促进血管内皮细胞增殖和人毛乳头细胞增殖。有美容、祛色斑、除扁平疣、柔嫩肌肤的作用，市场有薏苡美容茶、速溶苡仁精等。目前亦生产有加入薏苡提取物的润肤霜。薏苡多糖 A、B、C 具有治疣平疣、淡斑美白、润肤除皱等美容养颜功效，尤其是所含的蛋白质分解酵素能使皮肤角质软化。

（3）应用　在表皮细胞培养中，薏苡仁提取物对脑酰胺的生成有很好的促进作用，表明它可明显改变皮脂的组成，从而减少皮肤的油蜡性，改善皮肤的柔润程度；提取物尚可用作活肤调理剂、抗氧化剂、抗炎剂、生发剂、皮肤红血丝防治剂和保湿剂。

12. 栀子

【来源】 茜草科植物栀子 *Gardenia jasminoides* Ellis 的干燥成熟果实。

【性味归经】 苦，寒。归心、肺、三焦经。

【功效】 泻火除烦，清热利湿，凉血解毒；外用消肿止痛。

【使用注意】 脾虚便溏者忌服。

【古籍摘要】《神农本草经》："主胃中热气，面赤，酒疱齄鼻，白癞，赤癞，疮疡。"《食疗本草》："主瘖哑，紫癜风，黄疸积热心躁。"《常用中草药手册》："清热解毒，凉血泻火。治鼻衄，口舌生疮，乳腺炎，疮疡肿毒。"

【现代研究】

（1）化学成分　黄酮类栀子素、果胶、鞣质、藏红花素、藏红花酸，另含多种具环臭蚁醛结构的苷：栀子苷、去羟栀子苷泊素-1-葡萄糖苷、山栀苷等。

（2）作用　利胆作用，栀子提取物对肝细胞无毒性作用，能降低血清胆红素含量，但与葡萄糖醛酸转移酶无关。栀子亦能减轻四氯化碳引起的肝损害，提高机体抗病能力、改善肝脏和胃肠系统的功能及减轻胰腺炎。

栀子对金黄色葡萄球菌、脑膜炎双球菌、卡他球菌等有抑制作用，煎剂有杀死钩端螺旋体及血吸虫成虫的作用，水浸液在体外对多种皮肤真菌有抑制作用。

栀子乙醇提取物、水提取物、乙酸乙酯部分和京尼平苷有治疗软组织损伤的作用，其提取物制成油膏，可加速软组织的愈合。

栀子花提取物可抑制弹性蛋白酶，消除 DPPH 自由基。栀子果提取物可消除 DPPH 自由基，促进脑酰胺生成和角质层细胞的增殖，以及腺嘌呤核苷三磷酸生成。

（3）应用　栀子花浸膏用于化妆品香精的调配。栀子提取物可用作抗氧化剂、抗衰老活肤剂、抗炎剂和保湿剂。

治疮疡肿痛：山栀、蒲公英、银花各四钱。水煎，日分三次服。另取生银花藤适量，捣烂，敷患处。（《广西中草药》）

治肺风鼻赤酒齄：老山栀为末，黄蜡等分溶和。为丸弹子大。空心茶、酒嚼下。忌酒、炙煿。（《本事方》）

目前栀子花、油、籽及同科属植物塔希提栀子（又名大溪地栀子）*Gardenia tahitensis* 花、水解栀子的提取物也用作化妆品原料。

13. 乌梅

【来源】 蔷薇科植物梅 *Prunus mume*（Sieb.）Sieb. et Zucc. 的干燥近成熟果实。

【性味归经】 酸、涩，平。归肝、脾、肺、大肠经。

【功效】 敛肺，涩肠，生津，安蛔。

【使用注意】 有实邪者忌服，不宜多食久食。

【古籍摘要】《日华子本草》："除劳，治骨蒸，去烦闷，涩肠止痢，消酒毒，治偏枯皮肤麻痹，去黑点，令人得睡。"《神农本草经》："主下气，除热烦满，安心，肢体痛，偏枯不仁，死肌，去青黑痣、恶肉。"《本草纲目》："杀虫，解鱼毒、马汗毒、硫黄毒。"

【现代研究】

（1）化学成分　果实含枸橼酸、苹果酸、草酸、琥珀酸和延胡索酸，总酸量为 4% ～

5.5%，以前两种有机酸的含量较多。还含 5-羟甲基-2-糠醛。所含挥发性成分，主要有苯甲醛、4-松油烯醇、苯甲醇和十六烷酸。乌梅仁含苦杏仁苷。另有报道乌梅中还含苦味酸和超氧化物歧化酶（SOD）。

（2）作用　乌梅煎剂对须疮癣菌、絮状表皮癣菌、石膏样小芽胞菌等致病真菌也有抑制作用。有抗过敏、抗辐射作用，增强机体免疫功能。

乌梅能促进皮肤细胞新陈代谢，有美肌美发效果；尚有促进激素分泌物活性，从而达到抗衰老的作用。

（3）应用　治一切疮肉出：乌梅烧为灰，杵末敷上，恶肉立尽。（《刘涓子鬼遗方》）

治化脓性指头炎：乌梅肉加适量的食醋研烂，或用乌梅二份，凡士林一份，制成乌梅软膏外敷，每日上药一次。此方对脉管炎所引起的指（趾）头溃疡也有效。（《草医草药简便验方汇编》）

治小儿头疮，积年不瘥：乌梅肉，烧灰细研，以生油调涂之。（《太平圣惠方》）

治面上雀斑、黑痣：①乌梅为末，唾调涂。（《卫生易简方》）②乌梅肉、樱桃枝、牙皂、紫背浮萍各等份。为细末。每洗面时用之。（《扶寿精方》）

发黄令黑，白发返黑：乌梅五十枚，略打碎。用生麻油一斤浸，常用敷头。（《太平圣惠方》）

鸡眼、疣（鱼鳞子）：乌梅 250g 用水煮烂，去核后浓煎成膏，加适量食盐、食醋调成稀糊，敷患处，每天一次。

牛皮癣：乌梅 500g，白糖少许。乌梅去核加水熬成膏状，每日 3 次，每次 9g。

尖锐湿疣：乌梅 15g、马齿苋 60g、蜂房 15g、生薏苡仁 30g、紫草 20g、生黄芪 15g、枯矾 10g，水煎外洗，1~2 周可见效。

现在梅果、籽、花、花蕾等提取物均作化妆品原料用。

五、皮类

1. 肉桂

【来源】樟科植物肉桂 *Cinnamomum cassia* Presl 的干燥树皮。

【性味归经】辛、甘，大热。归肾、脾、心、肝经。

【功效】补火助阳，引火归元，散寒止痛，温通经脉。

【使用注意】阴虚有火者忌服。有出血倾向者及孕妇慎用。畏赤石脂。

【古籍摘要】《药性论》："杀三虫，鼻息肉。杀草木毒。"《日华子本草》："治一切风气，补五劳七伤，通九窍，利关节，益精，明目，暖腰膝，破痃癖癥瘕，消瘀血，治风痹骨节挛缩，续筋骨，生肌肉。"《本草纲目》："治寒痹，风喑，阴盛失血，泻痢，惊痫，治阳虚失血，内托痈疽痘疮，能引血化汗化脓，解蛇蝮毒。"

【现代研究】

（1）化学成分　含挥发油，其中含桂皮醛、水芹烯、乙酸桂皮酯、乙酸苯丙酯。尚含黏液、鞣质等。

（2）作用　肉桂油有强大杀菌作用，对革兰阳性菌的效果比阴性菌好，对枯草芽孢杆菌、痤疮杆菌、腐生葡萄球菌和金黄色葡萄球菌有强烈的抑制作用，而锡兰肉桂提取物仅对表皮葡萄球菌和白色念珠菌有强抑制作用。

肉桂酸有抑制形成黑色素酪氨酸酶的作用，对紫外线有一定的隔绝作用，能使褐斑变浅，甚至消失，是高级防晒霜中必不可少的成分之一。显著的抗氧化功效对于减缓皱纹的出现有很好的疗效。肉桂酸同时还具有很好的保香作用，通常作为配香原料，被用作日化香精中的定香剂。

肉桂精油是天然的催情剂，可温和地收敛皮肤，紧实减肥后的松垮皮肤，促进血液循环，抗衰老，清除皮肤疣类。应避免直接涂抹肌肤。

肉桂水煎剂及桂皮油、桂皮醛、桂皮酸有血管扩张作用，促进血液循环，使身体表面和末梢的毛细血管血流畅通，对体内脏器也能增加血流量，起到温热的作用。肉桂能使冠脉和脑血流量明显增加，血管阻力下降，对治疗垂体后叶素所致家兔实验性急性心肌缺血有一定的作用。试管内浓度 0.2g/ml 和静脉 6.0g/kg 均能显著抑制 ADP 诱导血小板聚集，体外有抗凝作用。

肉桂提取物可抑制弹性蛋白酶、胶原酶、金属蛋白酶、芳香化酶、5α-还原酶、磷酸二酯酶等的活性，消除超氧自由基、DPPH 自由基，促进表皮细胞生长和透明质酸的生成，抑制游离组胺释放等。

（3）应用　肉桂挥发油可用作香料。肉桂提取物对脂肪细胞中的磷酸二酯酶有抑制作用，磷酸二酯酶的作用是将脂肪酸的油脂化，因此对它的抑制有助于减少脂肪的形成，可用于减肥产品，它对芳香化酶活性的抑制也证明了这一点，提取物尚可用作抗衰老剂、抗炎剂、保湿剂、生发剂和过敏抑制剂。

治牛皮癣：官桂、良姜、细辛各五分，斑蝥十个（研碎）。白酒三两，浸渍七天，每天振摇一次，浸出有效成分，滤取清汁，加入甘油 30ml。先将患处用温水洗软，再用药水涂擦，每日或隔日一次。不宜饮酒和吃刺激性食品。

同科属植物天竺桂 *Cinnamomum japonicum* Sieb.、越南肉桂 *Cinnamomum loureirii*、锡兰肉桂 *Cinnamomum zeylanicum* Bl. 的树皮、叶也用作原料，其有效成分为肉桂醛、肉桂酸、肉桂醇等。

2. 牡丹皮

【来源】毛茛科植物牡丹 *Paeonia suffruticosa* Andr. 的干燥根皮。

【性味归经】苦、辛，微寒。归心、肝、肾经。

【功效】清热凉血，活血化瘀。

【使用注意】血虚有寒，孕妇及月经过多者慎服。畏菟丝子。忌胡荽、蒜。畏贝母、大黄。

【古籍摘要】《神农本草经》："疗痈疮。"《日华子本草》："除邪气，悦色，通关腠血脉，排脓。"《本草纲目》："和血，生血，凉血。治血中伏火，除烦热。"

【现代研究】

（1）化学成分　含牡丹酚、牡丹酚苷、牡丹酚原苷、芍药苷。尚含挥发油 0.15%～0.4% 及植物甾醇等。

（2）作用　具有镇静、催眠、镇痛、解热作用，还有抗炎作用，能降低血管通透性。

丹皮浸液在试管内对铁锈色小孢子菌等 10 种皮肤真菌也有一定抑制作用，对痢疾杆菌、伤寒杆菌等作用显著。

养血和肝，散郁祛瘀、适用于面部黄褐斑，皮肤衰老，常饮气血活肺，容颜红润。

（3）应用　治妇人恶血攻聚上面，脸红易怒：牡丹皮半两，干漆（烧烟尽）半两。水二钟，煎一钟服。（《诸证辨疑》）

治疗过敏性鼻炎：用 10% 的牡丹皮煎剂，每晚服 50ml，10 日为一疗程，治疗 31 例，痊愈 12 例。又治疗 9 例，服药后症状很快好转，但无 1 例根治。

另有牡丹的花、枝、叶提取物，其主要成分丹皮酚作化妆品原料。

牡丹鲜花中富含蛋白质、脂肪、淀粉、氨基酸以及人体所需的维生素 A、维生素 B、维生素 C、维生素 E 以及多种微量元素和矿质元素，同时还含有某些延缓人体组织衰老的激素和抗菌素等。牡丹花中被称为原花色素的物质是目前世界上已知的抗氧化活性较强的物之一，对人体具有很强的保健作用。除此之外，牡丹花中还含有紫云英苷、黄芪苷等黄酮化合物，具有调经活血的功效。

牡丹花中有多种微量元素，能淡化色斑、预防皮肤衰老，可应用于抗衰老型化妆品配方当中。

牡丹籽油在医药领域，在食用油、化妆品、保健品、生物医药等方面前景广阔。

3. 桑白皮

【来源】桑科植物桑 *Morus alba* L. 的干燥根皮。

【性味归经】甘、辛，寒。归肺、脾经。

【功效】泻肺平喘，利水消肿。

【使用注意】肺虚无火，小便多及风寒咳嗽忌服。续断、桂心、麻子为之使。肺虚，小便利者禁用。

【古籍摘要】《贵州民间方药集》："治风湿麻木。"《名医别录》："可以缝金疮。"《本草求原》："治脚气痹挛，目昏，黄疸，通二便，治尿数。"

【现代研究】

（1）化学成分 含伞形花内酯、东莨菪碱和黄酮成分桑根皮素、桑素、桑色烯、环桑素、环桑色烯等。又含有作用类似乙酰胆碱的降压成分、鞣质等。

（2）作用 对金黄色葡萄球菌、伤寒杆菌、福氏痢疾杆菌有抑制作用。可抑制血小板聚集，有剂量依赖的降糖效果。桑白皮能兴奋离体兔子宫，轻度促进兔耳下腺的分泌，并能抑制磷酸二酯酶，有导泻作用。桑白皮水提取物对豚鼠有轻度镇咳作用，正丁醇提取物也有镇咳作用，还具有一定降温作用。

桑根皮提取物可促进腺嘌呤核苷三磷酸生成，抑制弹性蛋白酶、酪氨酸酶活性。

（3）应用 桑白皮提取物对弹性蛋白酶的抑制及对若干生化成分生成的促进，说明有活肤、抗衰老的作用，结合其抗氧化性，可在抗衰老化妆品中使用；提取物尚可用作抗炎剂、皮肤美白剂、抑臭剂和抗菌剂。

治齿黑黄：桑根白皮不拘多少。以醋浸三日，用揩齿。（《圣济总录》）

治发鬓脱落：桑根白皮三升。以水五升腌渍，煮五六沸，去渣，洗沐发，数数为之，自不复落。

治寻常痤疮：桑白皮、当归、枇杷叶、黄芩、栀子、茜草、丹参各 15g，连翘 20g，白花蛇舌草 25g。水煎服，每日一剂。（《美容验方》肺风粉刺汤）

治面上生赘瘤息肉：桑白皮灰一升，风化石灰一升，生鲜铁脚、威灵仙酌量。煎浓汤，二灰取汁再熬，作稠膏，瓷罐收贮。贴敷患处。（《梅氏验方新编》）

六、叶类

1. 芦荟

【来源】百合科植物库拉索芦荟 *Aloe vera*（L.）Burm. f.、好望角芦荟 *Aloe ferox* Miller 或

其他同属近缘植物叶的汁液浓缩干燥物。前者习称"老芦荟"，后者习称"新芦荟"。

【性味归经】苦，寒。归肝、胃、大肠经。

【功效】泻下通便，清肝泻火，杀虫疗疳。

【使用注意】小儿脾胃虚寒作泻及孕妇忌服。

【古籍摘要】《药性论》："主吹鼻杀脑疳，除鼻痒。"《开宝本草》："杀三虫及痔病疮瘘。解巴豆毒。"《本草图经》："治湿痒，搔之有黄汁者；又治齿。"

【现代研究】

（1）化学成分 为芦荟多糖、芦荟苷、芦荟大黄素、芦荟大黄酸、芦荟大黄素苷等蒽类及其苷类，以及槲皮素、糖类物质、胆固醇、维生素，亦含有精氨酸、天冬酰胺、谷氨酸等八种人体必需氨基酸。

（2）作用 芦荟水提物对金黄色葡萄球菌、假丝酵母、米曲霉和木霉都有抗菌作用，但对假丝酵母、米曲霉的抗菌活性略强于对金黄色葡萄球菌和木霉的抗菌活性。

芦荟的蒽醌类成分具有使皮肤收敛、修复组织损伤、软化、保湿、消炎、漂白的性能，还有改善硬化、角化，改善伤痕的作用，不仅能防止小皱纹、眼袋、皮肤松弛，还能保持皮肤湿润、娇嫩，同时，还可以治疗皮肤炎症，对粉刺、雀斑、痤疮及烫伤、刀伤、虫咬等亦有很好的疗效。对头发也同样有效，能使头发保持湿润光滑，预防脱发。对皮肤粗糙、皱纹、瘢痕、雀斑等均有一定疗效。

芦荟提取物可促进损伤组织修复及保护皮肤，包括放射烧伤的再生和愈合，还有解毒、降血脂、抗动脉粥样硬化，以及促进实验性贫血小鼠造血功能的恢复等药理作用。

芦荟中的蒽酮类化合物大多具有促进伤口愈合作用，能有效地消除粉刺、痤疮，在临床上用于治疗多种炎症。

芦荟提取物可促进纤聚蛋白的增长、胶原蛋白的合成和透明质酸生成。促进黑素细胞、毛囊细胞的增殖，抑制弹性蛋白酶、脂氧合酶、环氧合酶-1、环氧合酶-2 活性。芦荟含有多种消除超氧化物自由基的成分，如超氧化物歧化酶、过氧化氢酶，能使皮肤细嫩、有弹性，具有防腐和延缓衰老等作用。芦荟胶是天然防晒成分，能有效抑制日光中的紫外线，防止色素沉着，保持皮肤白皙。

（3）应用 芦荟提取物显示了多方面的生物活性，是化妆品重要的添加剂。芦荟提取物对纤聚蛋白增长的促进、对弹性蛋白酶的抑制、对胶原蛋白的合成促进及对羟基自由基等的清除作用，说明芦荟提取物有明显的活肤和抗衰老作用；芦荟提取物对胆甾醇合成有促进作用，说明它的添加有助于改变皮肤皮脂的组成，可减少油光和增加皮肤的柔润程度；提取物尚可用作皮肤晒黑剂、抗炎剂、抗氧化剂和保湿剂。芦荟提取物还是天然的增稠剂、稳定剂、胶凝剂、黏结剂。

治齿龈：芦荟末半两。以少许盐，同研匀揩牙，或夜卧时用少许敷之。（《太平圣惠方》）

美白：活性成分芦荟苦素，抑制酪氨酸酶活性，可制成芦荟美白乳液，洁面乳等。

2. 银杏叶

【来源】银杏科植物银杏 *Ginkgo biloba* L. 的干燥叶。

【性味归经】甘、苦、涩，平。归心、肺经。

【功效】活血化瘀，通络止痛，敛肺平喘，化浊降脂。

【使用注意】有实邪者忌用。银杏叶不能与茶叶和菊花一同泡茶喝。

【古籍摘要】《滇南本草》："治雀斑采白果叶，捣烂，搽，甚妙。"《品汇精要》："治泻痢，银杏叶为末，和面作饼，煨熟食之。"《全国中草药汇编》："治小儿肠炎银杏叶 3～9g。煎水擦洗患儿脚心、手心、心口（巨阙穴周围），严重者擦洗头顶，每日 2 次。"

【现代研究】

（1）化学成分　含银杏双黄酮，银杏三内酯 A、B、C。酸类成分为毒八角酸、D-糖质酸、白果酸，尚含白果醇、白果酮、β-谷甾醇、豆甾醇及维生素等，并含儿茶素和表儿茶素。

（2）作用　银杏叶制剂（GbE）能改善脑细胞代谢；降低血脑屏障通透性。GbE 预防性应用，能明显减轻颈总动脉注入放射性微球引起的大鼠大脑半球栓塞和脑水肿，并使脑细胞能量代谢正常化，脑血流量增加。能改善学习记忆，对神经有保护作用，对衰老、痴呆、脑功能障碍有防范作用。可保护缺血心肌，减少心律失常的发生。

银杏叶中所含有的黄酮成分可以阻碍色素在真皮层的形成与沉着，达到美白肌肤与防治色素斑的作用。除了黄酮之外，银杏叶中的锌、锰、钼等微量元素，亦能清除氧自由基及抑制黑素生长。能保护真皮层细胞，改善血液循环，防止细胞被氧化产生皱纹。银杏叶还有抗脂质过氧化、抗血小板活化因子、抑制血小板聚集、降血脂等作用。

七、藻菌及其他类

1. 冬虫夏草

【来源】麦角菌科真菌冬虫夏草菌 *Cordyceps sinensis*（Berk.）Sacc. 寄生在蝙蝠蛾科昆虫幼虫上的子座和幼虫尸体的干燥复合体。

【性味归经】甘，平。归肺、肾经。

【功效】补肾益肺，止血化痰。

【使用注意】有表邪者慎用。

【古籍摘要】《本草从新》："保肺益肾，止血化痰，已劳嗽。"《脉药联珠药性考》："秘精益气，专补命门。"《柑园小识》："以酒浸数枚啖之，治腰膝间痛楚，有益肾之功。"

【现代研究】

（1）化学成分　冬虫夏草含有虫草酸、冬虫夏草素、糖类、蛋白质、不饱和脂肪酸、粗纤维、麦角甾醇、维生素 A、维生素 C、维生素 B_{12} 等。

（2）作用　冬虫夏草具有提高线粒体的功能。提高机体耐寒能力、减轻疲劳的功能。

冬虫夏草含冬虫夏草素和环肽化合物，能促进表皮生长，快速修复受损皮肤，有抗菌、消炎功效，防止皮肤因外部环境污染及紫外线照射等产生的癌变。

冬虫夏草含多种脂肪酸、人体必需的全部氨基酸、微量元素和维生素，有效补充肌肤所需的营养成分，有效清除皮肤中的自由基，降低黑素沉积，淡化各种色斑，具有美白功效，堪称养颜圣品。

冬虫夏草含 D-甘露醇、非还原性多糖和寡糖，具有很好的吸水性，能对皮肤深层补水保湿；调节体表微生态平衡，抑制有害菌生成，从根本上抑制黄褐斑及雀斑的形成；减少皮肤组织弹性蛋白及透明质酸水解，维持皮肤弹性，延缓衰老。

冬虫夏草含多种植物甾醇，对皮肤有温和的渗透性，能保持皮肤表面水分，促进皮肤新陈代谢，抑制皮肤炎症、老化，防止日晒红斑。该药对延缓衰老和老年保健具有一定的意义。

虫草素能抑制链球菌、表皮葡萄球菌、鼻疽杆菌、炭疽杆菌、出血性败血症杆菌及葡萄球菌的生长。

雄激素样作用：冬虫夏草具有一定的雄激素样作用和抗雌激素样作用，对性功能紊乱有调节恢复作用。

（3）应用　冬虫夏草提取物的主要成分为虫草素、虫草多糖、虫草酸，其中虫草多糖可达 40%，有很好的促进渗透的作用，可用作抗菌剂、抑臭剂和活肤、抗衰老剂。

同科植物蛹虫草（北虫草）*Cordyceps militaris*（L. ex Fr.）Link. 的子实体及虫体也可作冬虫夏草入药。

2. 茯苓

【来源】多孔菌科真菌茯苓 *Poria cocos*（Schw.）Wolf 的干燥菌核。

【性味归经】甘、淡，平。归心、肺、脾、肾经。

【功效】利水渗湿，健脾，宁心。

【使用注意】虚寒精滑或气虚下陷者忌服。马蔺为之使。恶白蔹。畏牡蒙、地榆、雄黄、秦艽、龟甲。忌米醋。

【古籍摘要】《名医别录》："止消渴，好睡，大腹，淋沥，膈中痰水，水肿淋结。益气力，保神守中。"《医学启源》："除湿，利腰脐间血，和中益气为主。治溺黄或赤而不利。"《主治秘诀》："止泻，除虚热，开腠理，生津液。"

【现代研究】

（1）化学成分　含 β-茯苓聚糖、乙酰茯苓酸、茯苓酸、3β-羟基羊毛甾三烯酸。此外，尚含树胶、甲壳质、蛋白质、甾醇、卵磷脂、葡萄糖等。

（2）作用　茯苓水浸出液对金黄色葡萄球菌、白色葡萄球菌、铜绿假单胞菌、大肠埃希菌均有抑制作用。

茯苓提取物有抗炎性，对二甲苯所致大鼠皮下肉芽肿的形成有抑制作用，同时也能抑制其所致小鼠耳郭肿胀。

茯苓多糖有增强免疫力、抗肿瘤作用。对毛孔有收缩作用；可促进腺嘌呤核苷三磷酸生成、胰岛素样生长因子结合蛋白-5 生成；消除超氧自由基，促进整合素 $\alpha_2\beta_1$ 的增殖。

（3）应用　茯苓提取物对整合素等有促进增殖作用，整合素可体现纤维芽细胞的增殖情况及细胞间、纤维蛋白间的粘连状况，整合素的增殖可使纤维芽细胞包裹的胶原蛋白的直径和体积缩小，从而有收缩效果，因此茯苓提取物可用于紧肤和除细纹化妆品，提取物尚可用作保湿剂、抗菌剂和皮肤调理剂。

治溃疡性黑素瘤：茯苓、雄黄、矾石各等份共研末，麻油调敷患处，同时内服银花、连翘各 50g 的水煎液。（《抗癌植物及其验方》）

治皯（皮肤黧黑枯槁）：白蜜和茯苓涂上，满七日。（《补缺肘后方》）

3. 昆布

【来源】海带科植物海带 *Laminaria japonica* Aresch. 或翅藻科植物昆布 *Ecklonia kurome* Okam. 的干燥叶状体。

【性味归经】咸，寒。归肝、胃、肾经。

【功效】消痰软坚散结，利水消肿。

【使用注意】反甘草。脾胃虚寒蕴湿者忌服。下气，久服瘦人。妊娠亦不可服。

【古籍摘要】《名医别录》："主十二种水肿，瘿瘤聚结气，；瘘疮。"《药性论》："利水道，去面肿，去恶疮鼠瘘。"《玉楸药解》："泄水去湿，破积软坚。清热利水，治气臌水胀，瘰疬瘿瘤，癫疝恶疮，与海藻、海带同功。"

【现代研究】

（1）化学成分 海带富含多糖类成分藻胶酸和昆布素、甘露醇、无机盐，水溶性盐中氧化钾可达40%，含有碘、钙、钴、氟，胡萝卜素、核黄素、维生素C、蛋白质、脯氨酸等氨基酸。

（2）作用 可用来纠正由缺碘而引起的甲状腺功能不足，同时也可以暂时抑制甲状腺功能亢进的新陈代谢率而减轻症状，但不能持久，可作手术前的准备。有降压、平喘、镇咳、止血作用，可杀灭血吸虫，小鼠口服海藻、昆布及全蝎、蜈蚣等的复方（化癌丹）煎剂，对艾氏腹水癌有抑制作用。昆布素与肝素相似，有清除血脂作用。

抗放射作用：海带多糖1次注射，能明显地提高900拉德照射小鼠存活率，并随给药剂量增加存活率提高，能显著地保护照射动物的造血组织。因此，海带多糖对于预防放疗所致造血组织损伤，刺激造血恢复及增强癌症患者的免疫功能，合并放射治疗可能有一定实际意义。

昆布可消除超氧自由基、羟基自由基、DPPH自由基，抑制尿酸酶、酪氨酸酶、β-葡萄苷酸酶活性，促进纤维芽细胞的增殖。

（3）应用 提取物可用作活肤抗衰剂、抗氧剂、皮肤美白剂和抑制体臭剂。

治瘿气初结，咽喉中壅闷，不治即渐渐肿大：槟榔三两，海藻二两（洗去咸水），昆布三两（洗去咸水）。上药，捣罗为末，炼蜜和丸，如小弹子大，常含一丸咽津。（《圣惠方》）

现在昆布、腔昆布的提取物及一些常用海藻的提取物已用作化妆品原料。

4. 灵芝

【来源】 多孔菌科真菌赤芝 *Ganoderma lucidum*（Leyss. ex Fr.）Karst. 或紫芝 *Ganoderma sinense* Zhao，Xu et Zhang 的干燥子实体。

【性味归经】 甘，平。归心、肺、肝、肾经。

【功效】 补气安神，止咳平喘。

【使用注意】 实证慎服。恶恒山。畏扁青、茵陈蒿。

【古籍摘要】《神农本草经》："主耳聋，利关节，保神益精，坚筋骨，好颜色，久服轻身不老延年。"陶弘景："疗痔。"《本草纲目》："疗虚劳。"

【现代研究】

（1）化学成分 主含氨基酸、真菌溶菌酶、糖类、麦角甾醇、三萜类、香豆素、挥发油、苯甲酸、生物碱、维生素B_2及维生素C等；孢子还含甘露醇、海藻糖等。

（2）作用 灵芝多糖有抗肿瘤、美白抗皱作用，如灵芝霜。

灵芝含有多种微量元素，其中镁、锌有延缓衰老的作用；灵芝所含多糖成分能消除体内自由基，保护细胞与延缓细胞衰老；有安神作用，对神经衰弱引起的面色萎黄、精神疲乏、容颜憔悴有明显的疗效；能消除血液中的黑素、褐色素，抑制雀斑、老年斑的形成。

抗氧化、延缓衰老作用：赤芝多糖GLA、GLB、GLC对超氧阴离子自由基的产生和红细胞脂质过氧化均有抑制作用，并对羟基自由基有清除作用，具有超氧化物歧化酶样活性，是延缓衰老的重要因素。灵芝多糖对人胚肺二倍体细胞DNA合成和细胞分裂代数有影响，显示灵芝多糖有促进DNA合成和延缓衰老的作用。

灵芝对急性心肌缺血有一定对抗作用。具有抗血小板聚集及抗血栓作用。

有镇静、镇痛、降压、止咳、保肝、抗炎、抗肿瘤、抗辐射、免疫调节、抗疲劳、改善高脂血症、防止动脉硬化、使中枢神经等躯体功能保持平衡等作用。

灵芝可促进胶原蛋白、脑酰胺生成，荧光素酶和芳香化酶的活化，抑制胶原酶、5α-还原酶、酪氨酸酶、金属蛋白酶，抑制游离组胺生成，消除羟基自由基、超氧自由基、DPPH自由基，促进毛发外毛根鞘细胞增殖，促进脂肪分解。

（3）应用 灵芝提取物对胶原蛋白和脑酰胺的生成具有促进作用，可增强皮肤细胞新陈代谢，结合它的抗氧化性，有抗皱抗衰老作用；提取物尚可用作抗炎剂、过敏抑制剂、生发剂、粉刺防治剂、减肥剂、保湿剂和皮肤美白剂。

5. 乳香

【来源】橄榄科植物乳香树 *Boswellia carterii* Birdw. 及同属植物药胶香树 *Boswellia bhaw-dajiana* Birdw. 树皮渗出的树脂。

【性味归经】辛、苦，温。归心、肝、脾经。

【功效】活血定痛，消肿生肌。

【使用注意】孕妇及胃弱者慎用。痈疽已溃，诸疮脓多时均不宜服。

【古籍摘要】《名医别录》："疗风水毒肿，去恶气。疗风瘾疹痒毒。"《本草纲目》："消痈疽诸毒，托里护心，活血定痛，伸筋。"《本草拾遗》："疗诸疮，令内消。则今人用以治内伤诸痛，及肿毒内服外敷之药，有自来矣。"

【现代研究】

（1）化学成分 含树脂，其主要成分为游离α-乳香脂酸和β-乳香脂酸，乳香脂酸，乳香树脂烃。树胶主含阿糖酸的钙盐和镁盐，西黄芪胶黏素，尚含苦味质。挥发油呈淡黄色，有芳香，含蒎烯、消旋柠檬烯及α-水芹烯和β-水芹烯等。

（2）作用 乳香挥发油有强烈的抗菌性，对螨虫，如屋尘螨有一定的杀灭作用。

用小鼠热板法可证明乳香挥发油的镇痛作用，提取挥发油后的残渣无效。挥发油中的主要镇痛成分为乙酸正辛酯。

乳香能促进多核白细胞增加，改善新陈代谢，从而起消炎作用。

乳香提取物可促进上皮细胞的增殖，抑制胶原酶、黑色细胞、过氧化物酶激活受体活性和双氢睾酮生成，促进脂肪酶活性和血管内皮生长因子生成。

（3）应用 乳香挥发油可用于调配化妆品香精。乳香提取物对半胱天冬蛋白酶的活化有促进作用，半胱天冬蛋白酶是使细胞凋亡的核心酶，对它的抑制意味着延长细胞的生命，可在抗衰老化妆品中应用；提取物尚可用作皮肤美白剂、抗炎剂、皮肤红血丝防治剂、生发剂和油性皮肤的调理剂等。

6. 五倍子

【来源】漆树科植物盐肤木 *Rhus chinensis* Mill.、青麸杨 *Rhus potaninii* Maxim. 或红麸杨 *Rhus punjabensis* Stew. var. *sinica* (Diels) Rehd. et Wils. 叶上的虫瘿，主要由五倍子蚜 *Melaphis chinensis* (Bell) Baker 寄生而形成。

【性味归经】酸、涩，寒。归肺、大肠、肾经。

【功效】敛肺降火，涩肠止泻，敛汗，止血，收湿敛疮。

【使用注意】外感风寒或肺有实热之咳嗽及积滞未清之泻痢慎用。

【古籍摘要】《开宝本草》："疗齿宣疳䘌，肺脏风毒流溢皮肤作风湿疮，瘙痒脓水，五痔下血不止，小儿面鼻疳疮。"《本草衍义》："口疮，以末掺之。"《本草纲目》："消喉痹，敛溃疮、金疮。"

【现代研究】

（1）化学成分　五倍子鞣酸及树脂、脂肪、淀粉。

（2）作用　具有收敛作用。对蛋白质有沉淀作用，鞣酸能和很多重金属离子、生物碱及苷类形成不溶性的复合物，故可用作化学解毒剂。100% 水煎剂用平板打洞法，对铜绿假单胞菌、痢疾杆菌、变形杆菌、大肠埃希菌、伤寒杆菌、肠炎杆菌、炭疽杆菌、白喉杆菌、金黄色葡萄球菌、乙型链球菌及肺炎球菌均有抑制作用，其抑菌作用不是由于鞣酸的酸性，而是因其对蛋白有凝固作用；经乙醚提出鞣质后的五倍子液仍有抗菌作用。五倍子提取物可作为染色有效成分。

（3）应用　治软硬疖，诸热毒疱疮：五倍子，炒焦为末，油调，纸花贴。一方水调涂，仍入麻油数点。（《昔济方》独珍膏）

治头疮热疮，风湿诸毒：五倍子、白芷等分。研末掺之，脓水即干。如干者，以清油调涂。（《卫生易简方》）

治阴囊湿疮，出水不瘥：五倍子、腊茶各五钱，腻粉少许。研末，先以葱椒汤洗过，香油调搽。（《太平圣惠方》）

治疮口不收：五倍子，焙，研末，以腊醋调涂四围。（《本草纲目》）

治手足皲裂：五倍子末，同牛骨髓填纳缝中。（《医方大成论》）

防治水田皮炎：五倍子 1 斤研成细末，放入白醋 8 斤中溶解，在下水田前，涂抹四肢受水浸泡处，使呈一黑色保护层。如已患水田皮炎，涂抹后半至 1 天内，患处渗出停止，疼痛减轻。

第二节　植物成分常用提取分离、纯化技术

植物有效成分一直是化妆品的重要原材料，有效成分的提取分离是植物研究与应用的基础。提取是将有效成分从植物中提取出的过程，植物提取物通常是多种成分组成的混合物，需要对其进行纯化处理，这一过程称为分离纯化。

一、植物的提取技术

化妆品用特色植物的提取常采用溶剂提取、水蒸气提取、超临界流体萃取等技术，随着技术的发展，生物酶解、超声波、微波等技术也逐步被用于提取中。

1. 溶剂提取技术　溶剂提取技术是植物提取最常用的传统技术之一，也是目前化妆品用特色植物提取物制备的重要方法（图 3-1）。溶剂在渗透、扩散作用下，渗透至植物组织中，溶解其中的可溶性成分，在内外溶质浓度差的作用下，将可溶性成分带出，完成植物的提取。

图 3-1　植物提取技术示意图

在提取过程中，通常根据有效成分的极性来选择合适的提取溶剂。极性提取物多采用极性溶剂提取，非极性提取物多使用非极性溶剂提取。

水是植物提取最常用的强极性溶剂，具有细胞穿透性强、无毒、价格低廉等优点，广泛用于植物糖类、鞣质、生物碱、有机酸等物质的提取。水做提取溶剂时，提高溶液酸性可增大生物碱等碱性成分的提取率，提高溶液碱性可增大有机酸、酚类等成分的提取率。

石油醚、乙酸乙酯、氯仿等亲脂性溶剂具有选择性较强、易回收等优点，但毒性较大、细胞穿透力较差，可用于挥发油、酯类、生物碱成分的提取。

乙醇、丙二醇、甲醇等较大极性的亲水性溶剂也是植物提取常用的溶剂，具有较强细胞穿透力、溶解范围广、易回收等优点，不仅可用于鞣质、生物碱盐、苷类等亲水性物质的提取，还可用于苷元、酯类、挥发油等亲脂性物质的提取。

溶剂提取技术主要包含渗漉法、浸渍法、回流法、煎煮法等，其中浸渍法和煎煮法是最常用的提取方法。化妆品用植物功效成分的提取，通常采用水煎煮法或丙二醇、丁二醇或其混合溶剂的浸渍法，而其他溶剂和方法很少使用。

2. 水蒸气蒸馏技术　水蒸气蒸馏技术指植物与水一起蒸馏，植物挥发性成分随水蒸气一起馏出，经冷凝而获得挥发性成分的提取技术（图3-2）。本技术适用于具有挥发性、水中稳定且难溶、可随水蒸气馏出而不被破坏的植物成分的提取。目前市场上的各种植物挥发油产品通常采用水蒸气蒸馏技术制得。

3. 超临界流体萃取技术　超临界流体萃取技术（supercritical fluid extraction，SFE）是一种利用处于临界压力和临界温度以上超临界流体为提取溶剂，对植物有效成分进行提取分离的技术。超临界流体具有独特的理化性质，既不是液体，也不是气体，具有很高的溶解能力及良好的流动、传递性能。CO_2 是 SFE 最常用的溶剂，适用于非极性和中

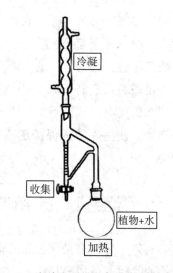

图3-2　实验室用植物挥发油提取示意图

等级性成分的提取。使用 SFE 提取极性较大成分时，需要加入适量的乙醇等作为夹带剂来提高极性。植物挥发油、黄酮类、萜类、天然色素等成分可用 SFE 进行提取。

4. 其他提取技术

（1）生物酶解提取技术，是一种在生物酶辅助下，快速分解植物细胞壁组织，提高植物成分提出的一种技术。纤维素酶、果胶酶是破坏细胞壁纤维素、果胶质结构最常用的生物酶，反应条件温和，专一性高，不会破坏其他物质成分。

（2）超声提取技术，是一种借助超声波辐射压强产生的骚动效应、空化效应和热效应引起加速扩散溶解的提取技术。超声具有瞬间稳定升高温度的特点，提高溶剂的穿透力，进而可提高有效成分的溶出，缩短提取的时间。

（3）微波提取技术，是一种基于微波辐射可引起极性溶剂分子撕裂和摩擦，进而引起分子发热，而提高溶剂提取率的技术。

　　微生态护肤是近年来的热门话题，自然发酵的纯天然有机护肤品备受女性青睐。植物在生物酶辅助下，经过天然的发酵过程，不仅可以实现植物功效成分的富集，还可衍生出更多的微生物和有益菌。生物发酵液经膜分离技术处理后，可直接用作纯天然护肤品。

二、植物的分离纯化技术

　　植物提取物通常是多种成分的混合物，经分离纯化技术精制后可得到所需的成分或者单体化合物。

　　1. 沉淀技术　是一种基于沉淀剂与植物成分生成沉淀或降低植物成分溶解度，植物成分从溶液中析出的技术。沉淀剂具有较强的专属性，而对其他成分影响较小。如植物生物碱类成分可以与雷氏铵盐生成沉淀，实现与非生物碱类成分的分离。植物甾体皂苷可以与胆甾醇生成沉淀，而与三萜皂苷分离。

　　盐析法也是最常用的一种沉淀技术，向植物成分水溶液中加入无机盐，可降低各成分在水中的溶解度。如麻黄碱、苦参碱等水溶度较大生物碱分离时，向其水提液中加入 NaCl，再用有机溶剂提取，可获得更高的收率。

　　絮凝技术是一种简单便捷的固液两相体系分离的技术，在絮凝剂的作用下，固体、胶体颗粒快速聚集沉降，提高分离效果。在植物提取分离中，加入甲壳素可以提高总多糖、总有机酸等的产率；101 澄清剂（主要成分为变性淀粉）可以去除植物鞣质、蛋白质、明胶等悬浮杂质。化妆品行业常使用该技术对特色植物提取液进行前处理。

　　2. 膜分离技术　膜分离技术是一种借助人工合成或天然的高分子膜，在外压或化学位差的推动下，实现混合溶液中化学成分的分离、提纯、富集的技术（图3-3）。在膜分离过程中，溶剂和小分子物质能够透过膜，而大分子物质则被膜截留。化妆品用植物多糖提取可使用膜分离技术除掉无机盐、单糖等成分。膜分离技术具有操作简便、能耗低、无二次污染等优点。

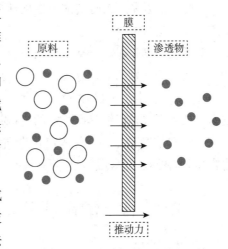

图3-3　膜分离示意图

　　3. 结晶技术　结晶技术是一种基于提取物各成分在溶剂中溶解度的差异，实现化学成分分离的技术，是植物提取物固体成分分离纯化最常用的方法之一。甲醇、乙醇、二氯甲烷、丙酮、乙酸乙酯等溶剂是粗提物纯化或晶体制备的常用溶剂。

　　4. 色谱分离技术　色谱分离技术是基于提取物各组分在固定相、溶剂中吸附、分配、排阻、亲和等作用的差异，各组分在固定相上的停留时间不同，实现依次分离。色谱分离技术是目前植物化学成分分离最常用的分离技术，具有分离效能高、快速简便等优点。

　　（1）柱色谱又称柱层析，是植物化学成分研究最常用的色谱技术之一（图3-4）。随洗脱剂的加入，样品化学成分在固定相中自上而下缓慢移动，实现分离。柱色谱包括吸附色谱、凝胶色谱、分配色谱、离子交换色谱等。

　　吸附色谱是以吸附剂为固定相的一种柱色谱，是植物化学成分分离最常用技术。大多数植物化学成分可以用硅胶色谱柱分离，植物生物碱等碱性成分可以用氧化铝色谱柱分离，植物氨基酸、糖类等水溶性物质可用活性炭色谱柱分离。

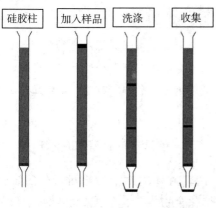

图 3-4 柱色谱分离示意图

凝胶色谱是基于分子筛作用，根据凝胶的孔径和被分离化合物分子的大小而达到分离目的。比凝胶孔隙小的分子可以自由进入凝胶内部，而比凝胶孔隙大的分子不能进入凝胶内部，只能通过凝胶颗粒间隙、移动速率的差异实现分离（图3-5）。

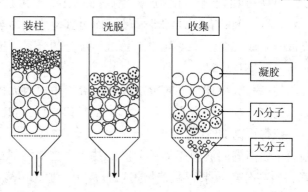

图 3-5 凝胶色谱分离示意图

分配色谱是基于被分离成分在两相间分配系数的差异而实现分离的一种技术。其特点是固定相也是液体。

离子色谱则是以离子交换树脂或化学键合离子交换剂作为固定相，利用被分离组分离子交换能力的差别而实现分离的技术。离子色谱可用于植物多糖体、酵素等的分离精制。

（2）纸色谱是一种以纸作为载体，以水为固定相，被水饱和的有机相为流动相的色谱技术。纸色谱要求滤纸具有一定的机械强度，可用于氨基酸的分离。

（3）薄层色谱是一种将固定相涂在玻璃板、铝基片等材料上，借助毛细管作用，实现化合物分离的技术。薄层色谱可用于少量植物成分的分离，以及化学物的鉴别等。

第三节　常用成分提取分离、纯化技术——案例

植物原料或植物提取物中的多数有机化合物是天然化妆品的重要来源，这些有机化合物种类繁多、结构复杂，在选择提取分离方法时，必须了解各类成分的理化性质。根据化学结构特点进行分类，可分为糖和苷类、黄酮类、生物碱类、萜类和挥发油类、苯丙素类、鞣质类、三萜类、氨基酸、蛋白质和酶等。现将几种常用的植物成分提取分离、纯化简介如下。

一、多糖

多糖是天然大分子物质，几乎存在于所有有机体中，是天然化合物中最大族之一。多糖在生物体内的功能分为两类。一类不溶于水，主要形成动植物的支持组织，如纤维素。另一类为动植物的贮存养料，可溶于热水成胶体溶液，如淀粉。多糖随着单糖聚合度的增加，性质和单糖差异越大。一般为非晶型、无甜味、难溶于冷水或者溶于热水成胶体溶液、

不溶于亲脂性有机溶剂。

1. 常用提取方法　在水提醇沉的基础上，常采用酶解、微波、超声波、膜处理和二氧化碳超临界萃取等方法进行辅助提取或精制。最常用方法是水提醇沉法。

2. 常用纯化方法　多糖多难溶于有机溶剂，一般用乙醇或丙酮进行反复沉淀洗涤，除去一部分脂溶性杂质，然后用三氯乙酸除去多糖中的（游离）蛋白质。小分子杂质的去除可以用透析法，再采用沉淀法、金属络合法、季铵盐沉淀法等方法进行纯化，但大多数采用二乙氨乙基-纤维素（DEAE-纤维素）、DEAE-凝胶及其他凝胶柱层析法进行纯化，而国外多采用 Pharmacia-LKB 柱层析系统。

去蛋白质的方法：等电点沉淀法、加热变性法、蛋白质沉淀剂法。对于结合于多糖分子上的尚未完全水解的蛋白质，可以用蛋白酶进行水解，最好选用与提取时不同的酶。

去除多糖中的小物质：透析法、超滤法，还可以用乙醇沉淀、季铵化合物沉淀、离子交换层析、凝胶过滤等。

去除有色物质：氧化法（高锰酸钾、过氧化氢），活性炭吸附（要求在偏酸条件下加热）。

3. 实例　黄芪多糖提取分离工艺。

（1）水提醇沉法　见图 3-6。

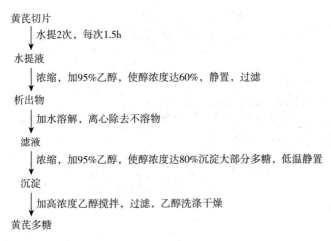

图 3-6　黄芪多糖水提醇沉法

（2）膜分离法　见图 3-7。

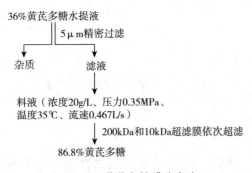

图 3-7　黄芪多糖膜分离法

二、黄酮类

黄酮类化合物是基本母核为 2-苯基色原酮的化合物，广泛存在于植物中，大部分以糖苷形式存在，少数以苷元游离形式存在，多数为结晶性固体，少数为无定形粉末。黄酮类

化合物在紫外线照射下，可产生各种颜色的荧光，遇
碱后颜色改变，如查耳酮和橙酮呈亮黄棕色或亮黄色
的荧光，在氨熏后为橙红色的荧光。黄酮类化合物母
核上常含有羟基、甲氧基等取代基。游离的黄酮类化
合物一般难溶或不溶于水，易溶于甲醇、乙醇、乙酸、

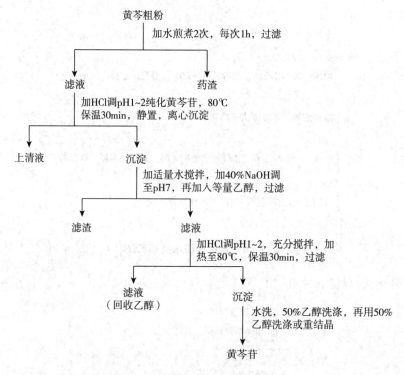

黄芩苷

乙酯、乙醚等有机溶剂及稀碱溶液中。黄酮苷的水溶性增大，一般易溶于水、甲醇、乙醇、
吡啶等极性溶剂中，但难溶于或不溶于苯、氯仿、乙醚、石油醚等有机溶剂中；糖链越长，
则水溶性越大。

1. 常用提取方法 有机溶剂提取法、水提取法、碱提酸沉法、超声波法、微波萃取
法、酶解法、双水相萃取分离法等。

2. 常用纯化方法 薄层色谱法、柱色谱法、高效液相色谱法、萃取法、高速逆流色谱
法、液滴逆流色谱法和络合沉淀法等，其中柱色谱法和高效液相色谱法较为常用。现代的超
临界流体萃取分离法、胶束动电毛细管电泳法、膜分离法、超微粉碎技术、电磁技术及多种
技术组合应用，为黄酮类化合物的分离、纯化、分析提供了快速准确的方法和新的研究思路。

3. 实例 黄芩苷提取分离工艺，见图 3-8。

黄芩粗粉

加水煎煮2次，每次1h，过滤

滤液 —— 药渣

加HCl调pH1~2纯化黄芩苷，80℃
保温30min，静置，离心沉淀

上清液 —— 沉淀

加适量水搅拌，加40%NaOH调
至pH7，再加入等量乙醇，过滤

滤渣 —— 滤液

加HCl调pH1~2，充分搅拌，加
热至80℃，保温30min，过滤

滤液 —— 沉淀
（回收乙醇）

水洗，50%乙醇洗涤，再用50%
乙醇洗涤或重结晶

黄芩苷

图 3-8 黄芩苷及其提取分离法

三、生物碱

生物碱是一类含氮的有机化合物，有类似碱的性质，能和酸结合生成盐，
多数为含氮杂环结构，氮原子常结合在环内。生物碱多为苦味、无色或白色的
结晶形固体，只有少数有颜色（如小檗碱和利血平为黄色）或为液体（如烟碱
和毒藜碱）。游离的生物碱一般都不溶或难溶于水，却能溶于乙醇、乙醚、氯
仿、丙酮或苯等有机溶剂中。生物碱与酸作用成盐后则多易溶于水及含水乙

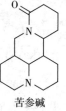

苦参碱

醇，而不溶或难溶于乙醚、氯仿等有机溶剂。

1. 常用提取方法 水或酸水提取法、醇类溶剂提取法、亲脂性有机溶剂提取法、沉淀法、离子交换树脂法和大孔树脂法等。

2. 常用纯化方法 pH 梯度萃取法、溶解度差异分离法和色谱法等。

3. 实例

（1）苦参总生物碱的提取 见图 3－9。

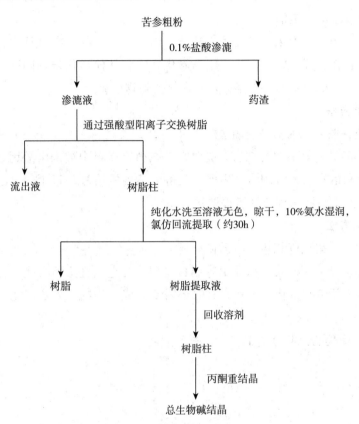

图 3－9 苦参中总生物碱提取法

（2）苦参碱和氧化苦参碱的分离 见图 3－10。

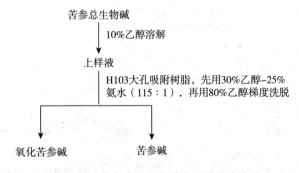

图 3－10 苦参碱和氧化苦参碱的分离方法

四、挥发油

挥发油也称精油，多具有嗅味和挥发性，是存在于植物中的一类可随水蒸气蒸馏的油状液体。挥发油大多为无色或淡黄色液体，少数有颜色，如桂皮油呈红棕色、佛手油呈绿色、满山红油呈淡黄绿色。常温情况下易挥发，并多具有浓烈香味，涂在纸片上挥散而不留油迹，可与脂肪油相区别。少数挥发油在低温下可析出结晶，常称为"脑"，如薄荷脑、樟脑，去脑后的挥发油称为脱脑油。挥发油大多数比水轻，仅少数比水重，如丁香油、桂皮油。挥发油难溶于水，易溶于各种有机溶剂，如石油醚、乙醚、二硫化碳、油脂及高浓度乙醇等。挥发油对光线、空气及温度较敏感，易氧化而分解变质，导致密度增加、颜色加深、失去原有气味，同时形成树脂样物质而不能随水蒸气蒸馏。

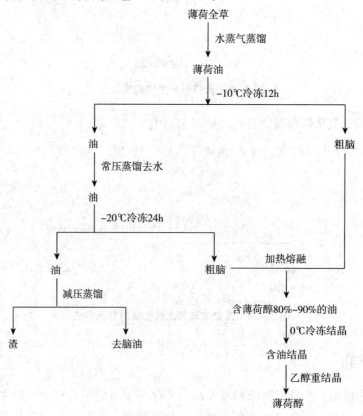

挥发油为混合物，所含化学成分较为复杂，均是由数十种至数百种化合物所组成，可大体分为萜类化合物、芳香族化合物、脂肪族化合物和其他类化合物四种，其中萜类化合物所占比例最大，主要由单萜、倍半萜及其含氧衍生物组成。

1. 常用提取方法

（1）单萜类一般采用水蒸气蒸馏法。

（2）环烯醚萜类一般采用溶剂法。提取时常在植物材料中加入碳酸钙或氢氧化钡以抑制酶的活性和中和植物酸，常用水、甲醇、乙醇、稀丙酮溶液、正丁醇、乙酸乙酯等作为提取溶剂。可采用冷渗液法和热回流提取法。

2. 常用纯化方法

（1）单萜类一般采用气相色谱 + 质谱分离。

（2）环烯醚萜类采用硅胶、氧化铝等制备薄层或柱色谱柱进行分离，目前高效液相色谱也已广泛应用于环烯醚萜苷的分离，有时还需要制成衍生物，如乙酰化合物，才能达到有效的分离。

3. 实例 薄荷醇的提取分离工艺 见图 3 – 11。

图 3 – 11 薄荷醇的提取分离法

五、三萜类

三萜是指由 30 个碳原子组成的萜类化合物，游离三萜类化合物多不溶于水，与糖结合成苷后，大多可溶于水，振摇后可生成胶体溶液，并产生肥皂似的泡沫，故称为三萜皂苷。

大多数三萜皂苷极性较大，可溶于水，易溶于热水、热甲醇、热乙醇和稀醇；几乎不溶或难溶于苯、乙醚、石油醚等低极性有机溶剂。三萜皂苷在含水丁醇和戊醇中溶解度较高，因此丁醇常作为三萜皂苷的提取溶剂。次级苷在水中溶解度降低，易溶于醇、丙酮、乙酸乙酯。皂苷元不溶于水，能溶于石油醚、苯、乙醚、氯仿、醇等有机溶剂中。

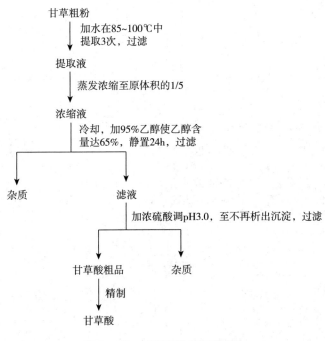

甘草皂苷

许多植物如人参、远志、桔梗、甘草、知母和柴胡等的主要有效成分都含有皂苷。

1. 常用提取方法 醇类溶剂提取（浸渍法、渗漉法、煎煮法、连续回流法）和正丁醇萃取法等。

2. 常用纯化方法 乙醚或丙酮沉淀法、异丙醇溶解重结晶法、重金属盐沉淀法、超声波提取法、氧化铝柱层析法、大孔树脂吸附法、微波助提法、超临界流体萃取法等。

3. 实例 甘草皂苷（甘草酸）的提取分离工艺（图 3 – 12）。

甘草粗粉
↓ 加水在85~100℃中
↓ 提取3次，过滤
提取液
↓ 蒸发浓缩至原体积的1/5
浓缩液
↓ 冷却，加95%乙醇使乙醇含
↓ 量达65%，静置24h，过滤

杂质   滤液
↓ 加浓硫酸调pH3.0，至不再析出沉淀，过滤

甘草酸粗品   杂质
↓ 精制
甘草酸

图 3 – 12 甘草酸的提取分离法

知识拓展

　　甘草为豆科植物甘草（*Glycyrrhiza uralensis* Fisch.）、光果甘草（*G. Glabra* L.）或胀果甘草（*G. inflata* Bat.）的干燥根及根茎，主要化学成分是三萜类和黄酮类化合物。微波提取法可同时从甘草中提取甘草皂苷和甘草黄酮，提取率优于传统回流提取法，且微波加热具有速度快、操作简便、能保持化学成分稳定等优点。甘草中的黄酮对人体的皮肤有较好的美白和防护作用，且安全、温和、能有效清除氧自由基，是一种快速、高效、绿色的美白祛斑化妆品添加剂。如光甘草定作为疗效好、功能全面的美白成分，是日本 MARUZEN 公司 1989 年推出的美白化妆品添加剂，经过多年来的使用，作用明显，安全性好，已是国际上高档美白化妆品的主要功效成分。

思考题

1. 在化妆品中比较常用的有哪几类特色植物？
2. 特色植物在化妆品中的应用上主要用其哪些药理作用？
3. 抗氧化的特色植物有哪些？
4. 化妆品用植物提取物制备技术主要有几种？提取的原理是什么？
5. 植物成分分离常用分离技术有几种？分离的原理是什么？
6. 化妆品常用的植物成分有哪些？
7. 简述黄酮类成分的性质和常用的提取分离方法。

第四章　肤用化妆品

PPT

皮肤覆盖了人体的全身，可保护组织免受侵害，维持内环境稳定并可调节机体代谢及水电解质平衡，同时亦具有吸收、感觉、调节体温、免疫应答等多种功能。皮肤结构可以分为表皮、真皮、皮下组织及附属器官等。其中表皮又可分为角质层、颗粒层、棘层、基底层，皮肤的含水量是从外向内依次递增的。位于最外面的角质层由数层角化细胞组成，能抵御机械摩擦，防止体液外渗和外物内侵，其含水量在20%~35%，往里为含水量在50%~60%的颗粒层、含水量约65%的棘层、含水量约70%的基底层及含水量约80%的真皮层。在皮肤养护中，强调对肌肤的锁水补湿，其目的在于帮助皮肤的角质层保持在最佳的含水量。所以当皮肤含水量太低时，皮肤会变得干枯粗糙，缺乏光泽，易老易皱；当皮肤含水量过高时，则会破坏应有水分平衡，过度补湿会致使皮肤过度水合破坏皮脂膜，诱发脓疱、疹子等一系列皮肤问题。所以，肌肤补湿的准则在于维持好皮肤的水平衡。中医认为皮肤含水量主要源于津液上承不足或津液内停和代谢失衡或过度旺盛导致的机体水液不足。

1. 皮肤的水平衡

（1）病邪入侵型　面部肌肤常年面对外界季节与环境的变化和影响，稍有不慎则易感邪气，导致肌肤养护受阻和异常。当受风邪侵袭时，皮肤干涩失养，易起皮屑干裂；当受燥邪侵袭时，皮肤失水过度，易干枯皲裂，若日晒过度甚至会致使皮肤红肿脱屑、灼痛难耐；当寒邪侵袭时，皮肤会应季节而关闭腠理，皮肤紧闭艰涩难以被滋润。

（2）痰瘀塞络型　体湿痰瘀及血液瘀堵均会堵塞气血津液输送的道路，气血津液不能上承导致皮肤失养，脸色晦暗，干枯失养。因此，皮肤保湿锁水必须内外同时干预，于内应补养气血，生津补液，疏通经脉，濡养肌肤；在外应慎防外邪，令肌肤适应时节变化，保护肌肤水分。

（3）气血津液亏虚型　若气血津液亏损过度，即使气血、津液输布道路通畅，也无足够的营养滋养肌肤，故使肌肤失养无泽，缺乏血色。

2. 皮肤的营养平衡　中医认为人体的体虚、瘀结和衰老与情志变化、脏器功能和外邪侵袭有着不可分割的关系。外邪的侵袭、情志不和导致的气血不通均可造成皮肤不良物质的沉积，导致面色晦暗、色素沉淀成斑甚至诱发水湿内停，面肿难下。而五脏的亏损则直接影响脏器功能，导致机体的气血亏虚、皮肤失养、难有光彩。

（1）病邪　病邪的入侵会直接影响脏腑功能及皮肤平衡，故常见春来风邪能致使肌肤干燥开裂，夏来燥邪能致使肌肤干燥红肿等迅速加速肌肤的老化，使皱纹提早出现。

（2）情志　情志不调会直接影响机体脏腑功能的正常运作，加快机体的衰老。情志不调，气血运行受阻，堵塞经络，则皮肤失养，面目无光，弹性降低。由于长期以来生活、工作压力过大，人们的不安情绪表现在脸部肌肉上，使面部出现多种特有的表情皱纹。

（3）肾　肾为先天之本，肾气充盈能为机体生长、发育和各种生命活动功能作物质保障。同时，肾气盛衰与机体衰老具有密切的关系。现代人由于工作、生活压力不断变大，人们往往因各种不良生活习惯而过度消耗肾气，导致肾气不足，气血生化无力则致气血不足，肌肤失养而提前衰老。此外，肾气不足会令肾功能失调，肾脏和肾上腺激素分泌功能紊乱，内分泌失调进而诱发机体代谢物和毒素的排出功能减弱。

（4）脾胃　脾胃为后天之本，是气血生化之源。若脾胃功能失调，所纳水谷无法运化成精微濡养机体脏器、外部肌肤，则面容会因失养而憔悴不堪，缺乏气血之色。脾胃功能的不正常会直接影响整个消化系统的运行，当胃肠蠕动减弱时，消化剩余的粪便及有害物质的排泄减弱，会导致毒素再吸收与堆积，间接加快人体的衰老。

（5）心　心主血脉，其华在面。心力不足，则运血无力，肌肤因心血输布不足而失滋养，便会变得暗淡无华，失泽失色。

（6）肺　肺主气，司呼吸，主宣发、肃降，合皮毛。肺功能失调会导致腠理开合失调，在增大病邪侵袭的可能性的同时也缺失了腠理皮毛对肌肤的保护，使肌肤变得粗糙干燥，憔悴失养。

（7）肝　肝主条达，故肝气郁结能导致邪气内郁难散，导致黄褐斑的发生。肝脏具有合成营养物和分解毒素的功能，肝功能失调，则直接导致营养物的合成不足和毒素的累积，使毒素于周身沉积，加快人体衰老。

3. 皮肤的代谢平衡　激素是由人体内分泌腺或内分泌细胞分泌的高效生物活性物质，能够调节生理平衡，对人体的生长、发育、衰老及情绪等均具有控制作用，是维持机体系统器官功能作用正常的重要因素。而性激素在女性的一生中起着至关重要的作用。随着年岁的增长，女性卵巢功能的衰退和繁重的生活压力，则雌激素的分泌量会从 30 岁起开始走下坡路，并出现内分泌失调的现象。随之可见女性面色出现发黄、晦暗无光、皱纹色斑等。

4. 皮肤的色素均衡　中医认为面色变化是因外感病邪、七情变化、起居饮食不当、久病体虚所致，使机体气血津液亏虚或上承不足，面部肌肤暗淡失养。

（1）病邪　面部常年暴露于外，四季变化、风雨交替均对面部皮肤造成不可忽视的影响。日晒后的热毒内蕴，则皮肤潮红灼痛，火郁于血能导致脸部血瘀，颜色黯淡。

（2）气血津液亏虚　肌肤时刻有赖于气血的濡养、津液的滋润。气血津液亏虚，则肌肤滋养无源，干枯无泽。肺、脾气虚时，精微的化成不足，则肌肤同样枯槁无光。

（3）气滞血瘀　经脉不通，则气血不能正常运行。使用不良的物质如滥用劣质化妆品等损害皮肤的同时使邪阻经络，气血瘀滞不行，而致肌肤色暗有斑。

（4）其他　肾阴不足或忧思抑郁，肝失条达，郁久化热，火热燥邪结滞于面；胃中郁热，阳明经络阻滞；汗出当风，肌肤营养失和；妊娠后血以养胎，冲任失调，致面部失养产生肌肤问题。

5. 皮肤的酸碱平衡　健康的肌肤 pH 应为 5.0 ～ 6.0，呈弱酸性。酸碱度因肤质和环境气候的不同而有差异，干性皮肤偏向酸性，油性皮肤偏向碱性，而碱性较高的皮肤容易滋生细菌，诱发暗疮、面疱等。当皮肤的 pH 为弱酸性，肌肤会具有一定的收敛作用，抑制细菌增殖的同时能够增强肌肤的抵抗力，但当酸性超过一定范围后同样会导致肌肤的损伤。

所以在选择日常护肤品时应该根据自身肤质考虑合适的酸碱度，务求在使用护肤品后使肌肤酸碱度处于 5.0~6.0 的健康范围。故干性肤质的人群应选用偏碱性的护肤品，油性肤质的人群应使用配方温和、酸碱度中性的护肤品。

皮肤是人体自然防御体系的第一道防线。皮肤越健康，防御能力就越强。想让皮肤健康和美丽，首先是保持皮肤的清洁卫生。皮肤最外层角质层老化后的死皮、汗腺分泌的汗液、皮脂腺分泌的皮脂，还有涂抹的化妆品和灰尘等混杂在一起，附着在皮肤表面构成污垢，影响皮肤的健康和美观。若不及时清除，就会妨碍皮肤正常的新陈代谢，还会堵塞汗腺和皮脂腺。此外，细菌的滋生最终导致各种皮肤病的发生，加速皮肤的老化。因此，首先要保持皮肤的清洁卫生，再保护皮肤和营养皮肤，进一步补充皮肤表面皮脂的不足，滋润皮肤，促进皮肤的新陈代谢。护肤品和营养类化妆品能在皮肤表面形成一层保护膜，有效地阻止表皮水分的蒸发，缓解皮肤因环境因素影响所造成的刺激，并为皮肤提供正常生理过程中所需要的营养成分，使皮肤光滑、柔软、富有弹性，防止和延缓皮肤的衰老，预防皮肤病的发生，增进皮肤的美观和健康。护肤用化妆品的主要功能是清洁皮肤、补充和调节皮肤的油脂，使皮肤表面保持适度的水分，并通过皮肤表面吸收适量的营养成分，营养皮肤和促进皮肤的新陈代谢。

本章重点介绍清洁化妆品、膏霜化妆品、面膜和水剂类化妆品。

第一节　清洁化妆品

清洁化妆品主要用于清洁皮肤表面的污垢。皮肤表面形成的皮脂膜长时间与空气接触后，很容易被空气中的尘埃附着，与皮肤表面的皮脂混合后形成皮垢。皮脂中某些成分因暴露在空气中而被氧化，发生酸败可引发微生物滋生。皮肤分泌的汗液在水分挥发后残留在皮肤表面的盐分、蛋白质分解物和尿素等成分，皮肤角质层的死亡所形成的死皮发生酸败滋生的微生物，残留的化妆品及灰尘细菌等均会形成污垢。清洁化妆品作为一类能够去除污垢、清洁皮肤，又不会刺激皮肤的化妆品，已经成为人类生活当中不可缺少的必需品。清洁皮肤用化妆品主要有以下几种。①表面活性剂型：以皂基或其他表面活性剂为主体，如洁面乳、沐浴露等。②溶剂型：以油性成分、保湿剂、乙醇和水等溶剂为主体，如卸妆油、清洁霜等。③乳化型：介于表面活性剂型和溶剂型之间的乳化体系。

一、洁面乳

洁面乳通常包括皂基型和表面活性剂型。

1. 皂基型洁面乳　呈碱性，去脂力强。此类洁面乳具有丰富的泡沫和优良的洗涤力，由高级脂肪酸、中和剂、多元醇、表面活性剂、乳化剂、润肤剂、水、其他辅料组成。其中脂肪酸盐（即皂基）是构成洁面乳体系的基本骨架，主要起发泡作用和清洁作用。常用的高级脂肪酸可选用 C16~C22 脂肪酸、油酸、异硬脂酸和动植物油脂等。常用于酯化反应的中和剂有氢氧化钠、氢氧化钾和三乙醇胺。

【实例解析】

皂基型洁面乳的配方示例如表 4-1 所示。

表 4-1　皂基型洁面乳配方

相	组分	质量分数（%）
A	硬脂酸	13
	肉豆蔻酸	8
	月桂酸	8
	甘油硬脂酸酯（和）PEG-100 硬脂酸酯	1
	甘油	15
B	去离子水	加至100
	甘油	10
	丁二醇	5
	EDTA 二钠	0.1
	羟苯甲酯	0.2
	海藻糖	2
	氢氧化钾（90%）	6.2
C	椰油酰胺丙基甜菜碱（CAB-35）	6
	水解霍霍巴酯类	1
D	苯氧乙醇（和）乙基己基甘油	0.3
E	香精/精油	适量

制备方法：

（1）A 相搅拌升温至 75℃。

（2）B 相搅拌升温至 75℃。

（3）在搅拌下将 B 相快速加入到 A 相中，搅拌均匀，均质 5 分钟，保温搅拌 50 分钟以上（温度控制在 80℃以上）。

（4）降温至 75℃加入 C 相搅拌溶解均匀。

（5）降温至 40℃依次加入 D 相、E 相，搅拌均匀，搅拌至结膏点开始出料。

2. 表面活性剂型洁面乳　是以表面活性剂为主的体系，赋予洁面乳清洁功能，起到清洁污垢的作用。按照极性基团的解离性，通常以阴离子表面活性剂为主，辅以适量的非离子表面活性剂、两性表面活性剂。阴离子型表面活性剂分为脂肪酸盐、硫酸酯盐、N-酰氨基酸盐、磺酸盐和磷酸酯盐五大类，具有较好的去污、发泡、分散、乳化、润湿等特性。两性表面活性剂具有良好的洗涤、分散、乳化、杀菌、柔软纤维和抗静电等性能，与阴离子型、非离子型表面活性剂相容性好，耐酸、碱、盐及碱土金属盐。两性表面活性剂在分子的一端同时存在有酸性基和碱性基。酸性基大都是磷酸基、羧基或磺酸基，碱性基则为氨基或季铵基。两性表面活性剂以羧酸型最为重要，它又分为甜菜碱型、咪唑啉型和氨基酸型。非离子型表面活性剂具有良好的洗涤、分散、润湿、增溶等性能，分子中的亲油基团与离子型表面活性剂的亲油基团大致相同，亲水基团主要是由具有一定数量的含氧基团如羟基和聚氧乙烯链等构成。常用的非离子表面活性剂有烷基醇酰胺、氧化胺、烷基糖苷等。

【实例解析】

表面活性剂型洁面乳配方示例如表 4-2 所示。

表 4 – 2 表面活性剂型洁面乳配方

相	组分	质量分数（%）
A	去离子水	加至 100
	月桂酰肌氨酸钠（30%）	25
	椰油酰胺丙基甜菜碱（CAB-35）	10
	羟乙基纤维素	1
	甘油	8
	山梨（糖）醇（质量分数70%溶液）	7
	EDTA 二钠	0.1
	羟苯甲酯	0.2
B	去离子水	5
	丙烯酸（酯）类共聚物（SF-1）	5
C	去离子水	1
	三乙醇胺	1
D	黄柏提取液	20.0
E	苯氧乙醇（和）乙基己基甘油	0.3
F	香精/精油	适量

制备方法：

（1）A 相加入液洗锅搅拌升温至 90℃，溶解完全后开始搅拌降温。

（2）降温至 50℃加入 B 相搅拌均匀。

（3）降温至 40℃依次加入 C 相、D 相、E 相、F 相，搅拌溶解均匀。

说明：配方中的黄柏提取液中所含的小檗碱对金黄色葡萄球菌等细菌、真菌均有较强的抑制作用，具有良好的抗菌消炎作用。

二、清洁霜

清洁霜呈半固体膏状，主要作用是帮助去除积聚在皮肤上的污垢，且兼有护肤的作用。其去污机制是利用清洁霜中的油性成分来进行渗透、溶解皮肤上的油污、彩妆等，并能深入毛孔进行深层清洁，特别适合于干性皮肤人群使用。由于油性成分比较多，容易堵塞皮肤毛孔，油性皮肤的人使用时须慎重。清洁霜去除油污迅速、刺激性小，用后还在皮肤上留下一层油性薄膜，起到保护和滋润皮肤的作用。清洁霜的原料包括油相（油、脂、蜡）、水相（保湿剂）、乳化剂及其他辅助组分。清洁霜常见类型分为 O/W 和 W/O 型，其油相占 65%~75%，水相占 25%~35%。清除淡妆时宜使用洗净力稍差点，但洗后感觉爽快的O/W型清洁霜，去除浓妆时宜使用洗净力强的 W/O 型清洁霜，但洗后感觉比较油腻。现代大多清洁霜都为 O/W 型。

【实例解析】

清洁霜的配方示例如表 4 – 3 所示。

表 4 –3 清洁霜配方

相	组分	质量分数（%）
A	鲸蜡硬脂醇（和）鲸蜡硬脂基葡糖苷	1
	甘油硬脂酸酯（和）PEG-100 硬脂酸酯	3
	鲸蜡硬脂醇	2
	肉豆蔻酸异丙酯	4
	矿油	8
	辛酸/癸酸甘油三酯	4
	聚二甲基硅氧烷（DC345）	1
	羟苯甲酯	0.15
	羟苯乙酯	0.1
	生育酚（维生素 E）	0.4
B	去离子水	加至 100
	甘油	10
	卡波姆（E 2020）	0.25
	EDTA 二钠	0.1
	海藻糖	1
	尿囊素	0.1
	癸基葡糖苷（APG 2000）	5
C	三乙醇胺	0.25
D	甘草提取液	20
E	苯氧乙醇（和）乙基己基甘油	0.3
F	香精/精油	适量

制备方法：

（1）A 相搅拌升温至 80℃。

（2）B 相搅拌升温至 85℃。

（3）在均质下将 A 相加入到 B 相中，搅拌均匀，均质 3 分钟，保温乳化搅拌 20 分钟。

（4）降温至 60℃加入 C 相搅拌溶解均匀。

（5）降温至 40℃依次加入 D 相、E 相、F 相搅拌溶解均匀。

说明：配方中甘草提取液可调节皮肤的免疫功能，增强皮肤的抗病能力，消除炎症、预防过敏、清洁皮肤，同时还能减轻化妆品及其他外界因素对皮肤的毒副作用。此外，它还能有效抑制酪氨酸酶的活化，阻止黑素的产生，具有美白功效。

三、磨面膏

磨面膏是一种含有微细颗粒状物质的磨面洁肤用品。作用机制是通过微细颗粒与皮肤表面发生摩擦作用，有效地清除皮肤上的污垢及皮肤表面老化的角质细胞；同时还可促进皮肤血液循环及新陈代谢，舒展皮肤的细纹，增强皮肤对营养成分的吸收，同时使皮肤过多的皮脂从毛孔中排泄出来，使毛孔疏通，具有预防粉刺的作用。磨面膏的配方是在清洁膏霜的基质原料中加入磨砂剂。常用的磨砂剂有天然磨砂剂和合成磨砂剂。天然磨砂剂包括天然植物果核如杏核粉、桃核粉等和天然矿物粉末如二氧化钛、滑石粉等。合成磨砂剂主要有聚乙烯、聚苯乙烯等物质。磨面乳的作用与磨面膏相同；不同之处在于磨面乳的稠度相对低，比磨面膏难配制，这是由于磨面乳的稳定性比膏状更难保证。因此，在磨面乳的配方中通常加入一些增稠剂来增强体系的稳定性。

【实例解析】

磨面膏的配方示例如表4-4所示。

表4-4　磨面膏配方

相	组分	质量分数（%）
A	鲸蜡硬脂醇（和）鲸蜡硬脂基葡糖苷	1.0
	甘油硬脂酸酯（和）PEG-100硬脂酸酯	3.0
	鲸蜡硬脂醇	1.5
	氢化聚异丁烯	4.0
	矿油	8.0
	辛酸/癸酸甘油三酯	4.0
	聚二甲基硅氧烷（DC 345）	1.0
	羟苯甲酯	0.2
	羟苯丙酯	0.1
B	甘油	6.0
	卡波姆	0.25
	EDTA二钠	0.1
	去离子水	加至100
C	癸基葡糖苷（APG 2000）	2.0
	核桃壳粉	3.0
D	三乙醇胺	0.25
E	海藻提取物	5.0
F	香精/精油	适量

制备方法：

（1）A相搅拌升温至80℃。

（2）B相搅拌升温至85℃。

（3）在均质下将A相加入到B相中，搅拌均匀，均质3分钟，保温乳化搅拌20分钟。

（4）降温至60℃加入C相搅拌溶解均匀。

（5）降温至40℃依次加入D相、E相、F相搅拌溶解均匀。

说明：配方中海藻提取物富含氨基酸，可刺激胶原蛋白合成，并抑制酶破坏胶原蛋白和弹性蛋白。海藻中所含的多糖物质可与皮肤的外层蛋白结合，形成保湿性复合物，以防止皮肤及毛发水分的过度蒸发，使皮肤润泽柔嫩、光亮、富有弹性。

四、去死皮膏

去死皮膏和磨面膏的作用相同，即去除表皮上的死皮。不同在于：磨面膏借助摩擦，即机械性的磨面作用来去除死皮；去死皮膏则是先通过相似相溶作用，再辅助摩擦作用，使软化了的角质细胞快速脱落。两者主要是针对不同性质的皮肤设计的。磨面膏能抑制油脂分泌，多适于油性皮肤使用。去死皮膏适用于中性皮肤及不敏感的皮肤。去死皮膏的配方中除了一般膏霜所需的润肤剂、保湿剂等外，还需要添加磨砂剂和去角质剂等组分。在配方中添加果酸、视黄酸、尿囊素、海藻胶等功效性成分，可携带死亡的角化细胞脱离皮肤表面。

去死皮膏可以快速去除皮肤表面的角化细胞，清除过剩的油脂，预防粉刺的滋生，改善皮肤的呼吸，有利于汗腺、皮脂腺的分泌，预防角质增厚，加速皮肤新陈代谢，促进皮肤对营养成分的吸收，增强皮肤的光泽和弹性，令皮肤柔软、光滑。

【实例解析】

去死皮膏的配方示例如表 4-5 所示。

表 4-5 去死皮膏配方

相	组分	质量分数（%）
A	鲸蜡硬脂醇	2.0
	甘油硬脂酸酯（和）PEG-100 硬脂酸酯	5.0
	棕榈酸异辛酯	3.0
	肉豆蔻酸异丙酯	5.0
	澳洲坚果籽油	2.0
	丙二醇	2.0
B	甘油	4.0
	卡波姆	0.25
	EDTA 二钠	0.1
	去离子水	加至 100
C	癸基葡糖苷（APG 2000）	2.0
	核桃壳粉	3.0
D	三乙醇胺	0.25
E	茶叶提取物	5.0
F	香精/精油	适量

制备方法：

（1）A 相搅拌升温至 80℃。

（2）B 相搅拌升温至 85℃。

（3）在均质下将 A 相加入到 B 相中，搅拌均匀，均质 3 分钟，保温乳化搅拌 20 分钟。

（4）降温至 60℃加入 C 相搅拌溶解均匀。

（5）降温至 40℃依次加入 D 相、E 相、F 相搅拌溶解均匀。

说明：配方中棕榈酸异辛酯和肉豆蔻酸异丙酯作为润肤剂，具有优良的手感，多用于无液体石蜡体系的配方中。核桃壳粉可携带死皮脱落。

茶叶提取物中含有的茶多酚可在空气中吸潮，同时具有抑制透明质酸酶的活性作用，从而达到深层保湿的作用。茶多酚具有很强的抗氧化作用，对胶原酶和弹性蛋白酶有抑制作用，可阻止弹性蛋白的含量下降或变性，维持皮肤弹性，达到防皱抗皱的效果。茶多酚还可吸收紫外线，对过氧化酶和酪氨酸酶有抑制作用，可减少黑色素的生成，从而达到美白的作用。

　　皮肤与五脏有着密切的联系。心脏主宰血液运行，心脏功能正常，则面部肌肤红润光泽、有弹性；反之则皮肤暗淡、无光泽。肝脏具藏血和疏泄之功能，肝脏不通则皮肤就会呈现青色或长黄褐斑；肝血充盈，皮肤有光泽。脾脏是营血化生之源，脾胃功能正常，气血化生顺畅，肌肤容光焕发；脾虚则面色萎黄、皮肤干燥。肺主皮毛，皮肤的油脂分泌与肺功能有关。肺气不通，则皮肤油脂分泌旺盛、毛孔排泄不畅，易生痘痘。肾主藏精，主体内的水分代谢。肾气充足，则皮肤紧致有弹性，肾气虚则皮肤松弛，易水肿。在临床中，一般先天性、慢性、色素性皮肤病常由于肾阴虚或肾阳虚所致，如黄褐斑、雀斑、色痣等；自身免疫性皮肤病，如皮肌炎、红斑狼疮等常与肾精的亏损有关。

第二节　膏霜化妆品

　　油脂和蜡类是膏霜化妆品的基础组分。为了确保油水两相形成稳定的乳化体，需要加入乳化剂。此外，配方中常添加水溶性高分子聚合物，以保证膏霜化妆品的稳定性及流变性。若要实现某些特殊功效，如防晒、美白、祛斑、抗衰老等，还须加入相关的活性物质。

　　膏霜化妆品常用的原料主要有如下几种。

一、油性原料

　　合成油脂是膏霜护肤品不可或缺的油性原料。其具有优良的润肤作用，在皮肤表面可形成透气性薄膜，还可提高其他成分之间的相容性，尤其对提高防晒剂、色素、粉类原料间的相容性更为显著。常用于膏霜护肤品的合成油脂主要有硬脂酸异辛酯、棕榈酸异丁酯、肉豆蔻酸异丙酯、羊毛脂衍生物等。

　　矿物油脂和蜡是构成膏霜的主要油脂之一，其组成为高级烃类化合物。矿物油在皮肤表面可形成疏水性油膜，防止皮肤表面水分蒸发，起到保湿、润肤的作用。其色淡味轻，与其他原料相容性、配伍性好，抗氧化能力强，不容易被微生物污染，但其油脂厚重感较强，透气性差，与皮肤亲和力差。常见的矿物油有液体石蜡和凡士林。

　　蜡可以来自植物或动物的天然分泌物，也可以来自精炼石油的合成物。常用于各类化妆品的蜡有蜂蜡、霍霍巴油、石蜡等。蜂蜡是多种游离脂肪酸、烃类和 C16 ~ C30 脂肪酸酯与 C16 ~ C30 脂肪醇发生反应所生成的复杂混合物。霍霍巴油是用霍霍巴植物的种子压榨生成的，在室温下呈液态。其主要成分是 C18 ~ C24 脂肪酸酯。石蜡是一种高级烷烃化合物，各种不同的碳链长度具有不同的熔点。微晶蜡与石蜡相似，但主要由支链碳氢化合物组成。这两种烃蜡具有相似的特性，但由于它们的晶状结构和熔点不同，在实际应用中须进行仔细选择，才能使产品获得最佳的效果。

二、乳化剂

　　用于膏霜化妆品的乳化剂类型主要是阴离子型和非离子型。常用的阴离子型乳化剂主要有脂肪醇硫酸钠、烷基磷酸酯盐、脂肪酸盐等。阴离子型乳化剂具有较强的乳化能力，以及用量少、耐离子强的优点，但容易肤感发黏，渗透性较差。常用的非离子型乳化剂有失水山梨醇脂肪酸酯类（司盘系列）、聚氧乙烯失水山梨醇脂肪酸酯类（吐温系列）、脂肪醇聚氧乙烯醚、烷基糖苷等。非离子型乳化剂的优点是适用 pH 范围宽，与各种活性原料配伍性好。制得的膏霜产品肤感好、渗透性好、易涂展、耐热耐寒性均较好等。不足是乳化能力相对较弱，用量相对较大，膏体外观不如阴离子型膏体。在实际应用中可根据产品特性需要，将两者按一定比例复配使用。

三、保湿剂

1. 醇类 甘油是化妆品中使用最早、应用最普遍的保湿剂。其为无色、无臭、透明黏稠液体，味甜。甘油分子中含有三个羟基，可与水分子形成氢键，将水紧紧束缚，起到吸湿保湿的作用。常用的多元醇类保湿剂还有丙二醇、1,3-丁二醇、山梨醇、PEG 等。

2. 吡咯烷酮羧酸钠（PCA-Na） 是一种天然的保湿因子。它具有优良的吸湿性及生理活性，常用于膏霜类及洁面乳等化妆品，可起到滋润调理的功效。其保湿特征体现在如下方面。

（1）保湿性 吡咯烷酮羧酸钠作为人体自然保湿因子的最重要成分大量存在于皮肤角质层中。角质层起着控制皮肤表面水分流失的壁垒作用，吡咯烷酮羧酸钠是角质层中起保湿作用的主要物质。

（2）生理活性 吡咯烷酮羧酸钠是人体中天然存在的物质，在人体皮肤中含量达2%。吡咯烷酮羧酸钠除了具有优异的保湿性，还可增强皮肤的柔性和弹性。因此，吡咯烷酮羧酸钠是天然保湿因子的重要组成部分，且起着中枢功能作用。

（3）安全性 化妆品原料的安全性非常重要，吡咯烷酮羧酸钠是人体皮肤中含有的物质，可见其安全性。研究表明，吡咯烷酮羧酸钠对豚鼠皮肤、人体皮肤及兔子眼睛刺激性极低，且无过敏作用，其安全性与水相同。

3. 透明质酸 简称 HA，是由氨基糖和糖醛酸形成的杂多糖。它和硫酸软骨素等组成生物体内的主要黏多糖类物质，在动物各组织特别是间充质中广泛地分布，在玻璃体、关节液、脐带、肋骨膜液、皮肤等中含量较高。透明质酸在生物组织中以氢键和水结合，具有优异的保湿性能。

4. 壳聚糖及其衍生物 壳聚糖是从甲壳纲动物外壳中提取的一种多糖天然保湿剂，具有优良的生物相容性和成膜性。壳聚糖的组成单元成分氨基葡萄糖，与人体表皮脂膜层重要成分神经酰胺的结构非常相似。因此，在化妆品中添加了壳聚糖，在人体表皮上可形成一层天然仿生皮肤。壳聚糖还具有明显的抑制真菌、细菌和酵母的功效，用于化妆品中可渗透进入皮肤毛囊孔，抑制并杀死毛囊孔中藏匿的真菌、细菌等有害微生物，从而消除由于微生物侵害引起的粉刺、皮炎，同时可减轻由于微生物感染而引起的色素沉着、色斑等。壳聚糖还具有显著的美白效果，它可以抑制黑素形成酶的活性，从而消除由于代谢失调而引起的黑素沉积。此外，壳聚糖还是一种优良的细胞生长诱导因子，用于化妆品时，可以刺激加快表皮细胞的再生速度，从而达到减缓衰老、修饰美容的效果。经化学改性的壳聚糖如羧甲基壳聚糖能进一步改善壳聚糖的保湿性。采用含壳聚糖及其衍生物的化妆品不但能给皮肤提供营养成分如胶原蛋白等，还可填充在表皮产生的干裂缝中和表皮脂膜层中起神经酰胺作用，以达到修饰美容的效果。

壳聚糖及其衍生物不但在膏霜类制品中有着重要应用，在洁面、沐浴、护发等化妆品中也有着重要作用。

5. α-羟基酸 是一类含有 α 位羟基的有机酸，在自然界中存在于水果、糖类和乳制品中。α-羟基酸含有的羟基可以和皮肤表面的水分子结合成氢键，从而把水分子留在角质层中，增加皮肤的含水量，减轻皮肤的干燥程度。α-羟基酸能使老化角质层中细胞间的键合力减弱，使表层的角质层细胞能够较均衡、快速地脱落。同时刺激表皮细胞分化、增殖，达到减少细皱纹、滋润皮肤、改善肤色的效果。常见的α-羟基酸有甘醇酸、柠檬酸、乳酸、苹果酸和杏仁酸等。

【实例解析】

润肤霜配方示例如表4-6所示。

表4-6 营养护肤霜配方

相	组分	质量分数（%）
A	鲸蜡硬脂醇（和）鲸蜡硬脂基葡糖苷	3
	甘油硬脂酸酯（和）PEG-100 硬脂酸酯	1
	牛油果树（BUTYROSPERMUM PARKII）果脂油	2
	霍霍巴（SIMMONDSIA CHINENSIS）籽油	3
	辛酸/癸酸甘油三酯	4
	聚二甲基硅氧烷	1
	异壬酸异壬酯	2
	生育酚（维生素 E）	0.5
B	去离子水	加至 100
	丁二醇	4
	海藻糖	1
	甘油	4
	羟苯甲酯	0.2
	尿囊素	0.1
	透明质酸钠	0.1
	EDTA 二钠	0.05
	聚丙烯酸酯交联聚合物-6	0.2
C	聚丙烯酸酯-13（和）聚异丁烯（和）聚山梨醇酯-20	1
	红没药醇	0.1
D	苯氧乙醇（和）乙基己基甘油	0.6
E	芦荟提取物	10.0
F	香精/精油	适量

制备方法：

（1）A 相搅拌升温至 80℃。

（2）B 相搅拌升温至 85℃。

（3）在均质下将 A 相加入到 B 相中，搅拌均匀，均质 3 分钟，保温乳化搅拌 20 分钟。

（4）降温至 60℃加入 C 相搅拌溶解均匀。

（5）降温至 40℃依次加入 D 相、E 相、F 相搅拌溶解均匀。

说明：配方中添加的芦荟提取物具有使皮肤保湿、消炎、收敛、柔软、漂白的作用，还具有改善硬化、角化、修复瘢痕的功效，不仅能防止小皱纹、眼袋、皮肤松弛，还能保持皮肤湿润、娇嫩。同时还可以治疗皮肤炎症，对粉刺、痤疮、雀斑及烫伤、刀伤、虫咬等亦有很好的疗效。

第三节 面 膜

面膜是一种具有洁肤、护肤和美容多用途的化妆品。将面膜涂敷于面部皮肤上可形成一层薄膜，将皮肤与外界隔离开来，皮肤温度上升，促进皮肤血液循环，面膜中各种有效成分，如维生素、水解蛋白、各种营养物质即可渗入皮肤，起滋润皮肤、增加营养、促进皮肤功能和代谢作用。此外，面膜干燥时的收缩作用，使皮肤绷紧，毛孔缩小，起消除细小皱纹的作用。剥离或洗去面膜时，皮肤表面的分泌物、污垢和皮屑等随面膜洗去，达到清洁皮肤的效果。

面膜的种类很多，从产品形态和使用方式来分，主要有剥离型面膜、粉状面膜、膏状面膜、成型面膜。面膜的配方组成因其类型不同有所不同，但其主要成分包括成膜剂、润肤剂、保湿剂、营养剂、防腐剂和香精等。

一、剥离型面膜

剥离型面膜通常为膏状或透明凝胶状产品。除了成膜剂，剥离型面膜配方一般还含有保湿剂、吸附剂、溶剂及活性添加剂。在面膜的配方组成中，成膜剂是关键成分，通常采用水溶性高分子聚合物。这类聚合物具有优良的成膜性，同时具有增稠、保湿、提高乳化和分散涂展的作用，对于含有无机粉体的配方体系还具有良好的稳定效果。常用的水溶性聚合物有聚乙烯醇、聚乙烯吡咯烷酮、丙烯酸聚合物、羧甲基纤维素等。天然明胶和天然胶质也可用作成膜剂。剥离型面膜使用时将其涂抹在皮肤表面，10~20分钟后水分挥发形成一层薄膜，揭去这层薄膜后，皮肤上的油脂、污垢随之被清除掉。

【实例解析】

剥离型面膜示例如表4-7所示。

表4-7 剥离型面膜配方

相	组分	质量分数（%）
A	聚乙烯醇（1788）	10.0
	聚乙烯吡咯烷酮	5.0
	去离子水	加至100
	乙醇	10.0
B	二氧化钛	2.0
	滑石粉	10.0
	去离子水	15.0
C	山梨（糖）醇	4.0
	甘油	5.0
	橄榄油	2.0
	甜杏仁油	1.5
	羟苯甲酯	0.2
	羟苯乙酯	0.1
	失水山梨醇肉豆蔻酸酯	1.0

续表

相	组分	质量分数（%）
D	扁茎黄芪提取物	8.0
	白术提取物	5.0
E	香精/精油	适量

制备方法：

（1）A相搅拌升温至80℃，使之完全溶解。

（2）B相搅拌升温至80℃，将B相加入A相中，搅拌均匀。

（3）降温至60℃加入C相搅拌溶解均匀。

（4）降温至40℃依次加入D相、E相，搅拌溶解均匀。

说明：配方中的聚乙烯醇和聚乙烯吡咯烷酮具有良好的成膜性，对无机粉体体系具有良好的稳定作用。黄芪提取物具有丰富的黄酮类物质，能有效地渗透至皮肤中，具有增进细胞活力、延缓皮肤衰老、增强皮肤免疫力的功效。白术提取物能有效控制或阻止黑素的生成，起到美白抗衰老的功效。

二、粉状面膜

粉状面膜是一种细腻、均匀、无杂质的混合粉末状产品。其配方组成包括具有吸附作用和润滑作用的粉类原料，如胶性黏土、高岭土、滑石粉、钛白粉、氧化锌和无水硅酸盐等，还含有天然或合成凝胶及粉状和油性添加剂，在深度清洁肌肤的同时增加面膜的护肤功效。黏土型面膜的配制相对简单，通常将粉类原料混合研磨，再将油性成分喷洒在混合粉体中，搅拌均匀即可。黏土型面膜在使用时取适量面膜粉与水调和，均匀地涂抹在皮肤上，经过水分的蒸发，在皮肤表面形成一层较厚的膜状物（干粉状膜或黏性软膜）。经过一段时间后用水洗净或将其剥离，皮肤上的油脂、汗液和污垢随着黏附的面膜一起被清除。

【实例解析】

粉状面膜示例如表4-8所示。

表4-8　粉状面膜配方

相	组分	质量分数（%）
A	高岭土	50.0
	滑石粉	25.0
	氧化锌	8.0
	淀粉	5.0
	硅酸铝镁	5.0
B	乙醇	适量
	苯氧乙醇	适量
	川芎提取物	5.0
	益母草提取物	5.0
	香精	适量

制备方法：

（1）A相混合均匀。

（2）B相搅拌溶解，喷洒在A相中，搅拌均匀后过筛即可。

说明：配方中川芎和益母草提取物具有活血化瘀的作用，能起到淡化黄褐斑的功效。

三、膏状面膜

膏状面膜的主要成分为固体粉末、保湿剂、滋润剂油性成分、表面活性剂和高分子聚合物等。固体粉末有云母、高岭土、硅胶和黏土；表面活性剂在配方中具有分散固体粉末作用，高分子聚合物如纤维素和汉生胶起悬浮稳定作用，两者形成的胶束对膏状面膜的黏度和稳定性起到协同增效的作用。膏状面膜的特点是涂敷于面部后不能形成膜状物而剥离，一般需要用水或吸水海绵擦洗掉。

【实例解析】

膏状面膜配方示例如表4-9所示。

表4-9　膏状面膜配方

相	组分	质量分数（%）
A	高岭土	10.0
	膨润土	5.0
	云母	2.0
	黄原胶	1.5
	硅酸铝镁	2.0
	白芷提取物	8.0
	丹参提取物	7.0
B	肉豆蔻酸异丙酯	6.0
	橄榄油	5.0
	卵磷脂	2.0
	椰油酰甘氨酸钠	2.0
	甘油	6.0
	山梨（糖）醇	2.0
	丙二醇	2.0
	苯氧乙醇（和）乙基己基甘油	0.6
C	香精	适量

制备方法：

（1）分别将A相和B相混合均匀，升温至65℃。

（2）将B相加入A相中，均质5分钟，降温至45℃，加入C相搅拌均匀，即可。

说明：膏状面膜中含有丰富的矿物质，其具有清除油脂、消炎、杀菌、收缩毛孔和抑制粉刺的作用，还能为肌肤补充营养，达到养护肌肤的目的。使用时其在皮肤上形成封闭的泥膜，具有快速深层保湿、修护肌肤、恢复细胞活力、去除角质的功效。表面活性剂椰油酰甘氨酸钠和卵磷脂在配方中具有分散固体粉末的作用，黄原胶起到悬浮稳定的作用，两者形成的胶束对膏状面膜的黏度和稳定性起到协同增效的作用。白芷和丹参提取物对治疗痤疮具有显著效果。

四、成型面膜

成型面膜是目前较为流行的一种新型面膜产品。成型面膜具有深层清洁皮肤毛孔的效果。成型面膜包含面膜布和精华液，面膜布作为载体，吸附精华液，可以固定在脸部特定位置，形成封闭层，以促进精华液的吸收。成型面膜具有保湿、提亮肤色和改善皮肤纹理的效果。成型面膜精华液的主要成分为保湿剂、调理剂、增稠剂、活性营养物质、表面活性剂等组分。保湿剂为甘油、1,3-丙二醇、1,3-丁二醇、海藻糖和透明质酸等。调理剂为β-葡聚糖、生物糖胶、皱波角叉菜和小核菌胶等。表面活性剂起乳化、分散等作用，在涂敷中它能降低面膜与皮肤的接触角，即增高黏附力，以利于面膜在皮肤上紧密贴合。增稠剂如高原胶、纤维素和卡波姆等可使成型面膜精华液具有一定的黏度，使精华液紧贴在皮肤表面，有利于皮肤对精华液的吸收。面膜的主要原料有成膜剂、皮肤营养成分、药物成分及表面活性剂等。

目前面膜布基材主要有无纺布、蚕丝、隐形蚕丝、水凝胶、纤维类物质。

1. 无纺布　是市场上最常见的面膜布基材之一，蓬松柔软，均匀性好，不产生纤维屑，成本相对较低。但无纺布与皮肤亲和力不佳，厚重不服帖，透气性一般。无纺布仅仅作为精华液的载体，使用时如同白色面具，视觉感差。无纺布生产过程中会消耗大量的石油资源，属于非环境友好型产品。

2. 蚕丝　成分是蚕丝纤维和活性蚕丝蛋白。蚕丝蛋白中含有人体所需的 18 种氨基酸，拥有良好的透气性和吸水性，被誉为人体"第二皮肤"。真正的蚕丝面膜布不具有拉伸性、易破、成型不佳且成本高，因此，使用受到一定限制。

3. 隐形蚕丝　采用天然植物纤维经过先进的有机溶剂纺丝工艺制得，比无纺布更具弹力和韧性。吸附大量精华液后可以紧密贴在皮肤表面，达到透明隐形的效果。因其薄如蚕翼，拉伸如丝，因此称为"蚕丝面膜"，但它的成分却与蚕丝无关。可根据不同脸型对隐形蚕丝进行拉伸调节，使其覆盖到肌肤的每个角落，且具有真丝的光泽和丝滑感，是目前最受欢迎的面膜基材之一。

4. 水凝胶　水凝胶面膜是以亲水性凝胶作为面膜基质，富含大量皮肤所需的营养和水分。当水凝胶面膜贴在皮肤上时，面膜内所含的营养成分逐步渗透到皮肤中，对皮肤无刺激。

5. 纤维

（1）纯棉纤维　由 100% 纯天然纤维素制成，以交叉铺网法制成水刺不织布结构。具有吸水后不易变形、纵向和横向拉力强、洁白柔软、贴肤性好等特性。纯棉布膜加厚加密，具有强吸水能力，可吸附高浓度的营养物质并可有效防止营养成分蒸发和流失。缺点是棉絮可能引起皮肤过敏。

（2）生物纤维　是木醋杆菌自然发酵产生的微生物纤维素，具有优异的保水能力，生物相容性好，无刺激。生物纤维具有类似于皮肤结构的功能，能深入皮肤沟壑修复细胞，紧紧抓住肌肤细胞产生向上提拉作用。但生物纤维面膜生产存在工艺复杂、成本高、要求严格、面膜灌装工艺困难等缺点。

（3）黏胶纤维　是以棉或其他天然纤维为原料制得的纤维素纤维，具有光滑凉爽、透气、抗静电等特点。黏胶纤维具有棉的舒适感，但消除了棉絮可能引起的过敏风险。

（4）天丝　是一种源自奥地利兰木的木质纤维，干强略低于涤纶，但明显高于一般的黏胶纤维，湿强比黏胶纤维有明显改善。天丝面膜的刚性和吸湿性好，横截面为圆形或椭圆形，光泽优美，手感柔软，悬垂性和飘逸性好。

（5）竹炭纤维　是取毛竹为原料，采用纯氧高温及氮气阻隔延时的煅烧新工艺和新技术，使得竹炭天生具有的微孔更细化和蜂窝化，再与具有蜂窝状微孔结构趋势的聚酯改性切片熔融纺丝而制成。独特的纤维结构使竹炭纤维面膜具有优良的吸湿透气性和抑菌功效。

【实例解析】

成型面膜精华液配方示例如表 4-10 所示。

表 4 – 10 成型面膜精华液配方

相	组分	质量分数（%）
A	去离子水	加至100
	丁二醇	3.0
	海藻糖	2.0
	甘油	3.0
	透明质酸钠	0.1
	尿囊素	0.1
	羟乙基纤维素	0.1
	卡波姆（940）	0.15
	羟苯甲酯	0.1
	EDTA 二钠	0.05
B	泛醇	1.0
	β-葡聚糖	1.0
	甘草提取物	1.0
	皱波角叉菜提取物	1.0
C	精氨酸	0.15
D	去离子水	2.0
	甘草酸二钾	0.1
E	甘油辛酸酯（和）辛酰羟肟酸（和）对羟基苯乙酮（和）丁二醇	0.3

制备方法：

（1）A 相搅拌升温至90℃，溶解完全后开始搅拌降温。

（2）降温至40℃依次加入 B 相、C 相、D 相、E 相搅拌溶解均匀。

说明：成型面膜精华液配方中的 β-葡聚糖、皱波角叉菜和甘草提取物为肤感调理剂，主要成分为增稠剂、保湿剂和肤感调理剂。保湿剂为甘油、丙二醇。增稠剂卡波姆可提高成型面膜精华液的黏度，以避免黏度太低而出现滴液现象。

▶ 知识拓展

传统中医实践证实了常见植物具有清热祛斑、消除皱纹、润肤护肤、延缓衰老等作用。如黄柏味苦、性寒，归肝、胆、大肠、胃、肾、膀胱经，具有清热燥湿、泻火解毒、退虚热的功效，其含黄柏生物碱有抗炎抑菌作用，常用于疮疡肿毒、湿疹瘙痒、痤疮等皮肤病。芦荟味苦、性寒，归大肠、肝经，具有泻下积滞、清肝热、杀虫止痒的功效，芦荟多糖可通过促进人表皮细胞增殖，起促进新生上皮重建的作用，芦荟素具有抑制酪氨酸酶活性，抑制表皮黑色素生成，阻止紫外线对表皮的损害，达到防晒祛斑的作用。益母草味苦、性寒，归心、肝、膀胱经，具有活血化瘀、利尿消肿的功效，益母草能扩张血管、有利于皮肤新陈代谢、延缓皮肤老化，益母草碱能抑制酪氨酸酶。可用于雀斑、黄褐斑等辅助治疗。甘草味甘、性微寒，归心、肺、脾、胃经，具有补心脾气、清热解毒、调和药性的作用，甘草黄酮可抑制酪氨酸酶活性，消除氧自由基，有效地预防黄褐斑、雀斑等。

第四节　水剂类化妆品

水剂类化妆品主要有香水类和化妆品水类制品，是主要以乙醇溶液为基质的透明液体。此类产品要求保持清晰透明，香气纯净、无杂味，即使在低温下也不能产生浑浊和沉淀。因此，对这类产品所用的原料、包装容器和设备的要求很高。

本节主要介绍化妆水类化妆品。

化妆水也称为收缩水或爽肤水，一般呈透明液状，通常在洁面后使用。化妆水能给皮肤的角质层补充水分及保湿成分，使皮肤柔软，是以调整皮肤的生理作用为目的而使用的化妆品。化妆水使用范围广，且功能在不断扩展，如具有皮肤表面清洁、杀菌、收敛、消毒、防晒、防止或去除皮肤粉刺、滋润皮肤等功能。目前，化妆水按其使用目的和功能可分为柔软性化妆水、收敛性化妆水、洗净用化妆水、须后水和痱子水。

化妆水的基本功能是清洁、保湿、柔软、消毒、杀菌、收敛等，所用原料大多与功能有关。不同功效的化妆水，其所用的原料和用量有所差异。一般原料的组成如下。

（1）水分　是化妆水的基本原料，其主要作用是溶解、稀释其他原料，更重要的是补充皮肤水分，柔化角质层等。化妆水对水质要求较高，通常采用蒸馏水或去离子水。

（2）乙醇　是化妆水的主要原料，用量较大。其主要作用是溶解其他水不溶性成分，且具有杀菌、消毒功能，赋予制品用后使皮肤清凉的感觉。

（3）保湿剂　作用是保持皮肤角质层适宜的水分含量，降低制品的冻点，同时也是溶解其他原料的溶剂，可改善制品的使用感。常用的保湿剂有甘油、丙二醇、1,3-丁二醇、山梨醇、氨基酸类、PEG、吡咯烷酮羧酸盐及乳酸盐等。

（4）润肤剂和柔软剂　橄榄油、蓖麻油、高级脂肪酸等不仅是良好的皮肤滋润剂，且具有一定的保湿和改善使用感的作用。另外，氢氧化钾（或钠）、三乙醇胺等碱剂，具有软化角质层及调整制品的 pH 等的作用。

（5）增溶剂　尽管几乎所有的化妆水中都含有乙醇，但含量较低，一般均在30%以下。非水溶性的油类、香料、药物等不能很好地溶解，影响制品的外观和性能，通常需使用表面活性剂作为增溶剂。由于表面活性剂的增溶作用，可以增加油性物质的溶解，提高制品的滋润作用，且能利用少量的香料发挥良好的赋香效果，保持制品的清晰透明。作为增溶剂，通常使用亲水性强的非离子型表面活性剂，如聚氧乙烯失水山梨醇脂肪酸酯、聚氧乙烯油醇醚、聚氧乙烯氢化蓖麻油等，同时这些表面活性剂还具有洗净作用。但应避免选用脱脂力强、刺激性大的表面活性剂。

（6）药剂　应用于化妆水的药剂主要有收敛剂、杀菌剂、营养剂等。常用的收敛剂有如下几种。金属盐类收敛剂如氯化锌、氯化铝、明矾硫酸锌、硫酸铝、苯酚磺酸铝、苯酚磺酸锌等。其中铝盐的收敛作用最强；具有二价金属离子锌盐的收敛作用较三价金属离子铝盐温和。无机酸类常用的有硼酸等。有机酸类收敛剂如柠檬酸、酒石酸、单宁酸、苯甲酸、乙酸、乳酸、琥珀酸等。酸类中硼酸和苯甲酸的使用很普遍，而乙酸和乳酸则较少使用。常用的杀菌剂是季铵盐类，如氯化十二烷基二甲基苄基铵、溴化十六烷基三甲基铵等。另外，上述的乙醇、乳酸、硼酸及水杨酸等也都具有杀菌作用。常用的营养剂如维生素类、动植物提取液、氨基酸衍生物等。

（7）其他　化妆水中除上述原料外，香精能赋予制品令人愉快舒适的香气；薄荷脑能赋予制品用后清凉的感觉而等；螯合剂如 EDTA 能防止金属离子的催化氧化作用。此外，添加一些增稠剂如天然胶或合成水溶性高分子化合物能够改善制品的稳定性、使用感等。

1. 柔软性化妆水　功效是给皮肤角质层补充适度的水分及保湿，保持皮肤柔软、光滑润湿。因此，保湿和柔软效果是配方的关键，保湿剂是不可缺少的成分。也可加入水溶性高分子化合物以提高制品的稳定性，且使产品具有保湿性能，并能改善产品的使用性能。pH 对皮肤的柔软也有影响。一般认为弱碱性对角质层的柔软效果好，适用于干性皮肤者，即皮脂分泌较少的中老年人，还可用于秋冬寒冷季节。因此，柔软性化妆水可制成接近皮肤 pH 的弱酸性直至弱碱性，更多倾向于调整至接近皮肤的 pH。

【实例解析】

柔软性化妆水配方示例如表 4 – 11 所示。

表 4 – 11　柔软性化妆水配方

相	组分	质量分数（%）
A	去离子水	加至 100
	丁二醇	3.0
	羟苯甲酯	0.1
	海藻糖	1.0
	甘油	4.0
	尿囊素	0.1
	EDTA 二钠	0.05
B	泛醇	1.0
	甘露聚糖	2.0
C	甘草提取物	10.0
D	甘油辛酸酯（和）辛酰羟肟酸（和）对羟基苯乙酮（和）丁二醇	0.4

制备方法：

（1）A 相搅拌升温至 90℃，溶解完全后开始搅拌降温。

（2）降温至 40℃依次加入 B 相、C 相、D 相，搅拌溶解均匀。

2. 收敛性化妆水　主要作用于皮肤上的毛孔和汗孔等，使皮肤蛋白暂时性收敛，且对过多的脂质及汗等的分泌具有抑制作用，使皮肤显得细腻，防止粉刺形成。从作用特征看适用于夏令化妆和油性皮肤者。收敛性化妆水的配方中含有收敛剂、保湿剂、乙醇、水、增溶剂和香精等，收敛的效果是关键。在收敛效果要求不高的配方中，应选用其他较温和的收敛剂如尿囊素；锌盐及铝盐等较强烈的收敛剂可用于需要较好收敛效果的配方中。此外，冷水及乙醇的蒸发会导致皮肤暂时性降温，具有一定的收敛作用。因此，收敛性化妆水配方中乙醇用量较大，pH 大多呈弱酸性。

【实例解析】

收敛性化妆水配方示例如表 4 – 12 所示。

表 4 – 12　收敛性化妆水配方

相	组分	质量分数（%）
A	去离子水	加至 100
	丁二醇	4.0
	羟苯甲酯	0.1
	海藻糖	1.0
	甘油	4.0
	透明质酸钠	0.1
	尿囊素	0.1
	卡波姆（940）	0.2
	EDTA 二钠	0.05
	对酚基磺酸锌	0.5
B	泛醇	1.0
	甘露聚糖	2.0
C	精氨酸	0.2
D	金缕梅提取物	8.0
E	甘油辛酸酯（和）辛酰羟肟酸（和）对羟基苯乙酮（和）丁二醇	0.45

制备方法：

（1）A 相搅拌升温至 90℃，溶解完全后开始搅拌降温。

（2）降温至 40℃依次加入 B 相、C 相、D 相、E 相搅拌溶解均匀。

说明：金缕梅提取物可促进淋巴血液循环，具有去除眼袋和黑眼圈的作用；金缕梅所含的鞣质具有很强的收敛、镇定皮肤的效果。金缕梅提取液可具有嫩白、补水的作用。

3. 洁肤用化妆水　是以清洁皮肤为目的的化妆用品，其具有洁肤作用，还有柔软保湿的功效。大多数化妆水因含有乙醇、多元醇和增溶剂等，具有一定程度的洁肤作用。但在某些场合如淡妆卸妆等，某些化妆品对皮肤的紧贴性好，难以卸妆，因此须采用洁肤专用的化妆水。洁肤用化妆水正是具备了洗净力的化妆品。其配方组成与柔软性化妆水基本相似，只是在配方中乙醇和表面活性剂的用量较多，制品的 pH 大多呈弱碱性。表面活性剂一般选用温和的非离子型表面活性剂及两性表面活性剂等。

【实例解析】

洁肤用化妆水配方示例如表 4 – 13 所示。

表 4 – 13　洁肤用化妆水配方

相	组分	质量分数（%）
A	丁二醇	5.0
	甘油	4.0
	山梨醇	3.0
	聚乙二醇 400	3.0
	海藻糖	1.0
	EDTA 二钠	0.05
	吐温-80	1.5
	去离子水	加至 100

续表

相	组分	质量分数（%）
B	氢氧化钾	0.01
C	甘油辛酸酯（和）辛酰羟肟酸（和）对羟基苯乙酮（和）丁二醇	0.45
D	香精	适量

制备方法：

（1）A 相搅拌升温至 90℃，溶解完全后开始搅拌降温。

（2）降温至 40℃依次加入 B 相、C 相、D 相，搅拌溶解均匀。

4. 须后水 是男用化妆水，具有滋润、清凉、杀菌、消毒等作用，用以消除剃须后面部紧绷及不舒服，防止细菌感染，同时散发出令人愉快舒适的香味。香精一般采用古龙香型、馥奇香型、薰衣草香型等。适当的乙醇用量能产生缓和的收敛作用及提神效果，加入少量薄荷脑（0.05%~0.2%）则更为显著。乙醇用量通常为 40%~60%，加入量过大则刺激性较大，太少则香精等不能溶解，产生浑浊现象。常用增溶剂如聚氧乙烯（15）月桂醇醚、聚氧乙烯（20）失水山梨酸单硬脂酸酯等加以改善溶解性，减少乙醇用量。有时则加入一些舒缓剂等，减少刺痛感。

【实例解析】

须后水配方示例如表 4 - 14 所示。

表 4 - 14 须后水配方

相	组分	质量分数（%）
A	甘油	3.0
	海藻糖	2.0
	薄荷脑	0.05
	乙醇	25.0
	去离子水	加至100
B	甘油辛酸酯（和）辛酰羟肟酸（和）对羟基苯乙酮（和）丁二醇	0.45
C	香精	适量

制备方法：

（1）A 相搅拌升温至 90℃，溶解完全后开始搅拌降温。

（2）降温至 40℃依次加入 B 相、C 相，搅拌溶解均匀。

5. 痱子水 痱子多见于夏季或高温高湿的环境中，当外界气温增高且湿度大时，身上分泌的汗液不能及时从汗腺口排泄出来而发生的小水疱或丘疱疹，由此会引起瘙痒、刺痛，甚至发热，有时皮肤被抓破而引发细菌感染，引起皮炎或毛囊炎等。因此，痱子水中常含有杀菌、消毒、止痒祛痛及消炎等药物，且乙醇含量较高，通常为 70%~75%。可加入适量薄荷脑或樟脑等，赋予产品使用后清凉舒适之感。

【实例解析】

痱子水配方示例如表 4 - 15 所示。

表4-15 痱子水配方

相	组分	质量分数（%）
A	丙二醇	4.0
	薄荷脑	0.5
	水杨酸	0.3
	柠檬酸	0.3
	乙醇	80.0
	麝香草酚	0.1
	去离子水	加至100
B	甘油辛酸酯（和）辛酰羟肟酸（和）对羟基苯乙酮（和）丁二醇	0.45
C	香精	适量

制备方法：

（1）A相搅拌升温至90℃，溶解完全后开始搅拌降温。

（2）降温至40℃依次加入B相、C相，搅拌溶解均匀。

思考题

1. 简述洁面乳的去污机制和特点。

2. 简述乳化体的制备方法。

PPT

第五章　发用化妆品

1. **掌握**　头发与腑脏的关系；洗发用品、护发用品、染发用品和烫发用品的组成和应用。
2. **熟悉**　头发的组成和结构；头发的生长和周期。
3. **了解**　头发损伤的原因；头发护理的方法。

发用化妆品是指用来清洁、护理和美化人们头发的一类日用化妆品。它主要包括洁发化妆品、护发化妆品、染发化妆品和烫发化妆品。

第一节　头　发

头发是人体的皮肤附属组织，具有冬季保温、夏季防止头部遭受强烈日晒和散热等生理功能。头发的多少、形状和颜色都会给人们带来心理和精神上的影响，柔顺光泽的头发和优美的发型往往使人拥有独特的魅力。现代人们除了认识到头发的美观性，还发现头发具有排泄功能。通过检测头发中的代谢产物，为人类提供诊断疾病的依据和记录生命的信息，因此头发受到较多的关注。

一、头发的组成和结构

头发是由完全角化的上皮细胞形成的网状结构的天然高分子纤维，包括角蛋白、色素、水分、脂质、非角蛋白、多糖类物质和微量元素等，其中角蛋白约占总成分的97%。角蛋白是由氨基酸组成的多肽链，含量最高的氨基酸是胱氨酸，它们提供头发生长所需要的营养与成分。胱氨酸中的二硫键及多肽链之间的各种作用力，形成了角蛋白的韧性和强度，赋予头发对化学物质、机械力及环境的抵抗力，表现出极大的稳定性。烫发过程其实就是二硫键的破坏与重建。

头发纵向切面从下向上可分为毛乳头、毛囊、毛根和毛干四个部分。头发的功能和生理特性主要取决于头皮表皮以下的毛乳头、毛囊和皮脂腺等。例如，皮脂腺的功能是分泌皮脂，为毛发提供天然的保护作用，赋予头发光泽和防水性能，并且皮脂腺分泌油脂的多少决定头发是干性、中性或油性发质。

头皮表皮以上的部分是毛干，也是其主体部分。借助显微镜，从头发的横断面上可以看到，毛干从外到里是由髓质、皮质和毛小皮构成的。健康头发的毛小皮排列紧密有序，受损头发的毛小皮会翘起、凹陷或断裂等，这样头发就比较粗糙暗淡。毛小皮是头发护理的关键部位，发用的洗护产品和染烫产品与其直接接触，进而洗护、修复和染烫头发。毛皮质中含有大量的色素颗粒，从毛囊生长时带入的不同的色素颗粒，给不同种族人们的头发带来不同的颜色，从黑色到棕色、红色、黄色到白色。头发由黑变灰再变白的过程包括发干色素细胞的损失和毛球中酪氨酸酶活性的逐渐下降。灰白色或白色头发可认为是毛发正常的老化，一般是不可逆的。同时，科学研究也证实，头发颜色还与头发组织中所含金属量有关。例如，缺铁性贫血患者会有节段性灰发；而含过多的铁或严重缺乏蛋白质的头发为红色。可见，头发的颜色除与种族、遗传因素有关外，还与人体素质、环境、反复头发漂染及饮食营养有密切关系。

二、头发的生长和周期

头发从妊娠 12 周胎儿的头皮上开始发育。每根头发从新生到衰老，称为头发的生长周期，具体可分为生长期、退行期和休止期三个阶段。在生长期，毛囊功能活跃，毛球部分的毛乳头细胞分裂增殖而生长。然后分裂增殖逐渐变得不活跃，走向衰老，进入到短暂的退行期。最后处于休止期的头发各部分衰老、退化、皱缩，在洗头、梳头或搔头皮时，将随之自行脱落。正常人每日可脱落 70~100 根处在休止期的头发，同时毛乳头又开始活动，等量的新发再生。头发的生长期为 2~6 年，退行期 2~3 周，休止期约 3 个月，这期间周期循环是动态平衡的，一旦脱落多于新生，头发就会逐渐稀少，呈现出病态的脱发症状，当然，衰老引起的脱发属于自然规律。正常人总数约 10 万根头发中，生长期头发占 85%~90%，退行期占 1%，休止期占 9%~14%。一般在健康的状态下，头发 1 个月能长 1.9cm 左右，男性较女性头发生长更快，但女性的头发寿命会更长；年轻人头发较老年人的生长更快，其中 15~30 岁期间生长得最快。

影响或调控头发生长的因素很多，有外在因素如环境、季节等，内在因素如生长因子、细胞因子、内分泌、营养状况和精神心理等。内分泌方面主要有甲状腺激素、性激素、生长激素和糖皮质激素等。中医认为，头发为肾所主，其生、长、衰、落与肾之精气盈亏有密切关联。《素问·上古天真论》中言："女子七岁，肾气盛，齿更发长；……四七，筋骨坚，发长极，身体盛壮；五七，阳明脉衰，面始焦，发始堕；六七，三阳脉衰于上，面皆焦，发始白。""丈夫八岁，肾气实，发长齿更；……五八，肾气衰，发堕齿槁；六八，阳气衰竭于上，面焦，发鬓斑白；……八八，则齿发去。"这段详细阐述了肾气、天癸在人体生长发育及衰老过程中的重要地位，以及头发在这个过程中经历的变化。

三、头发与腑脏

明代龚廷贤的《万病回春》中言，"发，拔也，擢而出也"，此为头发立名之义。头发在我国古代有着重要意义，除美观外，还代表着地位、尊严和信诺等；如结发夫妻，又如男子满 20 岁进行的冠礼和女子满 15 岁进行的及笄之礼都是通过改变发式来标示一个成熟阶段的到来，因此古人对头发极为珍重。历代医家对头发均较为重视，在头发生理、病理上有较全面的认识，对头发疾病的诊断、治疗有丰富的经验。在我国医学宝库现存成书最早的一部医学典籍《黄帝内经》里，就有多处关于毛发和发病的记载："发为血之余。""肾者，其华在发，其主在骨。""肺者，其华在毛，其主在皮。"中医学中这些有关毛发的经典理论，说明精、气、血和脏腑与毛发有密切的联系。以下就中医对头发生理的认识进行简单归纳。

1. 毛发与血的关系 血营养全身组织和器官，同样也对肌肤、头发起营养作用。而血的运作，必须在气的推动下，均匀地分布于全身。中医理论认为，气血互生，气以行血，血以载气。气血相辅相成，共同滋养头发。"发为血之余"即表达头发和血的盛衰的密切关系，头发生长需要气血的充养。明朝李梴在《医学入门》中说："血盛则发润，血衰则发衰。"明朝王肯堂在《证治准绳》中也指出："血盛则荣于发，则须发美；若气血虚弱，经脉虚竭，不能荣发，故须发脱落。"年少时气血充盛，则毛发也旺盛，头发茂密且乌黑光亮；年老则血气虚亏，则毛发枯萎、稀少或脱落。因此当各种原因造成气血病变，如血瘀、血热、血燥、气血虚时，均可引起头发的病变，《医学入门》中曰："血热则发黄，血败则发白。"王清任在《医林改错》中写道："……不知皮里肉外，血瘀阻塞血路，新血不能养发，故发脱落。无病脱发，亦是血瘀。"表明血瘀导致发失濡养，使毛发枯焦脱落。

2. 毛发与肾的关系　毛发的营养虽来源于血，其生机实根于肾。肾为先天之本，精血之源，是藏精之脏。不仅藏先天之精，还藏五脏六腑水谷化生之精气，即后天之精，能滋养脏腑和人体全部组织，是维持生命和生长发育的基本物质。《素问·五藏生成论》曰："肾之合骨也，其荣发也"，头发生长的盛衰和肾气是否充盛，关系非常密切。头发随着人的一生，童年、少年、青年、壮年、老年的演变，均和肾气的盛衰有直接和密切的关系。《素问·六节藏象论》中"肾主骨、生髓、藏精，其华在发"。这里的"华"通"花"，意思是头发是肾的花朵，即体内肾气盛衰的外部表现能从头发上显露出来。再进一步剖析肾和毛发的关系主要为肾中的精气对毛发的生理作用，其作用方式有以下三种：①肾藏精，精生血，说明肾精化生血液以营养毛发。②肾精化生元气，激发和促使头发的生长。③肾精通过督脉和经气作用，充养头发。由此人体肾精充足，头发则发育正常，表现浓密、光亮、柔润；反之则稀少、枯萎、不泽。肾精充足的人，精力充沛，气血畅通，头发就发育正常，表现为浓密、光亮、柔润。相反，肾精过早衰退的人，体弱多病，气血虚亏，头发则变白、干枯、脱落、没有光泽。当今社会，生活节奏加快，工作压力过重，饮食结构不合理，导致许多人的头发过早地枯黄、变白或大量脱落，这些都与肾中精血不足有关。故中医美发第一法即为补肾。

3. 毛发与肺的关系　肺主气，朝百脉，主宣发。通过肺朝百脉，维持其正常生长之气，将营养和氧传给头发，使头发得到濡养，变得润泽、乌黑、富有弹性。《素问·阴阳应象大论》说："肺生皮毛。"也是说人的皮毛由肺的精气所滋养，自然也包括头发。头发不仅从肺气中获得营养，同时作为肺呼吸和气体交换的辅助工具，也能宣泄肺气，一旦头发发生病变，就会影响到肺，使肺气宣泄功能减弱，由此可看出，肺和头发有着相辅相成的关系。《素问·六节藏象论》曰："肺者，气之本，魄之处也，其华在毛，其充在皮，为阳中之太阴，通于秋气。"肺功能的盛衰，可从毛发的荣枯来推断，如《目经大成》云："肺脾虚，则上下不交，荣血无所藉以生，是故肺虚则气短，毛发堕落。"肺气宣发，输布精微，润泽皮毛，毛发得养。肺气虚或肺气不宣，头发无所养，使头发变得枯槁不堪，从而导致脱发的发生，中医治疗头发，有时就是从调理肺开始的。

4. 毛发与脾的关系　中医认为，脾主运化，将消化后的营养精华物质吸收，再由脾气运输至各部位，以滋养全身的组织和器官。脾也为"气血生化之源"，头发得以生长的气血精微皆源于此。当脾的运化功能旺盛时，毛发能得到充分的滋养而生长旺盛。若脾的功能出现问题，则出现气血生化不足，头发无以滋养，就会枯槁、脱落。常见小儿脾的消化功能不好，会出现头发稀少、干枯萎黄等。若脾运化水湿功能失调，聚生湿热，侵蚀发根，出现头皮瘙痒、头发油腻和变细，久之甚可出现秃头。《素问·宣明五气篇》谓："五脏所藏……脾藏意。"意就是意念，是一种思维活动。所以思虑过度能伤脾，现代人们工作压力过重，影响脾的运化功能，引起头发的变白和脱落。

5. 毛发与肝的关系　肝藏血，肝血充盈，则皮肤荣润，头发得养；若肝血不足，则肌肤甲错，发失所养，而枯燥萎黄、脱落。肝主疏泄，是指肝具有疏散宣泄的功能，能调畅全身气机和血液运行。肝和人的情绪有关，肝气宜舒畅条达，使人气血调和、经脉通利，从而心情舒畅，情志活动正常，头发得以持续性滋养，健康有光泽；如果因情绪不佳或精神抑郁，导致肝失疏泄，就能出现肝气郁结，血无以帅，滞而为瘀，致使气血瘀滞，发失所养而枯槁脱落，所以调节情绪尤为重要。王清任在《医林改错》中写道："……不知皮里肉外，血瘀阻塞血路，新血不能养发，故发脱落。无病脱发，亦是血瘀。"肝之阴阳失衡亦可影响头发。肝阳上允，肝火旺盛，可致肝经血热，烧灼发根，发质改变；肝阴不足，生风上扰头皮，导致油风（斑秃）。

6. 毛发与心的关系　《素问·痿论》说："心主一身之血脉。"心气是血液运行的动力，由于心气的推动作用，血液不断地进入脉道，循环不休，营养全身。当心气充沛，脉管通利、气血充盈时，头发得到充盛的润养，就会生长旺盛，柔顺光亮；当心气不足，脉道不利时，气血亏虚，头发就会枯焦而脱落。《素问·调经论》又说："心藏神。"这里的神是指高级中枢神经的功能活动，心是神志活动的重要物质基础，即"心主神明"。在临床中不少脱发患者伴有心烦、心悸、健忘、失眠和多梦等精神方面的症状，常见原因为心气不足或心血虚损。心气或心血不足还会导致青壮年出现未老先衰，发早白、早脱或者其他疾病的发生，这和现代的贫血症状相符合。

头发的生长、荣萎和脱落与气血和脏腑有密切关系，其中任何一个环节异常，均能致使毛发发生病变。如《医述》云，"察其毛色枯润，可见脏腑之病"，表明通过对头发的质地和色泽的观察，可以诊断人体内存在的疾病及其发展变化。这主要适用于气血旺盛的青少年和中年人，他们身体上的异常更容易通过头发表现出来。老年人的皮脂腺萎缩，导致皮脂分泌减少，不能充分滋养头发，头发变得干燥而缺少光泽，甚至变白和脱落，都属于自然衰老现象。

四、头发的损伤

正常头发的发干表皮鳞片排列整齐且平滑，头发纤维有很好的光泽。正常头发特征为清洁整齐，无污垢、无头皮屑；自然亮泽，富有弹性；柔顺，无静电，易于梳理，无分叉、断裂、打结和严重的脱落等情况。光泽、强韧和顺滑成为健康秀发的三大标准。而头发损伤表现为头发不易打理、毛糙、发黄、暗沉无光泽、弹性变差、分叉及拉伸易断发等，这些都是头发物理化学性质发生变化的表观现象。头发损伤越厉害，越难打理，越需通过造型来处理头发，但这会导致更多的化学损伤，成为恶性循环。

根据引起头发损伤的外界因素的不同可以大致分为以下几种类型，但头发受损多是其综合作用。

1. 物理损伤　是指施加外力给头发带来的损伤。日常梳理头发过多或者不当，梳理头发的过程中梳子带来的拉伸力和梳齿造成的摩擦力，容易造成头发表面毛鳞片翘起和脱落，用钝的剪刀或剃刀刮发时，可能会引起毛小皮受损，进而导致头发受损。另外，劣质洗发水碱性强，同时很少甚至不含有润发护发成分，用其洗头后，头发会粗糙而难以梳理，更易引起物理损伤。

2. 化学损伤　现代消费者在追寻各种美发潮流的过程中，使用的各种烫发剂、染发剂、漂白剂和直发剂对头发的角蛋白结构破坏而造成化学损伤。头发的受损程度与染烫次数总体上呈正相关，并且由化学处理引起的头发损伤程度远高于其他几种损伤方式。

3. 热处理造成的损伤（热损伤）　热损伤指在使用电吹风、卷发棒或直发夹板等美发工具过程中，温度过高而引发头发的损伤。高温可以使头发中的水分挥发，致使头发表面角质层龟裂及头发纤维干枯脆弱，在梳理时更易于毛糙、产生静电或因摩擦作用而使头发断裂。

4. 环境造成的损伤　主要包括紫外线辐射、潮湿、海水中的盐类、游泳池中的化学物质和空气污染等。

五、头发的护理

我国历史上不论男女都要蓄留长发，代表着各个阶段的尊严和地位，头发被天然传统的中医药用植物养护着。各代关于护发的著作良多，如《备急千金要方》《太平圣惠方》《肘后备急方》《外台秘要》《普济方》《圣济总录》《御药院方》《世医得效方》《医宗金鉴》《外科正宗》《医方大成》《医方类聚》《寿世保元》等对头发的养护有很多记载。古人对头发的养护侧重于外治，主要围绕着生发、乌发、润发香发、染发及治疗病理性脱发脱屑等。

1. 梳头即是梳经络　《素问·上古天真论》认为，肾气和三阳经（尤其阳明经）是头发保持正常的重要因素。经络为气血通行的道路，向内联系着脏腑，向外通络着皮毛；经络遍布全身，气血也通达全身，营养组织器官，从而润泽肌肤和营养头发。经络的气血状况影响头发的生长，如《普济方》云："足少阴血气盛，则须润泽而黑；足太阳血气盛，则发润泽而黑。二经血气虚乏，则须发变为黄白。"祖国医学还认为，头是"诸阳之首"，人体的十二经脉和奇经八脉都汇集于头部。头部还拥有1/4的全身穴位，通过梳头或头部按摩可以起到疏经活络、散风明目、荣发固发和延年益寿的作用。古代养生家主张"发宜多梳"，《诸病源候论》曰："千过梳头，头不白。"阐述了梳齿通过对头部百会、四神聪、上星等穴位的刺激，可以增加发根部的血液流量，并可增强黑素细胞活性及增加毛球黑素细胞数量。明代学者焦竑把梳头的好处总结于其著作《焦氏类林》之中："冬至夜子时，梳头一千二百次，以攒阳气，经岁五脏流通。名为'神仙洗头法'。"因此，我们应养成每日早晚梳头的良好习惯，以利头发保健和身体健康。

现代研究表明，经常按摩头皮，梳理头发，可以加速头皮血管血流，改善头部血液循环，使毛囊代谢活动增加，有助于头发的生长和调节皮脂分泌，对于头皮痛痒、脱屑、脱发、脂溢性脱发、头晕、头痛等均有很好的治疗和改善作用。按摩头皮或指梳头发的具体方法是将两手五指微曲，以十指指端从前发际起，经头顶向后发际推进。反复操作20～40次。①拍打头皮：双手四指并拢，轻轻拍打整个头部的头皮1～2分钟。②提拉头发：两手抓满头发，轻轻用力向上提拉，直至全部头发都提拉1次，时间2～3分钟。③干洗头发：用两手手指摩擦整个头部的头发，如洗头状，2～3分钟。④按压头皮：两手手指自然张开，用指端从额前开始，沿头部正中按压头皮至枕后发际，然后，按压头顶两侧头皮，直至整个头部。按压时头皮有肿胀感，每次按2～3分钟。以上按摩法每日早晚各做1次，长期坚持，可防治白发、脱发，头发干燥、枯黄等。

2. 洗发的重要性　洗发是为了保持头皮和头发的卫生、健康，切不可以热水烫洗、用力搔抓达到洗头止痒的目的。洗发结束后应晾干、晒干或低温热吹风烘干头发，不要用毛巾使劲地搓干或拧干。因为头发在潮湿的情况下，其强度明显降低，容易拉断。清代曹庭栋在《养生随笔》一书中说："养生家言，当风而沐，恐患头风。"意思是说，迎风洗发，容易得头风症。如果晚上洗发，未干入睡，更易潜生他病。

3. 减少头发的损害 染发、烫发和吹风等对头发都会造成一定的损害；日光中的紫外线也会损害头发。为了养发护发，需要使用完全适合自己发质且温和的洗发用品，并于每次洗发后配合使用护发用品，以供给头发所需的营养。再则，尽量减少烫发、染发、漂发等化学处理。烫发及染发后，务必加强补给头发水分、油分等营养。

六、发用药用植物

药用植物中有养发护发作用的品种很多，性能各异。就药性而言，人参、制首乌、生姜等都属温性中草药，具有补益作用，可以滋养头发。皂角、生首乌、薄荷等均属凉性中草药，能够去胃热和血热，具有消除脂肪，治疗脂溢性脱发的作用。

现代科技将药用植物提取液添加到发用化妆品中，起着不同的作用。例如，当归提取液作为发用化妆品中的微循环活化剂，具有扩张头皮毛细血管、促进血液循环、供给毛母细胞数量和活化头皮组织的作用；干姜酊提取液作为发用化妆品中的局部刺激剂，可轻微刺激头皮，使其充血，对神经系统起兴奋作用，借以恢复头发的营养功能，具有生发和防脱发的作用；黄芩、蔓荆子、旱莲草、川芎和桑寄生等提取液可以作为发用化妆品中的促渗剂，具有促进药物透皮吸收的作用；细辛提取液作为发用化妆品中的去屑止痒剂，具有杀菌、去头皮屑、止瘙痒的作用；菊花和桑白皮提取液作为发用化妆品中的抗炎杀菌剂，具有消炎、杀菌、防腐的作用；甘草、女贞子、桃仁和白芷等提取液作为发用化妆品中的毛根赋活剂，具有改善与毛发有关的各种酶活性异常、赋活毛根和促进毛发生长的作用；白鲜皮提取液作为发用化妆品中的长发剂，能够促进毛发再生；丹参和黄芪提取液作为发用化妆品中的营养剂，可以供给毛发再生营养。除此之外，侧柏叶提取液具有治疗血热性脱发和须发早白的作用；牡丹皮提取液具有治疗脂溢性脱发作用；皂角提取液具有乌发和去屑、杀菌、天然起泡剂的作用；灵芝提取液具有增加营养和强健头皮的作用；红花提取液具有防脱发和刺激毛发生长的作用；金铃子提取液具有止痒、去屑、除头癣和养发的作用；苦参提取液具有增加营养和乌发的作用；三七提取液具有减少断发和延缓生白发的作用；苦丁茶提取液具有祛油、消炎和乌发的作用；黄柏提取液具有增加头发柔顺的作用；何首乌提取液具有益精血和乌须发的作用；黑芝麻提取液具有防治须发早白和乌发的作用。

第二节 洗发用品

洗发用品主要包括清洗和调理头发的化妆品，用以清洁头发上堆积的尘埃、污垢和油脂，保护头发表层，令头发保持柔顺光泽，其英译为香波（shampoo）。早期的洗发香波由脂肪酸钾皂组成，功能单一，仅具有清洁附着在头皮和头发上的灰尘、油脂、汗垢、微生物、头皮屑及消除臭味等功能。自 20 世纪 60 年代后，在人们的不断需求的引导下，香波已不再是一种洗发剂，而是逐渐朝着洗发、护发、养发等多功能方向发展，集洗发、护发、去屑和止痒于一体的多功能香波已经成为市场流行的主要品种。近年来，随着化妆品行业的飞速发展，许多香波选用有疗效的药用植物、植物或水果的提取液作为添加剂，以增加产品的性能，顺应"回归大自然"的世界潮流。

我国自古有用淘米水、皂荚、澡豆、茶籽饼等来清洁头发的历史，其中茶籽饼中含有茶皂素、蛋白质、天然茶油等，长期使用有止屑、止痒、去油、杀菌和修复受损发质的功效，可使头发光亮柔美、滋润乌黑。《备急千金要方》《千金翼方》和《本草纲目》等古籍中记载了它们的制作方法。现举例如下：《御药院方》记载了具有祛风止痒、凉血生发作用的洗发菊花散，将菊花 60g，蔓荆子、侧柏叶、川芎、桑白皮、白芷、细辛和旱莲草各30g，混合后捣为粗末，备用。每次用混合药末 60g，加水三大碗煎至两大碗，用滤液洗头发，每日 1 次。治疗头发脱落、头皮屑多和头皮瘙痒等。方中重用菊花祛风；配伍蔓荆子清利头目，疏散风热；桑白皮清泄肺热；白芷、细辛祛风止痒；川芎活血祛风，上行巅顶；旱莲草补肝肾，乌须发；侧柏叶凉血生发。诸药合用，祛风止痒，凉血滋阴，标本兼治，而有止痒生发之功。又如脱脂水剂出自于《北京中医医院传统外用制剂》，将透骨草和皂角（打碎）各30g，加水煎煮取汁备用，用药液洗头，每周2~3次，具有止痒和去油护发的功效，用于油性头发祛油腻和油性脂溢性脱发。《太平圣惠方》记载将白芷150g细锉、去壳鸡蛋3个、芒硝90g和水560ml，先煎白芷取滤液320ml，待冷却后加入鸡蛋液和芒硝，搅均匀，洗头，主治头风白屑。《常见皮肤病中医治疗简编》中将白鲜皮、苦参、野菊花、大黄、九里明各30g，共同煎水清洗头发。该方清热解毒、燥湿止痒，主治头皮屑。《中国秘方全书》编载了菊花叶治头皮屑方，将30枚菊花叶，用水煎至液体呈现出绿色，待冷后洗头，治疗脂溢性头皮屑。《外科正宗》记载了能祛风生发的海艾汤，将海艾、菊花、藁本、蔓荆子、防风、薄荷、荆芥穗、藿香、甘松各6g。用水煎数滚，用滤液蘸洗，每日 2 ~ 3次，治疗血虚不能随气荣养肌肤，风热乘虚攻注，治疗毛发根空，脱落成片者。《花卉食疗与美容》中记载了洗发腻垢方，将莜叶、芝麻叶、皂角、泽兰各50g，加水适量煮煎，用药水洗头。方中莜叶、芝麻叶含胶质物，能润泽头发；皂角含三萜皂苷、鞣质及生物碱等，可祛风痰、除湿毒、杀虫，外用洗头去油垢，光泽生发；泽兰含芳香挥发油，活血化瘀，促进头皮血液循环。洗发之后，使头发芳香、光泽、洁净。《本草纲目》记载了水仙方，把水仙放进清水中用中火煎煮，去渣取汁备用。用药汁洗发，每日 1 次，香泽头发。《太平圣惠方》记载将90g桑白皮洗净，切细，放砂锅内用水浸泡半小时，五六沸，去渣备用。外用洗淋头发，每日 2 ~ 3 次，治疗头发脱落、头皮屑过多和痛痒。

一、头皮屑的临床表现

中国健康教育协会头皮健康研究中心认为，健康秀发的标准应是没有头皮屑，也没有头痒、头油分泌过多的情况。头皮屑是因头部皮脂腺分泌和表皮角质层不断的剥落而产生的，是新陈代谢的结果。头皮屑过多，毛孔被堵塞，就造成毛发衰弱，容易引起细菌增殖，而刺激皮肤产生头痒问题，被称为"头皮糠疹""头部脂溢症"。根据中医理论"肾开窍于耳，其华在发"，肝脏是造血器官，血液充盈才能濡养头发，故头发问题与肝、肾有关。当人体肝、肾功能低落时，肾精敛不住虚火，虚火上炎，血液即将开始污浊、酸化，当血液酸毒高到某种程度，使头发得不到充分滋养时，产生了头皮屑。

头皮屑分为生理性头皮屑和病理性头皮屑。生理性头皮屑虽然对健康并没有什么危害，却也影响人的美观与社交。病理性头皮屑是头皮因细菌、真菌（马拉色菌）感染，或其他物理性、化学性伤害造成的头皮炎症，对人体健康的危害很大。另外，某些洗发和护发用品、过度洗发、阳光曝晒、环境中的刺激物、精神紧张或压力过大等也能诱发头皮屑的产生。药用植物很多品种能治疗头皮屑，如菊叶、桃叶、蓖麻油、橄榄油、硼砂、桃叶、芦荟。

二、洗发香波的原料

现代洗发用品的种类繁多，从酸碱度比例上分，有碱性、酸性和中性三种；从外观上分，有液体、胶体、膏体、乳状、粉状五种；从应用对象分，有中性发用、干性发用、油性发用、烫发用、染发用、男用、女用、儿童用、去头皮屑用等多种。洗发剂的机制：利用其渗透、乳化和分散作用，将污垢从头发、头皮中除去。优质的洗发剂的性质如下所示。①清洁力适度，可洗去头发上的油腻、污秽和头皮屑等，又不会过度脱脂，使得头发干燥。②泡沫丰富，稳泡性好，用量少、渗布面大，极易冲洗洁净。③安全性好，用后眼睛、头皮及头发均无刺激或过敏现象，无毒性，pH 应为 6.0 ~ 8.5。④洗头后头发柔顺光洁，易于梳理。⑤具有芬芳的香气和悦人的色泽。溶液稀薄而透明度较高，底部无沉淀物。由此，洗发香波配方组成大致可分为两大类：表面活性剂和其他添加剂。现代洗发香波以表面活性剂为主要成分，主要发挥洗涤、发泡、稳泡及增稠等作用，根据其在洗发香波中发挥作用的不同，又可分为主表面活性剂和辅助表面活性剂两类。另外，根据各种香波特色，再添加其他添加剂，用来改善香波的使用性能及感官效果等，主要包括调理剂、增稠剂、螯合剂、澄清剂、珠光剂、防腐剂、色素、香精、去屑止痒剂和营养剂等。

1. 主表面活性剂 主要发挥洗涤和发泡作用，是香波泡沫好坏的决定因素。有阴离子型、非离子型和两性表面活性剂，目前最为常用的是一些阴离子型表面活性剂，如应用最广的是月桂醇醚硫酸盐（钠盐或铵盐，简称 SLES）和月桂醇硫酸盐（钠盐或铵盐，简称 SLS）。非离子型表面活性剂中的葡萄糖苷衍生物烷基多糖苷（APG）作为温和绿色环保的表面活性剂，来源于植物，具有温和、乳化能力强、泡沫丰富的优点，因其与普通的阴离子型表面活性剂复配使用能大幅降低刺激性，现在正广泛地应用在洗发香波和婴儿洗涤产品中。

2. 辅助表面活性剂 具有增泡、稳泡、增稠、增加洗净力及降低主表面活性剂的刺激性等作用，通过辅助表面活性剂的配合，使香波获得良好的黏度、稳定的泡沫、温和的品质和怡人的外观。辅助表面活性剂多由两性表面活性剂和非离子型表面活性剂组成。

3. 其他添加剂

（1）调理剂 主要作用是改善洗后头发的手感，使头发具有光滑、柔顺和易梳理的效果。现代洗发香波尤其是具有调理功能的洗发香波配方中都含有阳离子调理剂，阳离子调理剂一般以阳离子聚合物为主，易吸附在头发表面，能形成一层极薄的膜，起到润滑作用，减少头发的粗糙感。市面上的阳离子聚合物主要有聚季铵盐-10 和阳离子瓜尔胶两种，是多功能香波理想的调理剂。

（2）增稠剂 用来改善香波配方的稳定性，提高香波配方的黏度，成为保证香波黏度适中的影响因素。其中用来增加黏度的常用增稠剂有电解质无机盐类（如氯化钠）和有机水溶性高分子化合物（烷醇酰胺类、聚乙二醇脂肪酸酯、胶类等）。

（3）螯合剂 通常是针对硬水中可能存在的金属离子而添加的，为避免这些金属离子沉积在头发表面造成损伤，常用螯合剂与金属离子形成的沉淀，用来稳定香波配方，防止变色等问题的出现。常用的螯合剂有 EDTA 及其盐类等。

（4）澄清剂 用来提高和保持香波的透明度，常用的有乙醇、丙二醇，新兴的如脂肪醇柠檬酸酯等。

（5）珠光剂 添加珠光剂增强香波的外观，产生珠光效果，更能为消费者所喜爱。主要用到乙二醇单硬脂酸酯（EGMS）和乙二醇二硬脂酸酯（EGDS），在高温时混合到基质中溶解均匀，在 40℃ 左右保持低速搅拌析出闪亮的珠光，珠光浆可以直接加入冷配香波中，方便生产。

（6）防腐剂　香波配方中加入防腐剂为控制香波中微生物的生长，防止产品在货架期内微生物已经超出规定范围，产生污染，引起产品变质，给消费者带来潜在的刺激或危害。香波体系中的防腐剂种类很多，但是选择性很重要，必须符合各国的法规和香波组分的配伍而使用，如药用植物和蛋白质提取物都添加特定的防腐剂。

（7）香精、色素　适量的香精和色素给消费者带来愉悦的嗅觉和视觉感受，直接影响到产品的接受程度。目前市售的香波中主要含清香型、药香型（药用植物概念）、果香型（水果精粹概念）和花香型等。除了常见的无色透明香波和乳白色香波，还可以通过添加色素来提升产品美感，蓝色、绿色成为首选色调。

（8）去屑止痒剂　具有去屑功能的发用产品是发用品中的一个重要类型，在洗发水中添加抑制马拉色菌的去屑剂，主要有吡啶硫酮锌、甘宝素、吡啶酮乙醇胺盐和酮康唑等。

（9）营养剂　头发营养剂主要有水解蛋白、氨基酸、卵磷脂、维生素和药用植物提取物等，使香波具有护发、养发功能。选用有疗效的药用植物提取液成为现代香波的特色和趋势，如人参、丹参、苦参、黄柏、当归、芦荟、何首乌、老姜、红花、黑芝麻、桑葚、啤酒花、川芎、灵芝、沙棘、侧柏叶、三七和茶皂素等的提取液。它们添加到香波中除了起营养作用外，还具有一定的特殊疗效，有的能促进皮肤血液循环、促进毛发生长，使毛发光泽而柔润，如人参、丹参、苦参，黄柏等；有的能益精血、乌须发和防脱发，洗后能刺激头发生长，使头发乌黑发亮、柔顺、爽滑，如何首乌、老姜、红花、黑芝麻和桑葚等；有的则具有杀菌、消炎等作用，加入到香波中起到杀菌止痒的效果，同时还有防腐抗菌作用，如啤酒花、皂角（天然起泡剂）、苦丁茶、芦荟（补水力强，干性发质）；有的能增加头部毛细血管循环，增加营养，强健头皮，如川芎、灵芝等；有的能治疗血热性脱发和须发早白，如侧柏叶；有的能减少断发，延缓白发早生，如三七。

三、洗发剂类型与制法

1. 无硅油洗发液

【实例解析】

无硅油洗发液配方示例见表 5 - 1。

表 5 - 1　无硅油洗发液配方

相	组分	质量分数（%）
A	纯水	加至 100
	瓜儿胶羟丙基三甲基氯化铵	0.3
B	月桂醇硫酸酯铵（质量分数 28%）	15
	月桂醇硫酸酯钠（质量分数 28%）	5
	月桂酸牛磺酸钠（和）改性玉米淀粉（和）月桂酸（和）肉豆蔻酸	2
	乙二醇二硬脂酸酯	0.5
	水解霍霍巴酯类	0.25
	椰油酰胺 MEA	2
	甘油	5
	羟苯甲酯	0.15
	EDTA 二钠	0.1

续表

相	组分	质量分数（%）
C	椰油酰胺丙基甜菜碱	6
	聚季铵盐-7	1
D	吡硫鎓锌	1
E	氯化钠	适量
	柠檬酸	适量
F	泛醇	1
G	DMDM 乙内酰脲	0.2
H	香精/精油	适量
I	中草药提取液	2

制备方法：

（1）A 相加入液洗锅搅拌升温至 90℃，溶解完全加入 B 相，搅拌溶解完全后开始搅拌降温。

（2）降温至 60℃加入 C 相搅拌均匀。

（3）降温至 40℃依次加入 D 相、E 相、F 相、G 相、H 相、I 相搅拌溶解均匀。

说明：中草药提取液包括金银花、白鲜皮、皂荚、黄连和薄荷的提取液，其中金银花芳香、微苦，具有清热解毒、祛风燥湿、除污止痒的功能；白鲜皮味苦、寒，具有清热燥湿，祛风止痒功能，对皮肤真菌有抑制作用；皂荚辛、温，有祛风燥湿、杀虫止痒之效，现代药理研究表明其含有丰富的皂苷成分，有较强的去污作用；黄连味苦性寒，具有清热燥湿、解毒等功效；薄荷辛、凉，有独特的芳香味，具轻扬升浮、清利头目功效，为使药；诸药配合，具有养发护发、清热解毒、抑菌杀菌、祛风燥湿和去污止痒功效。

2. 含硅油洗发液

【实例解析】

含硅油洗发液的配方示例见表 5 - 2。

表 5 - 2 含硅油洗发液配方

相	组分	质量分数（%）
A	纯水	加至 100
	瓜儿胶羟丙基三甲基氯化铵	0.35
B	月桂醇硫酸酯铵（质量分数 28%）	15
	月桂醇硫酸酯钠（质量分数 28%）	5
	月桂酸牛磺酸钠（和）改性玉米淀粉（和）月桂酸（和）肉豆蔻酸	2
	乙二醇二硬脂酸酯	0.5
	椰油酰胺 MEA	2
	甘油	5
	羟苯甲酯	0.15
	EDTA 二钠	0.1
C	椰油酰胺丙基甜菜碱	6
	聚季铵盐-7	1
D	吡硫鎓锌	1

续表

相	组分	质量分数（%）
E	氯化钠	适量
	柠檬酸	适量
F	泛醇	0.2
	聚硅氧烷乳液 *	5
G	DMDM 乙内酰脲	0.2
H	香精/精油	适量
I	中草药提取液	2

* 聚硅氧烷乳液由 50%（质量分数）聚二甲基硅氧烷，质量分数 5% 鲸蜡硬脂醇和质量分数 28% 月桂聚醚-2 硫酸酯钠组成。

制备方法：

（1）A 相加入液洗锅搅拌升温至 90℃，溶解完全加入 B 相，搅拌溶解完全后开始搅拌降温。

（2）降温至 60℃加入 C 相搅拌均匀。

（3）降温至 40℃依次加入 D 相、E 相、F 相、G 相、H 相、I 相搅拌溶解均匀。

说明：①中草药提取液内含皂角、飞扬草及枸橼草萃取精汁，能减少头部多余油脂，平衡控油，去除头皮屑，同时补充和保持秀发水分，令秀发柔软光泽，清爽无屑。②聚硅氧烷乳液由质量分数 50% 聚二甲基硅氧烷，质量分数 5% 鲸蜡硬脂醇和质量分数 28% 月桂聚醚-2 硫酸酯钠组成。

第三节　护发用品

护发用品作为洗发用品的补充，在近年来得到了较大的发展，按其使用目的可分为营养剂、护发剂和固发剂三类。

随着时尚追求的热潮，出现了越来越多的烫发、染发的消费者，导致了用于修复受损头发的护发用品的销售额稳步增长，其中主要品种有护发素、发油、发乳、发蜡、亮发素和焗油膏等。其中护发素是替代发油、发乳及发蜡等的新型护发剂。护发素以带正电荷的阳离子型表面活性剂为主要原料，附着于具有负电荷的头发表面，如同将头发表面涂上一层均匀防护膜，具有保护头发内部组织，增强毛表皮光泽和韧性，以及抗静电、抗菌等功能，使头发柔软、光洁和易梳理。

流传民间的"清宫秘方"中记载了慈禧太后秀发散。此方由零陵香 50g、檀香 30g、白芷 20g、山奈 20g、公丁香 20g、辛夷 20g、玫瑰花 15g、大黄 15g、甘草 15g、丹皮 15g、细辛 15g 组成，将诸药混合后研为细末，用 15g 苏合油拌匀后晾干、研末，使用时均匀涂在洗净的头发上，具有止痒、净发、香发、护发、黑发和固发的功效。慈禧试用后，果然青丝如云，白发返黑，落发重生，乃至年过古稀仍乌丝满头。方中零陵香、山奈、檀香、细辛、公丁香等气味辛温燥烈、芳香通窍；辛夷上行头面，可生须发；白芷祛风邪；丹皮、大黄凉血活血。出处于《普济方》的梳头药方，由香白芷、零陵香、防风、荆芥穗、地骨皮、滑石和王不留行组成，取等分混合后研为细末，每次 3g，掺在头上再梳。此方祛风除温、清热祛瘀，主治头发不润。同样出自于《普济方》的泽头方，是将 300g 晒干的兰草叶，浸润于 300ml 油中，每日用之涂发，用于头发没有光泽。《太平圣惠方》记载了冷油涂头方，该方由干莲子草 15g，蔓荆子、细辛、藁本、柏子仁、川芎、甘松香、零陵香、白檀香各 30g，胡桃 20 颗，铧铁 500g 组成，将铧铁捣碎，其他各味药材细锉，将细末包裹后放入 2500g 清油中，一同放入瓷器中浸泡半个月即成。每日用油涂发，能祛风益发，令发润泽不白。方中蔓荆子、细辛、藁本辛温上行，祛风止痒，温通血脉；甘松香、零陵香、檀香气味芳香，使头发润泽；胡桃润泽头发；铧铁染发黑，诸药可以使头发润泽。《花卉食疗与美容》中记载了香发木犀油，清晨摘半开之木犀花（即桂花）。将木犀花拣去茎蒂放入干净瓶中，加入香油，再放瓷器，用油纸密封，置于锅内煎熬，然后提出放阴凉处，十日后，将花油滤出，倒入罐中密封，用油抹发。其气味芳香，含多种芳香精油，能辟秽除臭，润发香发，治毛发干枯不泽者。《圣济总录》中记载青胡桃乌发膏，用青胡桃 3 个和皮捣碎，加入乳汁 100ml，调匀，每日用胡桃油润之，可乌发。乌髭鬓方出自《传信适用方》，将乌贼鱼骨、韶粉、黄丹、铅粉、密陀僧各等份（细研），轻粉少许，石灰少许。涂于头发上，用荷叶包贴。荷叶先于热汤内焯过，髭鬓亦须先净洗，方可涂药。此方可染发黑发。《本草纲目》中记载了乌麻花润发方，将乌麻花适量，作汤沐浴头身，可以润头发、润肌肤，益颜色。

具有明显的香发及润泽头发功效的药用植物，多系祛风香散润泽之品，主要用于毛发枯槁、色无光泽等，可令头发香滑光泽，如木犀花、鸡子白、猪胆、密友花、兰草叶、芭蕉树汁、生柏叶、竹沥、薄荷、槿树叶、木瓜、胡麻叶、山茶籽、白芷、王不留行、杏仁、乌麻子、桑白皮、旱莲根与菊花等，可制成香油（调涂）、散剂（干掺到头发内）、煎水（沐头）、膏剂（涂发）、鲜汁（涂发）、酒剂、香膏等。

一、头发分叉、枯黄和脱发临床表现

在现实生活中，环境的污染、紫外线辐照、烫发剂、染发剂、漂白剂及头发的整理（洗头、吹风和梳理）等均会不同程度地造成头发的损伤。头发损伤的外观表现为"头发开叉""头发干枯、易断""发质过细"等，如下所示。

1. **头发开叉** 头发失去水分和油脂的滋润，发梢出现分叉现象。发梢分叉原因很多，有内在原因，如血虚、血热等；也有外在原因，如烫发、碱性物质洗头等。中医自古就认为"发为血之余"。血与毛发有着直接营养和被营养的关系。如果血液系统发生病变时，毛发也会跟着出现病变，如血虚风燥，引起毛发干枯、发脆或分叉；如血热生风，阴津内耗，风热上扰，窜于巅顶，毛发失荣导致头发分叉。发梢分叉还可能是因为常用洗衣粉或碱性肥皂洗头，使头发中所含的油脂减少，头发的横向粘连降低，导致发梢分叉。也可因高温或化学性物质的刺激，如烫发、电热吹风等使发梢的角蛋白变性或细胞死亡。

2. **头发干枯、易断** 头发干枯与人体内脏的功能密切相关。人体内气血不足，内脏功能失调，都会使头发失去濡养，导致头发干枯；另外，长期睡眠不足和疲劳过度，吸烟过多，某些疾病的伤害，如贫血、低钾均会导致头发干枯、易断。药用植物选用半夏、沉香、生姜、白芷、青木香、泽兰等。若发质已经开始枯黄，最好使用含护发精华的产品，能有效防止发色黯淡发黄；发梢脆弱易断，使用深层修复的产品，能使受损的发质得到改善，防止头发分叉。

3. **发质过细** 纤细头发的直径大约只有粗发的一半，发质很脆弱，应该使用深层滋润成分能深入发根的护发产品，使头发充盈起来。药用植物可选用生姜、白芷、青木香、半夏、沉香、泽兰等。

　　头发严重受损，要使用焗油或润发精华素进行深层的护理。特效或深层修复的洗护发产品，能够滋润发干深层，从而显著改善分叉、开裂、脆弱、易断、干枯、受损的发质。

> **知识拓展**
>
> 　　中医对脂溢性脱发的治疗方法较多，根据脱发的分型不同，治法各异，对肝肾亏虚所致的脱发，采用平补肝肾法，方以六味地黄丸加减；对脾虚湿阻所致的脱发，采用益气健脾除湿法，方用四君子汤加减；采用加味圣愈汤、八珍汤或四物汤治疗气血虚弱者；采用加味四物汤治疗血热生风者；采用加味血府逐瘀汤或通窍逐瘀汤治疗瘀血阻滞者。现在越来越重视用专方专药治疗脱发，内服外用均取得较好的疗效。例如，除脂生发片具有滋阴、养血、祛风、活络、止痒、除油脂功效。中药育发液是获得卫生部门特殊用途化妆品批准证书的民间验方，方中以当归、天麻、桑椹养血润发，配合干姜祛风活血，能通畅经络，加快循环，激活毛囊，能促进皮肤组织营养成分吸收及废弃物质排泄，改善头皮生态；苦参与皂角能清热化湿、祛除多余脂肪、通畅阻塞的毛囊；灵芝与何首乌能养发润发，促进毛发生长。君臣佐使配伍运用使头皮生态得以彻底地改善，血液循环加速通畅，营养物质充足保障，多余的油脂完全清除，阻塞的毛囊得以通畅，保证毛发正常生长。除此以外，还有埋线、艾灸、梅花针、七星针、耳穴贴压等方法进行脱发的治疗。

二、护发素

　　护发素一般以阳离子型表面活性剂为主要成分，用来中和香波的碱性，使头发回到正常状态。理想的护发用品应具有如下功能：①改善头发的干、湿梳性能，使头发不会缠绕、打结；②没有油腻感，不会使头发显得不自然；③用后眼睛、头皮及头发均无刺激或过敏现象；④赋予头发光泽，增加头发立体感和柔顺的触感。

　　1. 护发素原料　护发素配方通常由主体成分、辅助成分和特殊添加剂组成。由于配方中不含有清洁能力强的阴离子型表面活性剂，所以护发素中的有效成分能有效地吸附在头发上，不会轻易被洗掉。

　　（1）主体成分　护发素配方中的阳离子型表面活性剂主要成分是带有氨基基团的季铵盐，含有正电荷，能在头发上形成单分子吸附薄膜，使头发富于弹性和光泽，并阻止产生静电，方便梳理。

　　（2）辅助成分　有阳离子调理剂、增稠剂、润发油脂、营养成分、调理剂、螯合剂、香精、着色剂、防腐剂等。阳离子调理剂可对头发起到柔软、抗静电、保湿和调理作用；增稠剂和润发油脂能够补充洗发或美发后头发油分的不足，改善头发营养状况，提高头发梳理性、柔润性和光泽性，并对产品起到增稠的作用，能提高护发素的涂抹性能。其他辅助成分与洗发水相同。

　　（3）特殊添加剂　考虑护发素的多效性，可在配方中加入一些特殊效果的添加剂，以增强产品的护发、养发、美发效果，如芦荟胶、啤酒花、甲壳质、薏仁提取物及麦芽油、杏仁油和其他药用植物、动植物的提取物等。市场上常见的有去头皮屑护发素、含芦荟或含人参的护发素等。

　　2. 护发素类型与制法　按照剂型，护发素可分为乳状剂（如护发乳、护发膏）、液状剂（如浓液护发素、透明液护发素）和泡乳剂（如发泡剂护发素），以乳液型的护发素为常见；按照功能，护发素可分为中性发用、油性发用、干性发用及烫发前用、烫发后用、染发前用、染发后用、干发中用等。目前普遍应用的头发护发剂有复合型和单一型。按照停留在头发上的时间，可分为置留型护发素、润丝型护发素、瞬间型护发素和深部型护发素四类。复合型是集营养、护发和固发三合一的功能型，此外还有养、护合一型或护、固合一型。

【实例解析】

护发素的配方示例见表5-3。

表5-3 护发素配方

相	组分	质量分数（%）
A	甘油硬脂酸酯（和）PEG-100硬脂酸酯	2
	鲸蜡硬脂醇	4
	氢化聚癸烯	2
	氢化大豆油	1
	聚二甲基硅氧烷	1
	生育酚（维生素E）	0.25
B	纯水	加至100
	甘油	8
	羟乙基纤维素	0.25
	羟苯甲酯	0.15
	EDTA二钠	0.1
C	聚季铵盐-7	2
	聚硅氧烷乳液	3
D	双（羟甲基）咪唑烷基脲	0.25
E	中草药提取液	2
	泛醇	1
F	香精/精油	适量

制备方法：

（1）A相搅拌升温至80℃。

（2）B相搅拌升温至85℃。

（3）在均质下将A相加入到B相中，搅拌均匀，均质3分钟，保温乳化搅拌20分钟。

（4）降温至60℃加入C相搅拌溶解均匀。

（5）降温至40℃依次加入D相、E相、F相搅拌溶解均匀。

说明：①中草药提取液内含人参、当归及灵芝萃取精汁，温和养润头皮，滋养修护干枯受损发质，防止秀发分叉，让秀发富有弹性，色彩亮丽持久，丝般顺滑。②聚硅氧烷乳液由质量分数50%聚二甲基硅氧烷、质量分数5%鲸蜡硬脂醇和质量分数28%月桂聚醚-2硫酸酯钠组成。

三、发油

发油的配方主要成分是植物油（如橄榄油、蓖麻油、花生油、杏仁油等）、矿物油和其他油脂类原料、香精、色素、抗氧化剂等，不含乙醇和水。发油可增强头发的弹性，防止头发断裂、开叉，并可改善头发的色泽。从保护头发的角度出发，植物油较好，但易发生氧化酸败，需加入抗氧化剂；从渗透来说，矿物油较好，通常选用异构烷烃含量高的液体石蜡，其不易酸败和变味，润滑性好，对头发的光泽和修饰能起到良好作用。

四、发蜡

发蜡是外观为透明或半透明的软膏状半固体型护发剂，由羊毛脂、凡士林、蜂蜡混合制成，含油脂多，滋润性较好，可用于修饰和固定发型。发蜡一般适于干性发质的男性使用。发蜡黏性较高，油性较大，易粘灰尘，已逐渐被新型的护发和定发产品所代替。我国古代也使用发蜡，《肘后备急方》记载了蜡泽饰发方，将青木香、白芷、零陵香、甘松香、泽兰各1份，用酒浸一宿，入油中煎，五至七沸后去滓，加入白蜡，至软硬适度，即在火上急煎，着少许胡粉、胭脂，然后用缓火煎令黏极，做成膏，用以涂发，使头发润泽，美饰头发。

五、发乳

发乳是一种光亮、均匀、稠度适宜、洁白的油-水体系乳化体，有 O/W 型和 W/O 型。其特点为油而不腻，易渗入发内，黏性小，发乳较适合于枯萎、失去光泽、易脆的头发，其水分被头发吸收而油膜却附着在头发表面，起滋润和护发作用。发乳主要由油性原料、水、乳化剂、香精和防腐剂等组成。发乳油性成分以液体石蜡为主体，适量加入羊毛脂、凡士林、高级醇及各种固态蜡等，以提高发乳的稠度，增加乳化体的稳定性，对头发的滋润、光泽和修饰头发效果有很大影响；乳化剂以脂肪酸的三乙醇胺皂最为常用，得到稳定的乳化体。与发油和发蜡相比，发乳不仅能补充头发上的油分，还可以补充水分，并且具有使用时不发黏，感觉爽滑且容易清洗等特点。发乳配方中为了补充头发营养和修复受损发质，需要何首乌、人参、当归和金丝桃等药用植物提取液，制成去屑、止痒、防脱发等功能的药性发乳。例如，金丝桃提取液的添加，可以制成杀菌、去屑止痒等功效的药性发乳。

【实例解析】

发乳的配方示例见表 5-4。

表 5-4　发乳配方

相	组分	质量分数（%）
A	甘油硬脂酸酯（和）PEG-100 硬脂酸酯	2
	鲸蜡硬脂醇	4
	氢化聚癸烯	4
	澳洲坚果（MACADAMIA TERNIFOLIA）籽油	2
	聚二甲基硅氧烷	1
	生育酚（维生素 E）	0.25
B	纯水	加至 100
	甘油	8
	羟乙基纤维素	0.25
	羟苯甲酯	0.2
	EDTA 二钠	0.1
	月桂醇硫酸酯钠	1

续表

相	组分	质量分数（%）
C	双（羟甲基）咪唑烷基脲	0.25
D	何首乌（POLYGONUM MULTIFLORUM）提取物	3
	泛醇	1
E	香精/精油	适量

制备方法：

（1）A相搅拌升温至80℃。

（2）B相搅拌升温至85℃。

（3）在均质下将A相加入到B相中，搅拌均匀，均质3分钟，保温乳化搅拌20分钟。

（4）降温至40℃依次加入C相、D相、E相搅拌溶解均匀。

六、焗油

简单的洗发和润发无法从深层修护改变发质，而定期焗油可以弥补头发的营养不足，将丰富的营养和水分输入头发内层，使头发具有光泽和弹性。所以，焗油通过蒸汽加温，使油质和营养渗入头发，成为头发深层护理的关键。焗油膏配方主要成分为头发滋润剂（如动植物油及其衍生物等）、头发调理剂（如阳离子纤维素等）及赋型剂、助渗剂等。

【实例解析】

焗油配方示例见表5-5。

表5-5 焗油配方

相	组分	质量分数（%）
A	鲸蜡硬脂醇	5
	甘油硬脂酸酯	2
	氢化橄榄油	5
	氢化聚异丁烯	5
	生育酚乙酸酯	0.5
B	去离子水	至100
	甘油	10
	甜菜碱	3
	羟乙基纤维素	0.2
	尿囊素	0.1
	EDTA二钠	0.1
C	聚季铵盐-7	3
D	泛醇	2
	去离子水	4
E	双（羟甲基）咪唑烷基脲	0.3
F	迷迭香叶油	适量
G	何首乌提取物	2

制备方法：

（1）A相搅拌升温至80℃。

（2）B相搅拌升温至85℃。

（3）在均质下将 A 相加入到 B 相中，搅拌均匀，均质 3 分钟，保温乳化搅拌 20 分钟。

（4）降温至 60℃加入 C 相搅拌溶解均匀。

（5）降温至 40℃依次加入 D 相、E 相、F 相、G 相搅拌溶解均匀。

▶ **知识拓展**

　　传统中医认为，脱发与人体五脏六腑中的肝、肾、脾及气血有关，前人实验证实，侧柏叶中总黄酮可以激活毛母细胞，促进毛发生长和延缓毛发脱落，促进血液微循环后补充营养成分而发挥出养发、生发、乌发的作用。墨旱莲可以乌须黑发、促进生长毛发，其甲醇提取液能诱导毛囊从毛发生长终期再次向毛发生长期转变，使皮下组织层的毛囊数量和厚度增加，促进头发生长。三七根提取物在洗发香波中具有改善发质、滋补营养发根、促进头皮新陈代谢的作用。

第四节　染发用品

　　染发在我国也具有悠久的历史，早在 2000 多年前，中国人已开始使用天然染发剂，试图将白发染成黑发。中国最早的药用染发剂是西晋时张华著《博物志》中所记载的"胡粉石灰方"。胡粉主要成分是碱式碳酸铅，石灰是氢氧化钙。明代李时珍编撰的《本草纲目》中，明确记载可用于染发的外用药用植物至少有 20 种以上，如指甲花、苏木、儿茶、升麻、茜草、何首乌、五味子、墨旱莲、姜黄、槟榔子、栀子、番红花等，其中富含多元酚或单宁酸（鞣酸）的药用植物是主要的利用对象。《神效名方》中，就已经有记载："用酸石榴、五倍子、芝麻叶，研粗末，浸入铁器存装的水内，取汁外涂。"《备急千金要方》中记载着黑豆醋染发，将黑豆 50g，米醋 500ml，浸泡后用文火煎汁，每日用牙刷蘸涂白发一次，让白发变黑。《圣济总录》中记载瓦松染发方，将干瓦松 750g，生香油 1000ml，同煎至瓦松焦，研为末，再用生油浸瓦松末涂，令头发乌亮。《圣济总录》记载土马鬃、石马鬃、五倍子 31g、半夏 31g，生姜 62g，胡桃仁 10 个，胆矾 15g，共研为末，捣作一块。每用绢袋盛 1 弹子，用热黄酒少许，浸汁洗发。治少年白发，1 个月见效。《备急千金要方》记载了乌梅染发方，将乌梅适量，油浸，常敷头，令发黑。《本草纲目》记载了石花生发黑发方，将石花适量，烧灰沐头，或焙干，研末敷之，可生发黑发，亦可用治冻疮、烫火伤。另外，还有桑白皮 30g、五倍子 15g、青葙子 60g，水煎取汁，外洗；生柏叶（切碎）1000g，猪膏 500g，捣柏叶为末，以猪膏和为 20 丸，用布裹 1 丸置泔汁中，化破沐之，日 1 次，1 月后渐黑光润；蓖麻子仁 200g，香油适量，用香油将蓖麻子仁煎焦去渣，放 3 日，用刷频刷头发，本方尤适用于发黄不黑；将当归、甘松、石膏、滑石、酸石榴皮、母丁香、白檀香、没石子、白及等药，等分研末，用米醋调成膏状，涂于头发上，用荷叶包紧，次日早晨洗去黑色。

　　乌发外用药用植物有乌梅、木槿叶、药蜜、柏叶烧灰、乱发、白蜡、芭蕉汁、乌桕籽油、木香、熊脂、覆盆子、老姜、梧桐子、黑豆、羊粪、雁脂、猪胆、百合、萤火虫、麻叶、土马骏、茄秧、乌韭烧灰、黑椹、胡桃木皮、蕉油和鳖脂等。历代各医家运用药用植物配制的各种染发剂，主要具有令头发黄白者染之变黑的作用。主要选择将药物研磨与生麻油、醋浆水等调涂，皂角水洗头后涂发梳头，煎水沐头等。

　　一般来说，染发是安全的，质量好的染发剂应具有如下性能：①安全性高，对眼睛、头皮及头发刺激性小；②染色牢固，不会因空气、阳光和摩擦等造成褪色；③对其他发用化妆品稳定，如头发定型剂、香波、护发素等；④能赋予头发各种色彩，但又不会使头皮染色；⑤使用方便，易于分散涂布，染发时间短。但是，大多数染发液均是成分复杂的化学制剂，使用不当，可能招致不必要的烦恼，甚至产生潜在性危险，值得注意。现今染发剂名目繁多，但一般不外乎膏状、液状、粉状三大类。

染发剂可分为植物性染发剂（天然染发剂）、金属性染发剂（无机染发剂）和合成有机染发剂（氧化染发剂）。

金属性染发剂是从矿物质中提炼出来的，可在毛干表面形成一层有颜色的氧化物或硫化物薄膜，常用的有乙酸铅、硝酸银等，通常被制成发乳、发膏，不良反应较多（包括吸收中毒）。植物型染发剂是指以植物中提取的有机物质为主要成分的染发剂。植物染发的机制属于物理的氧化过程，滋养成分像一层膜一样附着在头发和头皮上，滋养和呵护头发，滋养毛囊。化学染发的机制是通过化学物质改变头发的自身结构和腐蚀头皮，染发过程中产生的氨会腐蚀和侵害毛囊。

1. **植物染发剂**　从药用植物中提取出来，可用于染发剂的植物色素有苏木精、散沫花色素、姜黄色素、首乌胶、槲皮素、儿茶素、茜草素等。一般植物色素的染色原理有两类：一类是色素吸附型，能有效沉积在头发表面且不会渗入到头发内部，通过染发剂与头发表面最外层相接触，利用界面间的物理吸附作用，使染料黏附或沉淀在头发表面上；另一类是植物活性成分与金属络合型，即通过金属离子把染料分子同纤维联系在一起，这样可以改变天然植物色素染发剂成分的颜色和染色牢度。但目前市售的天然植物染发剂大多只以植物色素染料作为氧化染发剂的微量添加成分或者颜色调整剂。通过植物色素染料，既可以保持其染发的安全性（不损伤头发结构和不破坏所储藏的色素），还能够避免提取过程的色素成分复杂、色相不稳定、色素浓度低等许多问题，从而使植物性染发剂目前发展缓慢的现状有所改善。

2. **合成有机染发剂**　指采用化学合成法制得的有机染料或染料中间体作为染发成分的一种染发剂，其中氧化染发剂是目前市场上最为流行的染发用品。该类染发剂制品染色效果好，色调变化范围广，持续时间长，但是其中所含的苯胺类染料中间体对人体存在一定的危害。化学染发剂的作用机制一般有如下两种。①一些氧化剂容易使头发中的黑素氧化而破坏头发颜色，生成一种无色的物质，利用这个氧化反应可以使头发脱色。过氧化氢（H_2O_2）是最常用的氧化剂，为了有效而迅速地漂白头发可以再添加氨水（$NH_3 \cdot H_2O$）作为催化剂，同时也可以通过热蒸气或热风来提高黑素的氧化速率，氧化程度不同，头发呈现不同的颜色，氧化程度越大，头发的颜色越浅。头发漂白脱色后，再用染料将头发染成所喜爱的颜色。②作为染发剂中的中间体，对苯二胺或对氨基苯酚可以移动到头发角蛋白中，这是由于它们都是低黏度、易流动的小分子，两端的基团比较活泼，一端的氨基（—NH_2）与头发角蛋白相互作用，另一端通过氧化剂与偶合剂相连，这个过程中生成的有色染料分子能吸附在头发上，从而使头发染上颜色。不同的 pH 下，氧化染发剂中对苯二胺、对甲苯二胺及其他衍生物与 H_2O_2 混合时会形成不同的颜色。化学染发剂对人体的伤害不仅有暂时性的还有永久性的，其中以漂白头发后再染色的损伤最大，因为漂白时用的催化剂 $NH_3 \cdot H_2O$ 是一种碱性物质，对皮肤组织有腐蚀与刺激作用，能吸收皮肤组织中的水分，变性组织蛋白，并可以使组织脂肪皂化，细胞膜结构破坏，皮肤长时间接触会使肤色暗淡。化学染发剂一般是由中间体、偶合剂和氧化剂构成的三组分体系，其原料一般为如下几种。

（1）染料中间体　常用的有苯二胺、甲苯二胺及其衍生物，辅助染料一般是苯二酚、氨基酚及其衍生物。

（2）基质原料　主要有脂肪酸皂类、增稠剂、表面活性剂、匀染剂、调理剂、溶剂、助渗剂、抑制剂、抗氧化剂及整合剂。

（3）氧化剂基质　主要有氧化剂、乳化剂、赋形剂、稳定剂、整合剂、酸度调节剂、去离子水。氧化剂的作用是让染料中间体发生氧化作用从而形成大分子染料，吸附于发质内部改变头发颜色。

【实例解析】

染发剂配方举例见表 5 -6。

表 5 -6　染发剂配方

相	组分	质量分数（%）
A	水	98.52
	羟乙基纤维素	1.48
	三乙醇胺	调 pH 至 8 ~ 11
	双（羟甲基）咪唑烷基脲	0.2
B	丙二醇	74.29
	棕榈油醇	19.0
	羊毛脂	2.1
	椰油酸甲酯	2.1
	姜黄素	0.52
C	水	98.52
	羟乙基纤维素	1.48
	溴酸钠	适量
	双（羟甲基）咪唑烷基脲	0.2

制备方法：采用姜黄素为活性染料的染发剂由三相组成，包括 A 相、B 相、C 相，通过对黏度的调试得到乳液状染发剂的配方。考虑姜黄素不溶于水的特性，采用丙二醇为溶剂，同时丙二醇也具有保湿作用。磷酸用于调节 pH。

说明：姜黄素是从古老药用植物姜黄中提取的一种黄色有机染料，着色力强，在姜黄中的含量为 3% ~ 6%。姜黄素具有亲脂性，几乎不溶于水或乙醚，可溶于乙醇、丙二醇，易溶于丙酮、乙酸乙酯和碱性溶液等。酸性条件下姜黄素可将头发染成黄色，在中性条件下为暗橙色，碱性时为鲜红色。姜黄素不仅可以作为着色剂，而且具有一定的营养和药理功能。含有姜黄素的植物在中医药学中早有研究，据唐代苏敬等撰写的《新修本草》中对姜黄的记载，称其药性为辛，苦、温，入心、肝脏、脾经，可行气破瘀，通经止痛。古方用姜黄治风湿而引起的痹痛，也能治心痛难忍等。姜黄素药理作用广泛，无明显的毒副作用，近年来出现了其作为多种疾病治疗药物的临床医学研究。

第五节　烫发用品

烫发能增加美感，通过改变头发的形状和走向，来满足人们的审美需求，分为物理烫发和化学烫发。早期的头发卷曲主要是利用物理烫发，如水蒸气、火剪、电加热等，但这些物理烫发方法很伤发质，随着科技的发展现在已经弃用了。

现在用得最多的是化学烫发，利用化学方法即化学卷发剂来使头发的结构发生变化而达到卷发的目的，烫发的过程实际上是利用化学卷发剂先把头发中硫化键和氢键打破，然后将已经被破坏的连接键按需要重建，以使得卷发后的发型固定下来。化学卷发剂分为热烫卷发剂和冷烫卷发剂。使用热烫卷发剂的称为热烫（电烫），是通过物理作用使头发的细胞结构重新组合，用氨水涂抹头发，然后卷曲上夹，通电加热，通过电流的热能和烫发药水的化学作用，使头发产生变化，达到卷曲的目的。热烫的优点是可以避免化学药剂对头发和头皮的伤害，卷曲牢固持久可塑性强，对油性头发比较适合，烫后可起到收敛和减少油脂的作用。20 世纪 30 年代出现冷烫技术，在冷烫中所用的还原剂是巯基乙酸盐及酯类，使头发中的氢键、盐键、氨基键和二硫化键断裂，从而达到烫发效果，这种方法具有脱发少、发质光泽、保持时间长和卷曲自然的特点，但冷烫卷发剂（如氨等碱性物质）对头发和皮肤的损害较大，易使头发断裂、变色，甚至脱落。

一、烫发的原理

头发是由氨基酸相互缩合成多肽链，再由多肽链之间通过过硫基（—S—S—）交联而成，多肽的通常结构形态是折叠的而不是直的，它们之间存在着五种作用力（离子键、氢键、二硫键、范德瓦尔斯力、肽键），这是头发具有弹性的原因。头发无论是被弯曲或拉伸，只要作用力不超过界限值，在应力消除后，会马上恢复原状，但这些相互作用可被化学试剂破坏。例如，在冷烫时，先把头发用含有巯基乙酸根离子（$HSCH_2COO—$）的冷烫溶液浸湿，由于它的还原性，可把头发中的过硫基打断成两个巯基：$2HSCH_2COO—(aq) + —S—S—（头发）\rightarrow (SCH_2COO—)_2(aq) + 2HS—（头发）$，失去交联作用的头发变得非常柔软。利用卷发工具把头发卷曲起来，做成各种形状，在机械外力作用下，诱发的多肽链与多肽链之间发生了移位。这时将"固定液"涂到头发上，以中和酸性冷烫液，使软化了的头发变硬而固定发型，形成持久发波。所谓的"固定液"实际上是一种具有氧化性的溶液，如过氧化氢、溴酸钾、过硫酸钾的溶液，它的作用是把巯基又氧化成过硫基：$2HS—（头发）+ H_2O_2(aq) \rightarrow —S—S—（头发）+ 2H_2O$，由于头发多肽链之间又重新形成了许多过硫基的交联，因此它又恢复了原来的刚韧性，并形成持久的卷曲发型。

二、冷烫卷发剂的配方组成

从冷烫卷发的原理可以看出，冷烫卷发剂为两个剂型，即软化过程所使用的卷曲剂和定型过程所使用的定型剂。

1. **卷曲剂**　卷曲剂按产品剂型可分为粉剂型、乳膏型和水剂型等。其主要组成成分为还原剂、碱性促进剂、表面活性剂及稳定剂。其中还原剂是卷曲剂的主要组分，其作用是将二硫键还原打断。还原剂主要是巯基化合物。卷曲剂中还需加碱性促进剂，可使头发角蛋白发生膨胀，有利于还原剂的渗透，提高卷曲效果，常用的是氨水。为了使卷曲剂更好地渗入头发中，还需要加入表面活性剂。

2. **定型剂**　定型剂的作用是将已打开的二硫键氧化复原，其主要组成成分为氧化剂、酸剂及表面活性剂等。通过酸剂使定型剂 pH 为 2.0 ~ 4.0，以提高氧化剂的氧化性。加入表面活性剂的目的同上。

需要注意的是，烫发化妆品不但可使头发卷曲，同样也可把头发拉直，作用原理与卷发相同，包括软化、拉直、定型三个过程。

【实例解析】

冷烫液配方举例见表5－7。

表5－7　冷烫液配方

相	组分	质量分数（%）
A	水	至100
	EDTA 二钠	0.1
B	巯基乙酸铵	9
	癸基葡糖苷	5
C	氢氧化铵（质量分数25%）	3.5（pH 调至9～9.3）
D	1,2-己二醇	3
E	迷迭香（ROSMARINUS OFFICINALIS）叶油	适量
	PEG-40 氢化蓖麻油	适量

制备方法：

（1）A 相搅拌升温至80℃。

（2）降温至40℃依次加入 B 相、C 相、D 相、E 相搅拌溶解均匀。

三、烫发造成的损伤

从健康角度讲，长期烫发是有损人体健康的。利用理化方法使头发软化并卷曲固定成型，长此以往会使头发枯黄、变脆，有损于自然美和人体健康。日本学者须藤研究认为，冷烫次数过多，会损伤头发的结构，造成磺丙氨酸增多，使头发弹性降低、变形，引起头发断裂。头发由角蛋白构成，由于各种化学键的存在，使角蛋白内部的力处于平衡状态，形成稳定的空间螺旋结构。如果头发多次受外界理化刺激，则会使头发内部的复杂结构受到破坏，角蛋白变性，发丝的拉强度降低，又会使滋润头发的脂酸发生皂化，油脂消失，无法复原。原有乌黑的头发将会变得枯黄发脆，尤其是处于生长、发育阶段的女孩子，其头发中胱氨酸基团和蛋白质键都处于不稳定状态，还是不烫为佳。要知道，从某种程序上说，冷烫液也是一种脱发剂。因此，在烫发剂的配方中添加多种复合氨基酸、B 族维生素、胶原蛋白、药用植物提取成分（人参、何首乌、黑芝麻）等补给成分，丰富的营养成分可渗入发丝纤维内部，由内而外的修护受损发丝，确保烫后发质自然健康，闪耀光泽，弹性极佳，柔顺易梳理。因此，在烫发时一般会加一些护发成分，这就是时下流行的护发烫，即护发和烫发同时进行，能保护头发不受烫发伤害。

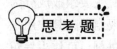

思考题

1. 简述护发素的原料组成。

2. 简述各类药用植物提取物在发用化妆品中的作用。

第六章　功效化妆品

PPT

随着当前社会生活节奏日益增快和生活水平不断提高，加之人们对天然活性成分的推崇，功效型化妆品越来越受到消费者的青睐。功效型化妆品包括延缓衰老、美白、防粉刺、祛狐臭、止汗、减肥、去头皮屑及止痒等专用性功效化妆品。这些化妆品不仅能对外表起修饰作用，还能通过表皮吸收某些活性成分后对皮肤内部结构、新陈代谢等进行调节，以达到真正的美容效果。

第一节　皮肤美白祛斑化妆品

随着生活水平的提高，人们越来越注重外在形象，特别是亚洲女性一直以白皙晶莹的肌肤为美。但是，受紫外线辐射、皮肤老化、炎症反应、生活压力等影响，越来越多的人出现皮肤色素代谢性疾病。据调查，有80%的亚洲女性和70%的欧洲女性使用美白产品来减轻或消除黄褐斑。因此，美白祛斑类化妆品一直拥有巨大的市场占有率。

一、皮肤色素形成的原因

皮肤色素主要由黑素沉积所造成。人黑素细胞位于表皮基底细胞层，由神经嵴细胞发育而来，广泛分布于表皮、毛囊、眼、血管周围、外周神经及交感神经干等处，在面部、生殖器等部位分布密度较高。但无论人种、性别、肤色如何，表皮中黑素细胞的数量是相同的，在成人表皮基底层中的黑素细胞总数约为20亿，占表皮细胞总数的2%~3%，而不同个体黑素细胞所合成黑素小体的数量、大小、分布、转运及降解方式的不同，造成个体间肤色的差异。黑素小体在黑素细胞内装配完成，从核周向树突远端转移至邻近角质形成细胞，在角质形成细胞内再分布、降解，完成色素代谢的全过程。在黑素小体中合成的黑素可以吸收紫外线，从而在一定程度上保护肌肤免受紫外线所带来的各种损伤。但黑素的过度合成或者合成失常则会对面容产生一定影响。例如，黄褐斑和白癜风可对患者的生活造成困扰。

1. 黑素小体及黑素的合成

（1）黑素小体　是黑素细胞进行黑素合成的场所，在电镜下可见其分化过程分四期。

Ⅰ期黑素小体是一种来源于高尔基体的球形小泡，含有无定形的蛋白质及一些微泡。Ⅱ期黑素小体变圆，含有许多黑素细丝和板层状物质。Ⅰ、Ⅱ期的黑素小体缺乏黑素合成能力，称为前黑素小体；Ⅲ期开始黑素小体可在板层上合成黑素，到Ⅳ期黑素小体中已充满了黑素，电子密度较高。

（2）黑素　人体中有两种不同颜色的黑素，即黄红色的褐黑素（又名脱黑素）及棕褐色的优黑素（又名真黑素）。优黑素是决定皮肤颜色的主要因素，皮肤中两种黑素含量的高低形成了肤色的差异。不同的人种有不同的肤色，黑色人种含有较多会制造优黑素的黑素小体，因此黑色人种的肤色较深；白色人种含有较多能制造褐黑素的黑素小体，因此白色人种的肤色较浅；而黄色人种则兼而有之。

（3）黑素的合成　黑素合成在黑素小体内完成。表皮基底层中的黑素细胞摄取酪氨酸（TY）后，在酪氨酸酶（TYR）作用下氧化成多巴（DOPA），进而氧化成多巴醌（DQ）。一方面，多巴醌在谷胱甘肽或半胱氨酸催化下生成褐黑素；另一方面，多巴醌经过分子内环合变成多巴色素，多巴色素脱羧形成5,6-二羟吲哚（DHI），并在酪氨酸酶的作用下生成5,6-吲哚醌（即黑优黑素），同时也能在酪氨酸酶相关蛋白酶2（TRP-2）催化下形成5,6-二羟吲哚-2-羧酸（DHICA），再在酪氨酸酶相关蛋白酶1（TRP-1）的催化作用下最终形成吲哚-2-羧酸-5,6-醌（即棕优黑素），5,6-吲哚醌和吲哚-2-羧酸-5,6-醌两者共同组成了优黑素，如图6-1所示。

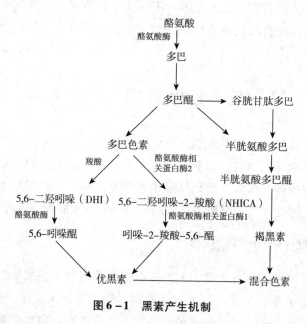

图6-1　黑素产生机制

酪氨酸酶、酪氨酸酶相关蛋白酶2和酪氨酸酶相关蛋白酶1是黑素形成过程中主要的生物酶，其中酪氨酸酶是一种含铜的金属氧化还原酶，能催化黑素合成的早期限速步骤。还有其他因素也会影响黑素的合成。

1）紫外线：长波紫外线（UVA）和中波紫外线（UVB）可被人体皮肤所吸收，从而刺激黑素的合成与色素沉着。

UVA通过激活磷脂酶C（PLC）和G蛋白，加速已有色素或黑素前体的氧化或聚合反应，在数分钟内导致永久性色素沉着出现；UVA还可诱导氧自由基产生。过多的氧自由基能引起蛋白质、核酸变性，诱发脂质过氧化损伤，在皮肤细胞中产生并堆积象征皮肤衰老的黑素、脂褐素和蜡样质，外观上肤色变深，并可出现晒斑、黄褐斑、脂溢性角化病等色素损美性疾病。

UVB 可造成 DNA 损伤，刺激黑素细胞分化，激活酪氨酸酶的转录，从而增加酪氨酸酶的活性，刺激黑素的合成，在照射数日后导致延迟型色素沉着；UVB 还可诱导角质形成细胞分泌激素如阿黑皮素原（POMC）和内皮素（ET-1），免疫调节因子如白介素 1（IL-1）、活性氧及其他因子如干细胞生长因子（SCF）等，从而刺激黑素细胞产生黑素。

2）激素：角质形成细胞经 UVB 照射可诱导阿黑皮素原产生，经激素原转化酶剪切后，产生 α-促黑素细胞激素（α-MSH）和促肾上腺皮质激素（ACTH）。性激素和甲状腺激素在色素沉着中也起着重要作用。①α-促黑素细胞激素和促肾上腺皮质激素能与黑素细胞膜表面的黑皮素-1 受体（MC1R）结合，通过激活腺苷酸环化酶（AC）提高胞内 cAMP 水平及酪氨酸酶的活性，促进黑素合成。②雌激素可增加酪氨酸酶活性，并刺激黑素细胞分泌黑素小体；孕激素促使黑素小体转运扩散。女性黄褐斑患者更年期后随着女性激素分泌的减少，皮损部位颜色可逐渐变淡甚至消失。③甲状腺激素可促进酪氨酸和黑素的氧化过程。

3）炎症因子：皮肤急慢性炎症反应可导致异常的色素沉着。在伤口愈合过程中，各种细胞因子会出现异常表达，黑素细胞的形态和黑素合成能力也随之发生改变。例如，白介素 4（IL-4）、白介素 17A（IL-17A）和 γ-干扰素（IFN-γ）可抑制黑素细胞中的黑素合成。

4）其他因素：一些微量元素如铜离子的含量越高，酪氨酸酶的活性越强，生成的黑素也就越多；某些重金属如砷、铋、银、铅、汞等能与皮肤疏基结合，解除疏基对酪氨酸酶的抑制作用，使黑素生成增多；缺乏维生素 C 会使黑素生成中间产物的还原作用减弱，增加黑素生成；缺乏维生素 A 可导致皮肤角化，减少疏基，激活酪氨酸酶，使黑素增加。

2. 黑素小体的再分布和降解　成熟的黑素小体通过树突结构运输至角质形成细胞中，并选择性地向角质形成细胞的表皮侧移位，随着角质形成细胞不断向表皮角质层上移，最终落于角质层中，构成了肉眼可见的色素沉积。在胞质内的黑素小体可被酸性的水解酶不断降解，最终，黑素小体结构消失，随着角质层的脱落排出体外，而角质层下的黑素小体中的氨基酸、脂类及糖类被重新吸收，参与表皮的代谢过程。

二、与美容有关的色素增多性疾病与临床治疗方法

1. 黄褐斑　也称为肝斑、黧斑，是一种获得性面部皮肤浅褐色至深褐色不规则形状的色素沉着斑。皮损为淡褐色或黄褐色斑，边界较清，形状不规则，对称分布于眶周、额部、眉弓、鼻部、两颊、唇及口周等处，无自觉症状及全身不适。

关于黄褐斑，中医对其病机早有认识，明代陈实功首先提出了"水亏""血弱"的病因病机，《外科正宗》谓其"水亏不能制火，血弱不能华肉也，以致火燥结成斑黑，色枯不泽，朝服肾气丸以滋化源，早晚以玉容丸洗面斑上，日久渐退。兼戒忧思、动火、劳伤……"。可见本病与肾阴不足，水衰火旺，灼伤阴血有关。《医宗金鉴·外科心法要诀》云："此证一名黧黑斑。初起色如尘垢，日久黑似煤形，枯黯不泽，大小不一，小者如粟米粒豆，大者似莲子、芡实，或长、或斜、或圆。与皮肤相平，再忧思抑郁，血弱不华，火燥结滞而生于面上，妇女多有之。"它的主要病机是肝气郁结，肝失调达，郁久化热，灼伤阴血，致使颜面气血失和而发。

现代医学认为黄褐斑成因非常广泛，女性多见，雌激素水平高是主要原因，从青春期到绝经期妇女均可发生。在口服避孕药的妇女中，其发生率可达 20% 或更高，多发生在用药 1～20 个月后，由此证明雌激素可刺激黑素细胞分泌黑素；妊娠期妇女黄褐斑多始自孕

期3～5个月，分娩至月经恢复后可逐渐消失，妊娠期促黑素细胞激素分泌增多，促黑素细胞激素与黑素细胞高亲和力的受体结合使黑素细胞功能活跃，而孕激素能促使黑素小体的转运和扩散，因此妊娠期黄褐斑是雌孕激素的联合作用所致。在一些慢性疾病如女性生殖系统疾病（月经失调、痛经、子宫附件炎、不孕症等）、肝脏病、慢性乙醇中毒、内脏肿瘤、结核病等患者中也常发生。除雌激素水平之外，黄褐斑受紫外线影响较大，多在夏季日晒后诱发或加重，紫外线是外源性刺激黑素细胞分裂因素，可促进照射部位黑素细胞增殖。长期应用某些药物如氯丙嗪、苯妥英钠等也可诱发黄褐斑样皮损。

根据黄褐斑的临床表现，中医从疏肝、补肾、健脾、活血、养血、凉血、滋阴、祛风、化痰等不同方面辨证施治用药，其中又以疏肝、活血这两种治法最为常用。古代临床治疗黄褐斑的一批经典方药如逍遥散、柴胡疏肝散、补中益气汤及六味地黄汤等，重在调整脏腑功能，调和气血阴阳，如肝郁气滞型用柴胡疏肝散，肝脾不和型用逍遥散，肝肾不足型用六味地黄汤，脾胃虚弱型用补中益气汤。在辨证内服中药的同时辅以中药外敷，可起到事半功倍之效。中药外治法治疗黄褐斑多是将中药制成膏剂或面膜粉，直接进行面部按摩或以面膜粉敷面，从而促进局部血液循环，使面部毛细血管扩张，加速药物吸收，抑制皮肤色素的生成，使黄褐斑逐渐消退。

现代医学认为防晒是防治黄褐斑的必要措施，如有伴随的相关慢性疾病应予以治疗。同时妊娠期间适当补充含维生素 C 与维生素 E 的食物，注意保持乐观的情绪。全身治疗可口服或静脉注射较大剂量的维生素 C。局部治疗可应用：①酪氨酸酶抑制剂；②还原剂；③抑制黑素体转运；④加速皮肤更新；⑤抗皮肤衰老剂。也可采用物理疗法，如皮秒激光、短脉冲二氧化碳激光、510nm 脉冲染料激光等有破坏黑素颗粒作用的光电治疗方法。

> **▶ 知识拓展**
>
> 氨甲环酸是临床常见的止血药物之一，应用氨甲环酸治疗黄褐斑的主要机制是通过抑制纤溶酶系统降低酪氨酸酶活性，从而减少黑素细胞合成黑色素。而且，氨甲环酸能够抑制黄褐斑的血管生成，减少红斑及血管数量，可以减少真皮肥大细胞的数量并抑制其活性，减少真皮弹性纤维变性。氨甲环酸的疗效与用药时间相关，患者对于外用剂型较口服药物接受程度高。据报道，氨甲环酸微量注射和微针治疗对于黄褐斑有效，使用氨甲环酸联合非剥脱点阵激光治疗黄褐斑，其效果明显优于单独激光和单独使用氨甲环酸。由于左旋维生素 C 具有美白淡斑和减少氧自由基伤害的作用，临床上可采用氨甲环酸联合左旋维生素 C 治疗黄褐斑。

2. 老年斑 是一种生长在衰老人体面部、手背、胳膊，甚至身体表面的一种数量不等、大小不均、形似卵圆形的棕黑色或棕褐色或黑褐色扁平斑点或斑块，分布以头皮和面部颞、颧为主，其次是手背、颈部、胸部、背部和四肢等。老年斑随着年龄增加而增多增大，60 岁以后明显增多，多见于男性。传统医学称老年斑为"寿斑"，生物学上将其命名为"脂褐素"或"脂褐质"，现代医学称其为"脂溢性角化病""老年疣"或"基底细胞乳头瘤"，是一种临床常见的良性皮肤肿瘤。其确切病因尚不明，日光照射可能与该病的发生有关，热带地区的居民具有更高的发病率且发病年龄更早，研究发现与非光暴露部位相比，光暴露部位（比如头颈部）发病率更高。基于对雌激素受体多态性分析的一项研究发现一半以上的皮损中克隆起源明显升高，提示可能是肿瘤性而非角化过度起源性。表皮生长因子受体表达异常也可能是诱因之一。病理上可分为角化型、棘层肥厚型、巢状型、腺样型、刺激型，常混合存在，所有类型均有角化过度、棘层肥厚和乳头瘤样增生，其特点是肿瘤病变的基底位于同一水平面上，两端与正常表皮相连。

传统医学十分重视人体气、血、津、液等的正常运行，认为气停滞不行则为气滞，津液停滞不行为痰湿，血停滞不行则为血瘀，内至脏腑，外达皮肉筋骨，莫不如是。人体随着年龄的增长，气血流通受阻血瘀加重，逐渐出现衰老的征象。老年期常见的生理性改变如皮肤色素沉着、老年斑、巩膜浑浊、舌下脉络粗长、舌紫、脉涩结代，皆为血瘀征象。中医传统医学把老年人皮肤变得粗糙，缺乏弹性，有黑色素沉着，称为"肌肤甲错"，是典型的瘀血证候。在东汉张仲景著述的《金匮要略》中就认为肌肤甲错是由于虚劳血瘀，"内有干血"所致，由于老年血瘀内停，新血、肌肤失于濡养，败血堆积，故肌肤粗糙、赘物增生。清初喻昌所著《医门法律》也指出肌肤甲错是由于"全是营血瘀积于中"。起初认为老年斑仅影响容貌，并不影响身体健康，但从中医四诊的角度来看，临床上常见的老年病如动脉硬化、高血压、肺心病、前列腺增生、糖尿病、心肌梗死、高脂血症、心律失常、中风后遗症、老年性痴呆、肿瘤等，血瘀是导致这些衰老常见疾病的重要病理因素。

现代医学研究也表明，脂褐素不只损害皮肤引起老年斑，还可沉积于心、肝、肾、脑等组织的细胞中，当细胞内脂褐素积累到一定程度后，会占据细胞的空间位置并改变细胞的空间结构，使细胞出现萎缩及代谢紊乱等。当脂褐素大量聚集在脑细胞上会引起智力和记忆力减退，例如阿尔茨海默病和帕金森病；聚集在血管壁上，会发生血管纤维性病变，引起高血压、动脉硬化、心脏病等。脂褐素是脂质过氧化的最终产物丙二醛与生物大分子（如含游离氨基的磷脂酰乙醇胺、蛋白质或核酸等）交联形成，具有荧光素性质，且难溶于水，不易被排出，易堆积在细胞内。因此需要注意，当皮肤上出现老年斑时，其神经细胞和心血管细胞中实际上已沉积了大量脂褐素。

传统医药常从补气养血、养精填髓、祛瘀、消斑等不同方面辨证施治，中药内治法中有龟龄集、七宝美髯丹、桂枝茯苓丸，以及现代名老中医根据古代宫廷延年益寿处方的基础上开发的"百年乐"（组方：扶芳藤、黄芪、人参），重在养精血、益肝肾，化瘀滞以达到延缓衰老的作用。除了方剂，可采用具有养血活血、祛瘀散瘀等功效的中药对老年斑进行治疗，如何首乌、枸杞、桃仁、川芎、红景天等。还有一些具有抗自由基氧化作用的中药及其提取液如补骨脂、菟丝子、珍珠粉、白芍、女贞子等。

在民间有将生姜加热，用斜切面在老年斑部位进行擦拭，以生姜走散之性，起到活血作用，可有效淡化老年斑。也有人用山楂、蛋清敷面，以活血通脉、养阴润燥的方法来润肤消斑。也可将当归取鲜汁外涂，长期使用可达到预防的功效。对已出现的老年斑，每天使用蛤蜊油涂擦，可使老年斑变淡和消退。有利用鼠妇科动物平甲虫与银杏叶提取物烘干研末成细粉，按常规膏霜剂制备工艺制成鼠银膏，患者每天涂抹两次，应用 1 个月后总有效率达到 93%。还有人应用三头火针灼热治疗老年斑 437 例，结果 1 次治愈 426 例，2 次治愈 11 例，全部有效，且无明显副作用。

现代医学认为通过一定的措施是可以预防和延缓老年斑发生的，如坚持良好的生活习惯，合理饮食，适当运动锻炼身体，保持健康的心理状态，合理护肤等。对已出现的老年斑，平时可通过多食用含有丰富的抗氧化物质和自由基清除剂的蔬菜和水果，如菠菜、空心菜、绿花椰菜、芥蓝、沙棘、猕猴桃、胡萝卜、南瓜、番茄、桃、杏、橘子等。据报道通过吃茄子可使老年斑变淡减少。还有人饮用生姜蜂蜜水一年，面部和手背的老年斑明显减轻或消失。服用高剂量的维生素 E 可抑制脂褐素的形成，维生素 C 和辣椒素亦可减少脂褐素在细胞内沉积。服用角鲨烯或多烯不饱和脂肪酸（DHA 和 EPA）2 个月，可使老年斑逐渐消退，再坚持服用一段时间，可使身体中和皮肤上沉积的脂褐素得到消除。如老年斑出现瘙痒或炎症，或需明确诊断，可行手术切除。无症状的脂溢性角化病治疗多由于美容原因，物理方法治疗可应用：①冷冻治疗；②电灼法；③激光法；④刮除治疗。也可采用化学方法，根据不同病程、大小和深浅及面积，决定选用化学剥脱剂的种类，直径小于3mm 的老年斑选用 3% 三氯醋酸溶液，而直径大于 3mm 的老年斑则选用无痛酚（石炭酸500g、达克罗宁 10g、樟脑 1g、无水酒精 50ml、甘油 50ml）治疗。亦可外用含超氧化物歧化酶（SOD）及超氧化物歧化酶复合酶的外用制剂和美容化妆品，以及含金属硫蛋白（MT）或保护蛋白（PRP）的美容化妆品。

三、美白祛斑类化妆品作用机制

皮肤的美白和祛斑主要有两种方式：一是抑制黑素合成酶的活性，如抑制酪氨酸酶，包括酪氨酸酶相关蛋白酶 2 和酪氨酸酶相关蛋白酶 1 等，以减少黑素的生成；二是促进黑素排出，如促进黑素的吸收代谢等。美白祛斑化妆品的作用机制可分为以下几类。

1. 抑制酪氨酸酶活性 已知在黑素生成过程中酪氨酸酶是主要限速酶，其活性大小决定了黑素的生成能力，通过抑制酪氨酸酶活性可以抑制黑素的合成，减轻色素沉着，这类抑制剂也是比较常见的美白剂，如铜离子螯合剂曲酸、熊果苷、Vitamine C 衍生物，以及烟酰胺、桑树皮提取物、石榴果提取物和木兰提取物、穿心莲内酯等。

根据机制的不同，酪氨酸酶活性抑制剂分为酪氨酸酶破坏型抑制剂和酪氨酸酶非破坏型抑制剂。酪氨酸酶破坏型抑制剂主要是通过对酪氨酸酶活性中心铜离子进行修饰、改性使其失去生物活性，如山奈酚、曲酸等。但曲酸可引起接触性皮炎及过敏性反应，因此开发了不少曲酸的衍生物以克服这一缺点。酪氨酸酶非破坏型抑制剂指通过抑制酪氨酸酶的合成或取代酪氨酸酶的作用底物的途径，达到抑制黑素形成的效果，如氢醌、甘草黄酮等。但由于氢醌可以诱导活性氧的产生从而导致膜脂和蛋白质的氧化分解，引起不可逆的皮肤色素脱失，因此，欧盟及我国已禁止氢醌在美白化妆品中的使用，但在开发新的美白原料时，常以氢醌作为参比对照。

2. 阻断和清除自由基 紫外线或机体代谢都可产生导致黑素合成能力增加的自由基，阻断或清除这些自由基可以抑制黑素的形成。例如，虎杖苷和根皮苷等自由基阻断剂均有抑制炎症发生和抗活性氧作用。自由基清除剂通常是抗氧化剂，如维生素 C、维生素 E、葡萄籽提取物等。

3. 化学剥脱、加速角质层更新 角质层中黑素含量的高低和种类的不同，构成了肤色的多样性，因此剥脱角质层或加速角质层的更新能够减轻色素沉着。例如，果酸（即 α-羟基酸）和 β-羟基酸便具有剥脱角质层的作用。但该法不能从根本上抑制黑素的合成，不适合长期使用。

4. 内皮素拮抗剂 可对抗内皮素的致黑素作用，如绿茶提取物等。

5. 防晒剂 这类物质能保护皮肤免受紫外线照射，减轻紫外线引起的皮肤晒黑作用。因此美白祛斑类化妆品中防晒与美白功能常常并存。

四、常用美白祛斑化妆品植物原料举例

我国天然药用植物资源丰富，美白方剂历史悠久，有着几千年的应用实践基础。传统中医理论认为面部暗沉、色斑是由于气血亏虚、肝脾不调、气血运行受阻、外邪侵袭等原因所致，因此需选用具有补气血、促进代谢及新生的药物进行调理。例如，红景天中的主要生理活性物质红景天苷，可抑制酪氨酸酶活性；川芎主要含酸性成分、挥发油和含氮化合物，具有调节心脑血管功能、护肤美白、镇痛等功效；甘草中有效成分甘草黄酮、甘草素、异甘草苷等可抑制酪氨酸酶活性，减少黑素生成，是美白祛斑类化妆品的常用原料之一。此外，芦荟、葡萄籽、银杏叶、白首乌等植物提取物均可用于美白祛斑类化妆品中，具有广阔的应用前景。

1. **甘草**　甘草美白机制主要有以下两点。

（1）抑制血小板聚集　甘草叶中富含的黄酮组分对胶原蛋白或腺苷二磷酸（adenosine diphosphate，ADP）诱导的血小板聚集有较强的抑制作用。

（2）抗菌、抗病毒、抗炎、抗过敏反应等作用　甘草香豆素（glycycoumarin）具有较强的消炎和抗过敏作用，甘草中含有的黄酮成分甘草苷（liquiritin）是抗炎活性成分，甘草中的异甘草素（isoliquiritigenin）和甘草素（liquiritigenin）对免疫刺激所诱导肥大细胞组胺释放有抑制作用。光果甘草的地上部分含有多种抗炎成分。水溶性的甘草酸和甘草次酸有温和的消炎作用，一般添加在日晒后的护理产品中，用来消除日晒后皮肤上出现的细微炎症，并抑制毛细血管的通透性。

2. **茯苓**　古人早已发现茯苓能祛黑，使枯焦黝黑的肤色变得白皙，包括茯苓在内的"七白"在古代美容方中应用广泛，功效确凿。元代宫廷方书《御药院方》记载的七白膏就是以"白蔹、白术、白茯苓、白芨等，加入鸡蛋白调丸，每夜用温浆水磨化，以汁涂面"，可润肤泽面，去面部黑褐斑。《经验后方》记载：如能连续服用 100 日茯苓，能使肌肤润泽，延年耐老。将茯苓粉、白芨末和白蜜混合在一起涂到脸上，可得美白祛斑的双重功效。

茯苓还具有延缓衰老作用：茯苓能提高皮肤中羟脯氨酸的含量，增加真皮内的胶原纤维，延缓皮肤衰老。茯苓多糖有较强的抗氧化能力，能增强超氧化物歧化酶的活性，降低丙二醛的含量，有利于生物体内自由基的清除，抑制红细胞的氧化损伤，起到延缓衰老的作用。

3. **益母草**　益母草能抑制酪氨酸酶活性，清除体内自由基，具美白及抗氧化功效。经现代科学验证，益母草能抑制黑素的形成，淡化色斑，减轻皮肤色素沉着，有效祛除雀斑、蝴蝶斑、黄褐斑、老年斑、日晒斑、妊娠斑等。载于唐代王焘《外台秘要》中的"则天皇后留颜方"就是取阴历五月初五的益母草，清除泥土，晒干，用小泥炉烧成灰后，用水搅拌成鸡子大的药团，晒令极干。再用一四面开孔的黄土小泥炉，药团置于其中，以木炭逼烤一昼夜，使药色白而细腻。冷后取出，置瓷器中，以玉槌研细，绢筛筛之，反复直至成极细腻的白色粉末，每日早晨用以洗手洗面，可使面部、手部皮肤光洁润泽。本方后世流传甚广，在宋代《太平圣惠方》、明代《普济方》中称为"留颜方"，元代《御药院方》称为"神仙玉女方"，只是制法稍有不同。

【实例解析】
美白淡斑化妆品配方举例如表 6-1 所示。

表 6-1　美白淡斑精华霜配方

相	组分	质量分数（%）
A	鲸蜡硬脂醇（和）鲸蜡硬脂基葡糖苷	2.5
	甘油硬脂酸酯（和）PEG-100 硬脂酸酯	1
	牛油果树（BUTYROSPERMUM PARKII）果脂油	2
	甲氧基肉桂酸乙基己酯	1
	山茶（CAMELLIA JAPONICA）籽油	2
	辛酸/癸酸甘油三酯	4
	聚二甲基硅氧烷	1
	维生素 E（生育酚）	0.5
B	纯水	加至 100
	海藻糖	1
	甘油	4
	羟苯甲酯	0.2
	尿囊素	0.1
	透明质酸钠	0.1
	EDTA 二钠	0.1
	聚丙烯酸酯交联聚合物-6	0.15
C	聚丙烯酸酯-13（和）聚异丁烯（和）聚山梨醇酯-20	1
	红没药醇	0.1
D	丁二醇	4
	光果甘草（GLYCYRRHIZA GLABRA）提取物（和）甘草类黄酮	0.25
	桑（MORUS ALBA）根提取物（和）羟丙基环糊精	0.3
E	烟酰胺	2
	木瓜蛋白酶	0.5
F	苯氧乙醇（和）乙基己基甘油	0.6
G	香精/精油	适量

制备方法：

（1）A 相搅拌升温至 80℃。

（2）B 相搅拌升温至 85℃。

（3）在均质下将 A 相加入到 B 相中，搅拌均匀，均质 3 分钟，保温乳化搅拌 20 分钟。

（4）降温至 60℃加入 C 相均质 3 分钟，搅拌溶解均匀。

（5）降温至 50℃加入 D 相搅拌均匀。

（6）降温至 40℃依次加入 E 相、F 相、G 相搅拌溶解均匀。

第二节　抗痤疮化妆品

　　痤疮，俗称"青春痘"。在化妆品的应用中，将具有一定抗痤疮作用的产品称为"祛痘化妆品"。痤疮是一种毛囊皮脂腺的慢性炎症性疾病，具有一定的损容性，以粉刺、丘疹、脓疱、结节、囊肿、瘢痕为主要特征。各年龄阶段人群均可发生，但以青少年发病率最高，根据《中国痤疮治疗指南》（2014 修订版）所述，痤疮发病率高达 70%~87%。有人把痤疮等同于粉刺，其实粉刺只是痤疮的一种临床表现，痤疮还可以表现为丘疹、脓疱、结节、囊肿等。多数痤疮发生在面部、胸部、上背部等皮脂分泌旺盛处，炎症性痤疮还会引起炎症后黑变病，甚至导致毁容性的永久性瘢痕，不仅影响外貌也可能产生心理疾病及亚健康状态，使患者丧失自信、产生社交障碍，由此可见痤疮治疗的重要性。目前市场上防治痤疮的产品繁多，消费者有很多选择，但是痤疮作为一种皮肤病，仍应由皮肤科医生规范治疗，化妆品仅仅起到一定辅助治疗作用。

一、痤疮的发生机制

中医古籍对痤疮多有描述。春秋时期有《素问·生气通天论》云："劳汗当风，寒薄为皶，郁乃痤。"隋代巢元方《诸病源候论》卷二十七曰："面疱者，谓面上有风热气生疱，头如米大，亦如谷大，白色者是。"又云："此由肤腠受于风邪，搏于津液，津液之气，因虚作之也。"清代吴谦所著《医宗金鉴·外科心法要诀》记载："肺风粉刺，此症由肺经血热而成，每发于鼻面，起碎疙瘩，形如黍屑，色赤肿痛，破出白粉汁。日久皆成白屑，宜内服枇杷清肺饮，外敷颠倒散，缓缓自收功也。"可见，古代医家对痤疮的认识较统一，认为其病位在肺经，病性多属实，皆因感受风寒热湿等外邪所致，症结为郁。

现代医学认为皮肤在旺盛的雄激素刺激下，皮脂腺分泌大量皮脂。毛囊皮脂腺导管异常角化，油脂无法正常排出，并在此积聚。同时毛囊中的厌氧性痤疮丙酸杆菌、葡萄球菌、糠秕马拉色菌（又称糠秕孢子菌）等微生物也在此时滋生，引起炎症，从而出现红肿等现象。痤疮的发生是多种因素共同作用的结果，其发病机制主要包括四大因素：性激素对皮脂腺的调控异常、毛囊皮脂腺导管上皮角化异常、局部细菌感染及炎症和免疫反应。

1. 性激素与痤疮

（1）雄激素　雄激素在痤疮发生、发展和持续状态中起到重要作用。皮肤是雄激素重要的靶器官，皮肤中有许多细胞均表达雄激素受体（AR），其中皮脂腺细胞的雄激素受体表达水平最高，并随着细胞分化而增强。毛囊和皮脂腺细胞中存在一些特异性还原酶（如 5α-还原酶和 3β、17β-羟甾类脱氢酶），这些酶可使循环中活性较弱的雄激素转化为活性较强的二氢睾酮和睾酮，后者与高亲和力的雄激素受体蛋白结合，进入细胞核，调控基因表达，进而影响毛发生长和皮脂腺的增生及功能。雄激素水平升高、特异性还原酶活性增强及靶细胞受体亲和力增强时均可引起皮脂腺的分泌亢进。

1）血清雄激素：临床总体数据显示痤疮患者尤其是女性患者的血清雄激素水平升高。在青春期，肾上腺功能活跃引起雄激素分泌增多，痤疮的发病率高；青春期后的痤疮患者多数为职业女性，可能是由于慢性精神紧张刺激垂体-肾上腺轴，使肾上腺源性雄激素分泌增多，促使痤疮的发生。

2）痤疮皮损局部的雄激素：有些痤疮患者血清中雄激素水平升高不明显，但皮肤组织中皮脂腺对雄激素敏感性增加，二氢睾酮（DHT）合成增多，导致痤疮的发生。

虽然雄激素是引起痤疮的一个重要因素，但临床很多痤疮患者并无明显内分泌异常，故痤疮的发生为多种因素综合作用的结果。

（2）雌激素　育龄期女性痤疮患者除睾酮增高外，在精神过度紧张或情绪变化剧烈时，垂体激素（促黄体生成素、卵泡刺激素）的分泌被抑制，反馈性调节卵巢激素（睾酮、雌二醇）的分泌，这是育龄期痤疮患者发病的重要特点；更年期女性痤疮患者因卵巢功能减退而使雌激素水平降低，睾酮/雌二醇比值增高导致痤疮的发生。

2. 皮脂腺导管上皮的角化异常　痤疮患者毛囊角质形成细胞的角化致密，细胞更替周期加快，皮脂腺导管上皮细胞层不断增厚、管径变小、通畅度减弱，最终导致毛囊皮脂腺导管急性闭塞，毛囊隆起而形成粉刺。痤疮患者皮肤皮脂中的亚油酸缺乏可使角质形成细胞变致密，形成粉刺。

3. 局部细菌感染　痤疮不是感染性疾病，但其发生可能与痤疮丙酸杆菌、表皮葡萄球菌、糠秕马拉色菌（又名糠秕孢子菌）等有关。

（1）痤疮丙酸杆菌　是一种革兰阳性、无运动能力、嗜脂性的厌氧短棒状杆菌，在细胞内寄生，属于皮肤的正常菌群，一般寄居在皮肤的毛囊及皮脂腺中。痤疮丙酸杆菌能产生蛋白酶、透明质酸酶和一些趋化因子，诱导产生抗体及激活补体，使毛囊漏斗部角化增强而形成粉刺及引起毛囊炎症。但痤疮丙酸杆菌并不是痤疮炎症发生的唯一因素。当皮脂分泌过多、排泄不畅等因素造成毛孔堵塞时，痤疮丙酸杆菌迅速生长，释放脂肪酶，分解皮脂中的三酰甘油，产生大量游离脂肪酸，刺激并破坏毛囊上皮细胞，直接或间接促进毛囊角化过度。

（2）表皮葡萄球菌　是一种革兰阳性、化脓性球菌，由于常堆聚成葡萄串状得名，是广泛存在于皮肤表面的一种条件致病菌。表皮葡萄球菌会引起疖、痈、毛囊炎、肺炎、脑脓肿、肝脓肿、化脓性骨髓炎及伤口感染等。

（3）糠秕马拉色菌　属双相型嗜脂酵母菌，分为圆形糠秕马拉色菌和卵圆形糠秕马拉色菌两种。由糠秕马拉色菌引起的毛囊炎，常并发于痤疮患者中。在某些因素作用下，糠秕马拉色菌在毛囊中大量繁殖并分解脂肪，使三酰甘油变成游离脂肪酸，后者导致毛囊导管阻塞。易感因素包括炎热、潮湿、穿不透气的衣服、油性皮肤、患有糖尿病、使用抗生素或皮质类固醇等。

4. 炎症和免疫反应　痤疮患者并不存在免疫功能的异常，但痤疮的发病机制与人体的免疫有关，体液免疫和细胞免疫均参与了痤疮炎症发生的病理过程。

（1）炎症反应　皮肤的局部炎症反应与痤疮的疾病自然史一致，痤疮皮损常规分为炎性皮损与非炎性皮损。痤疮发展过程中各种炎症刺激因子可导致临床症状加重。

（2）免疫反应　痤疮的发生发展与细胞因子和免疫反应有直接的关系。痤疮皮损处存在痤疮丙酸杆菌等多种微生物，这些微生物可以被天然免疫识别受体识别，开启固有免疫应答。Toll 样受体（TLR）是重要的模式识别信号受体，与痤疮的发病密切相关，可以通过识别特定病原体，启动免疫应答，传递信号，激活炎性因子，最终引发获得性免疫反应。

5. 其他诱发因素　遗传因素是痤疮发病易感性的重要因素之一，有家族史比没有家族史的患者发生痤疮的年龄要小。此外，化妆品使用不当造成毛囊口皮脂腺堵塞，精神紧张、焦虑所致的内分泌紊乱，烟、酒及辛辣食物的刺激，食入过多的糖、脂肪、药物性雄激素等均可为促发或加重痤疮的因素，某些微量元素如锌的缺乏及季节的变化也与痤疮的发病有关。

二、痤疮的分型

临床上根据痤疮皮损的主要表现可分为以下几种类型。

1. 点状痤疮　黑头粉刺是痤疮的主要损害，是堵塞在毛囊皮脂腺口的乳酪状半固体，露在毛囊口的外端发黑，如加压挤之，可见头部呈黑色而体部呈黄白色半透明的脂栓排出。

2. 丘疹性痤疮　皮损以炎性的小丘疹为主，小米至豌豆大的坚硬的小丘疹呈淡红色至深红色。丘疹中央可有一个黑头粉刺或顶端未变黑的脂栓。

3. 脓疱性痤疮 以脓疱表现为主，脓疱为谷粒至绿豆大小，为毛囊性脓疱和丘疹顶端形成脓疱，破后脓液较黏稠，愈后遗留浅的瘢痕。

4. 结节性痤疮 当发炎部位较深时，脓疱性痤疮可以发展成深在的结节，大小不等，呈淡红色或紫红色，呈半球形或圆锥形显著隆起。可长期存在或逐渐吸收，部分化脓溃破形成显著的瘢痕。

5. 萎缩性痤疮 丘疹或脓疱性损害破坏腺体，引起凹坑状萎缩性瘢痕。溃破的脓疱或自然吸收的丘疹及脓疱都可引起纤维变性及萎缩。

6. 囊肿性痤疮 形成大小不等的皮脂腺囊肿常继发化脓感染，破溃后常流出血性胶冻状脓液，而炎症往往不重，愈后形成窦道及瘢痕。

7. 聚合性痤疮 是损害最严重的一种，皮损多形，有较多的粉刺、丘疹、脓疱、脓肿、囊肿及窦道、瘢痕、瘢痕疙瘩集簇发生。

8. 恶病性痤疮 损害为小米至蚕豆大小的青红色或紫红色丘疹、脓疱或结节，质地柔软，含有脓液及血液，长久不愈，痊愈后遗留微小的瘢痕，无明显疼痛与浸润。此型多见于身体虚弱的患者。

三、痤疮严重程度分级

痤疮分级是痤疮治疗及疗效评价的重要依据。无论是按照皮损数目进行分级的国际改良分类法，还是按照强调皮损性质的痤疮分级法，其治疗方案选择基本上是相同的。《中国痤疮治疗指南》（2019 修订版）中依据皮损性质将痤疮分为 3 度 4 级。轻度（I级）：仅有粉刺；中度（II级）：有炎性丘疹；中度（III级）：出现脓疱；重度（IV级）：有结节、囊肿。

在抗痤疮化妆品功效评价中，考虑皮损的活跃程度及分布部位，较常使用 Cunliffe 12 级分级法，见表 6-2。

表 6-2 Cunliffe 12 级分级法

评分	临床表现
0.1	少数炎性和非炎性皮损
0.5	面颊和额少数活跃的丘疹
0.75	面颊极多不活跃的丘疹
1.0	广泛的活跃与不活跃的丘疹分布于面部
1.5	面部有较多比较活跃的丘疹
2.0	很多活跃的炎性皮损，无深在的皮损
2.5	广泛分布的活跃与不活跃皮损，并开始累及颈部
3.0	活跃与不活跃皮损较少，但有较多的深在性皮损，需要触诊
3.5	较多活跃的皮损，同时有深在性皮损
4.0	以活跃的丘疹为主，几乎累及整个面部，触诊可以摸到 2 个结节
5.0	以活跃的丘疹为主，几乎累及整个面部，触诊时有较多的结节
7.0	有很多结节和囊肿，若治疗不及时将会发生瘢痕

四、临床对痤疮的治疗方法

1. 患者教育

（1）健康教育 在饮食上限制摄取可能诱发或加重痤疮的食物，如高糖、高淀粉及乳制品以及辛辣油腻等食物，多进食蔬菜、水果；避免熬夜、长期接触电脑、暴晒等，注意面部皮肤清洁、保湿和减少皮脂分泌，保持大便通畅；对重度痤疮患者需配合必要的心理辅导。

（2）日常护理 应选择清水或合适的洁面产品进行面部清洁，适当去除皮肤表面多余油脂和皮屑，但不可过分清洗。忌用手挤压、搔抓粉刺和炎性丘疹等皮损。除药物治疗、物理治疗、化学剥脱外，配合使用功效性护肤品，以维持和修复皮肤屏障功能。如伴皮肤敏感，可外用舒敏、控油保湿霜，局部皮损处可使用有抗痤疮作用的护肤品；如皮肤表现油腻、毛孔粗大，可选用控油保湿凝胶。

2. 痤疮的局部治疗

（1）外用药物

1）中药外用：临床采用由大黄、苦参、黄连、白芨、桃仁、茯苓等组成的痤疮膏，均匀涂于皮疹处；或用金银花、黄芩、丹皮、当归、凌霄花、连翘、白茯苓、白花蛇舌草和珍珠粉制成中药面膜进行外敷；或用苦参、牡丹皮、龙胆草、蒲公英水煮熏洗进行痤疮治疗。

2）维A酸类药物：是轻度痤疮的单独一线用药，也是中度痤疮的联合用药及痤疮维持治疗的首选药物。目前常用的药物包括第一代维A酸类药物，如0.025%～0.1%全反式维A酸霜或凝胶和异维A酸凝胶；第三代维A酸类药物，如0.1%阿达帕林凝胶。阿达帕林具有更好的耐受性，通常作为一线选择。

3）过氧化苯甲酰：可减少痤疮丙酸杆菌耐药的发生，如患者能耐受，可作为炎性痤疮的首选外用抗菌药物之一。本药可以单独使用，也可联合外用维A酸类药物或外用抗生素。但过氧化苯甲酰释放的氧自由基可以导致全反式维A酸失活，二者联合使用时建议分时段外用。

4）外用抗生素：包括红霉素、林可霉素及其衍生物克林霉素、氯霉素、氯洁霉素及夫西地酸等。由于外用抗生素易诱导痤疮丙酸杆菌耐药，故不推荐单独使用，建议和过氧化苯甲酰或外用维A酸类或者其他药物联合应用。

5）2.5%二硫化硒洗剂：具有抑制真菌、寄生虫及细菌的作用，可降低皮肤游离脂肪酸含量；5%～10%硫黄洗剂和5%～10%的水杨酸乳膏或凝胶具有抑制痤疮丙酸杆菌、轻微剥脱及抗菌作用，可用于痤疮治疗。

（2）化学疗法 果酸作为化学疗法药物在痤疮治疗中已获得了不错的效果。果酸是在水果或酸奶等天然物质中萃取的酸，分子结构简单、分子量小、无毒无臭、渗透性强且作用安全。其作用机制是通过干扰细胞表面的结合力来降低角质形成细胞的黏着性，加速表皮细胞脱落与更新，调节皮脂腺的分泌，同时刺激真皮胶原合成、增加黏多糖及促进组织修复。果酸按照分子结构的不同可区分为甘醇酸、乳酸、苹果酸、酒石酸、柠檬酸、杏仁酸等37种，然而在医学美容界，最常被运用到的成分为甘醇酸（又名羟基乙酸，来源于甘蔗）及乳酸。果酸治疗后局部可出现淡红斑、白霜、肿胀、刺痛、烧灼感等，均可在3～5日内恢复，如出现炎症后黑变病则需3～6个月恢复。治疗期间注意防晒。

（3）物理治疗

1）光动力疗法（PDT）：外用5-氨基酮戊酸（ALA）富集于毛囊皮脂腺单位，经过血红素合成途径代谢生成光敏物质原卟啉Ⅸ，经红光（630nm）或蓝光（415nm）照射后，产生单态氧，作用于皮脂腺，造成皮脂腺萎缩，抑制皮脂分泌，直接杀灭痤疮丙酸杆菌等病原微生物，改善毛囊口角质形成细胞的过度角化和毛囊皮脂腺开口的阻塞，促进皮损愈合，预防或减少痤疮瘢痕，主要用于Ⅲ级和Ⅳ级痤疮的治疗。术后需避光48h，以免产生光毒反应。轻、中度皮损患者可直接使用 LED 蓝光或红光进行治疗。

2）激光疗法：多种近红外波长的激光常用于治疗痤疮炎症性皮损，根据皮损炎症程度选择适当的能量密度及脉宽，有助于炎症性痤疮后期红色印痕消退。

（4）其他治疗

1）针灸治疗：取耳尖、大椎，用三棱针点刺放血治疗痤疮；或对痤疮部位火针配合背俞穴（肺俞、脾俞、肾俞）刺络拔罐治疗；或针刺太阳、颧髎、攒竹、四白等穴；或耳压内分泌、肾上腺、皮质下等穴治疗痤疮。

2）粉刺清除术：可在外用药物的同时，选择粉刺挤压器挤出粉刺。挤压时，注意无菌操作，并应注意挤压的力度和方向，方法不当，可致皮脂腺囊破裂，导致炎性丘疹发生。

3）囊肿内注射：对于严重的囊肿型痤疮，在药物治疗的同时，配合乙酸曲安奈德混悬剂加 1% 利多卡因囊肿内注射可使皮疹迅速缓解，多次注射时需注意预防局部皮肤萎缩和继发细菌性感染。

3. 痤疮的系统治疗

（1）中药方剂　传统医学各医家多将痤疮分为肺胃积热、湿热蕴结、痰湿凝结、阴虚火旺等症型，临床上相应地选用清解肺热、清热解毒、凉血散结、化痰软坚、滋阴降火的方剂进行治疗。例如，肺胃积热型多用枇杷清肺饮治疗；湿热蕴结型则在枇杷清肺饮基础上合黄连解毒汤治疗；痰湿凝结型用海藻玉壶汤、参苓白术散合四物汤；另有其他常用方药如龙胆泻肝汤、丹栀逍遥散、桃红四物汤、五味消毒饮、知柏地黄丸、泻青丸、二至丸、二仙汤等。

（2）维 A 酸类药物　其适应证主要为结节囊肿型痤疮以及其他治疗方法效果不好的中、重度痤疮，有瘢痕形成倾向的痤疮，频繁复发的痤疮，痤疮伴严重皮脂溢出过多，轻、中度痤疮但患者有快速疗效需求的，痤疮患者伴有严重心理压力的，以及痤疮变异型如暴发性痤疮和聚合性痤疮等，可在使用抗生素和糖皮质激素控制炎症反应后使用。注意事项：青春期前使用有可能引起骨骺过早闭合、骨质增生、骨质疏松等，故 12 岁以下儿童避免使用；异维 A 酸有明确的致畸作用，育龄期女性患者应在治疗前 1 个月、治疗期间及治疗结束后 3 个月内严格避孕；异维 A 酸与抑郁或自杀倾向之间的关联性尚不明确，已经存在明显抑郁症状或有抑郁症的患者慎用。

（3）抗生素类药物　首选四环素类如多西环素、米诺环素等，不能使用时可考虑选择大环内酯类，如红霉素、阿奇霉素、克拉霉素等。其他如复方新诺明也可酌情使用。抗生素药物的使用需满足一定条件：①对痤疮丙酸杆菌敏感；②兼有非特异性抗炎作用；③药物分布在毛囊皮脂腺中浓度较高；④不良反应小。痤疮复发时，应选择既往治疗有效的抗菌药物，避免随意更换。

（4）激素

1）抗雄激素药物：仅针对女性患者，适应证包括：①伴有高雄激素表现的痤疮，如皮疹常发于面部中下 1/3，尤其是下颌部位；重度痤疮伴有或不伴有月经不规律和多毛；②女性青春期后痤疮；③经前期明显加重的痤疮；④常规治疗，如系统用抗生素甚至系统用维 A 酸治疗反应较差，或停药后迅速复发者。药物常选择避孕药如达英-35 和螺内酯。使用避孕药其禁忌证为家族血栓史，肝脏疾病，吸烟者。螺内酯有致畸作用，孕妇禁用。

2）糖皮质激素：生理性小剂量糖皮质激素具有抑制肾源性雄激素分泌作用，可用于抗肾上腺源性雄激素治疗；较大剂量糖皮质激素具有抗炎及免疫抑制作用，因此疗程短、较高剂量的糖皮质激素可控制重度痤疮患者的炎症。应避免长期大剂量使用糖皮质激素，以免发生相关不良反应。

▶ 知识拓展

　　痤疮治疗新药物：Seysara是美国FDA批准的在过去40年来专门为皮肤病设计的第一种口服抗生素产品，它是一种首创、窄谱四环素衍生抗生素，具有抗炎作用，用于治疗9岁及以上非结节性中度至重度寻常痤疮患者的炎性病变。在临床研究中，Seysara被证明在治疗开始3周内，皮肤炎症病变显著改善，并且具有良好的安全性和耐受性。Seysara将为中度至重度痤疮患者提供一种创新的治疗选择。

五、常用治疗痤疮的化妆品植物原料举例

　　中草药对痤疮的外治主要是在清洁面部的基础上多用清热解毒、活血散结之品，如大黄、苦参、黄连、连翘等。使用中草药抗痤疮的机制包含四个因素：抗菌、抗炎、抗氧化和抗雄激素活性。很多植物萃取物（如洋甘菊、金盏花、马齿苋、苦参等）具有抗炎、抗菌效果，而且疗效和耐受性良好，目前传统中草药治疗和美容护理结合的概念正迅速被大众所接受。

　　1. **积雪草**　含有三萜皂苷、三萜酸、多炔烯类和挥发油等。积雪草能通过抑制成纤维细胞增殖和胶原蛋白的合成来抑制增生性瘢痕，积雪草提取物可有效促进皮损部位的局部胶原合成代谢，有效修复皮损组织。积雪草苷作用于体外培养成纤维细胞，可明显增加细胞内和细胞外的Ⅰ型和Ⅲ型胶原合成，上调皮肤损伤修复的相关基因，增加细胞外基质合成以加快皮肤损伤修复过程。同时积雪草苷具有很强的体内及体外抗菌活性，抗菌活性强、抗菌谱广，尤其针对各种耐药细菌，包括金黄色葡萄球菌、表皮葡萄球菌、粪肠球菌、大肠埃希菌、克雷伯杆菌和不动杆菌及铜绿假单胞菌等。

　　2. **马齿苋**　马齿苋乙醇提取物能高度抑制大肠埃希菌、变形杆菌、痢疾杆菌、伤寒杆菌、副伤寒杆菌的生长；对金黄色葡萄球菌、真菌（如奥杜益小孢子菌）、结核杆菌有不同程度的抑制作用；对铜绿假单胞菌有轻度抑制作用。

　　3. **苦参**　含20多种生物碱，有苦参碱、氧化苦参碱及槐定碱；黄酮成分，如苦参啶、苦参酮等。苦参提取物能平衡油脂分泌，疏通并收敛毛孔，清除皮肤内毒素杂质，促进受损血管神经细胞的生长和恢复；苦参的醚提物及醇提物对金黄色葡萄球菌有较强的抑菌作用；苦参水浸液对同心性毛癣菌、许兰毛癣菌、奥杜益小孢子菌等有抑制作用；苦参碱还有抗炎作用。

　　【实例解析】

　　治疗痤疮（防粉刺）化妆品配方举例见表6-3、表6-4。

表6-3　祛痘精华乳配方

相	组分	质量分数（%）
A	花生醇和山嵛醇（和）花生醇葡糖苷	2
	甘油硬脂酸酯（和）PEG-100硬脂酸酯	1
	鲸蜡硬脂醇	2
	十三烷醇水杨酸酯	2
	辛酸/癸酸三酰甘油	1
	聚二甲基硅氧烷	1
	生育酚（维生素E）	0.3

相	组分	质量分数（%）
B	纯水	加至 100
	海藻糖	1
	甘油	3
	羟苯甲酯	0.2
	尿囊素	0.1
	EDTA 二钠	0.05
	PCA 锌	0.2
	聚丙烯酸酯交联聚合物-6	0.2
C	聚丙烯酸酯-13（和）聚异丁烯（和）聚山梨醇酯-20	0.8
	红没药醇	0.1
D	丁二醇	4
	季铵盐-73	0.005
E	苦参（SOPHORA FLAVESCENS）根提取物	1
	薄荷（MENTHA ARVENSIS）提取物	0.5
F	苯氧乙醇（和）乙基己基甘油	0.5
G	香精/精油	适量

制备方法：

（1）A 相搅拌升温至 80℃。

（2）B 相搅拌升温至 85℃。

（3）在均质下将 A 相加入到 B 相中，搅拌均匀，均质 3 分钟，保温乳化搅拌 20 分钟。

（4）降温至 60℃加入 C 相均质 3 分钟，搅拌溶解均匀。

（5）降温至 50℃加入 D 相搅拌均匀。

（6）降温至 40℃依次加入 E 相、F 相、G 相搅拌溶解均匀。

表 6-4 祛痘精华素配方

相	组分	质量分数（%）
A	纯水	加至 100
	海藻糖	1
	尿囊素	0.1
	羟苯甲酯	0.1
	羟乙基纤维素	0.2
	EDTA 二钠	0.05
B	丁二醇	4
	季铵盐-73	0.005
C	苦参（SOPHORA ANGUSTIFOLIA）根提取物	2
D	烟酰胺	1
	甘草酸二钾	0.1
E	甘油辛酸酯（和）辛酰羟肟酸（和）对羟基苯乙酮（和）丁二醇	0.4

制备方法：

（1）A 相搅拌升温至 90℃，溶解完全后开始搅拌降温。

（2）降温至40℃依次加入 B 相、C 相、D 相、E 相搅拌溶解均匀。

第三节　延缓衰老化妆品

衰老是指一切多细胞生物随着时间推移，自发地表现为一定的组织、器官退行性变及其功能、适应性和抵抗力的减退。由于皮肤位于体表，因此是最早显现机体衰老的器官，皮肤衰老的体表特征为变薄、萎缩、干燥粗糙、松弛、失去弹性、出现色素斑和皱纹及毛发脱色、脱落。在诸多古文献中更是详细记载了人体衰老的表现，如《素问·上古天真论》曰："女子……，五七，阳明脉衰，面始焦，发始堕。六七，三阳脉衰于上，面皆焦，发始白……"；"丈夫……五八，肾气衰，发堕齿槁。六八，阳气衰竭于上，面焦，发鬓斑白……"。《灵枢·天年》中谈到健康之人在四十岁时"腠理始疏，荣华颓落，发颇斑白"。自然衰老降低了皮肤各方面功能，包括表皮更新能力、真皮对化学物质清除能力、温度调节能力、外伤后表皮重建能力、感觉能力、皮脂腺和汗腺的分泌能力、免疫反应能力及维生素 D_3 的合成能力等。虽然衰老是不可避免的，但人们对常葆青春的探索从未停止过。随着对皮肤衰老本质的不断深入研究，大量的延衰类化妆品被逐一开发上市，受到人们的热烈追捧和喜爱。

一、皮肤衰老发生的机制

人的衰老是一个复杂的综合过程，是在多因素的综合作用下逐渐发展而成的生理退化过程，衰老的进程个体差异很大。中医认为人体衰老的机制主要与阴阳失调、脏腑虚衰、精气衰竭等有关。衰老的进程与人体的各个脏腑均有着密切地联系。而皮肤的衰老与肺、脾、肾三脏的功能失衡关系密切，是体内脏腑气血阴阳变化的外在体现。在《素问·六节藏象论》曰："心，其华在面"；《灵枢·邪气脏腑病形》曰："诸阳之会，皆在于面……，十二经脉，三百六十五络，其血气皆上注于面而走空窍……。"现代医学认为皮肤衰老是机体衰老的一部分，皮肤衰老会导致表皮变薄，表皮突变浅减少，表皮和真皮的界面变平，真皮网状纤维减少，胶原纤维网的弹性降低，皮肤松弛，不再紧紧地依附于皮下结构；同时细胞间质内透明质酸的含量减少，硫酸软骨素相对增多，真皮含水量降低，皮下脂肪减少，汗腺、皮脂腺萎缩。衰老萎缩的细胞使皮肤皱纹增多、失去弹性，毛孔阻塞，皮肤呼吸受到阻碍，局部黑素细胞增生，皮肤色素沉积，俗称"寿斑"或"老年斑"，从而影响人体的外貌。导致皮肤衰老的因素可分为内源性生理因素和外源性环境因素。内源性生理因素是根本，而外源性环境因素是在内源性因素的基础上发挥作用的，两者共同作用加速或延缓了皮肤衰老。

1. 皮肤衰老的内源性因素

（1）遗传基因学说　在机体生长、发育、生殖、衰老的整个过程中，基因的表达会发生程序性的变化。皮肤衰老主要是皮肤细胞染色体 DNA 及线粒体 DNA 中合成抑制物基因表达增加，与细胞活性有关的基因受到抑制，以及氧化应激对 DNA 损伤而影响其复制、转录和表达的结果，基因调控被认为是皮肤及其他相关细胞衰老的根本因素。

正常情况下，在皮肤成纤维细胞中有 DNA 合成的抑制因子，可抑制细胞 DNA 合成，减慢细胞复制速度，延缓细胞衰老。随着年龄增加，细胞对 DNA 变异或缺损的修复能力下降，从而导致细胞衰老，甚至死亡。p53 转录因子控制细胞的生长，在细胞应激和 DNA 损害时被激活，并诱导相关基因表达，导致表皮干细胞的衰老和其功能的丢失。在化妆品中添加维生素 C 衍生物（AA-2G）可通过对 p53 转录因子的作用对抗因过氧化氢诱导的细胞损害，阻断氧化应激，从而产生延缓细胞衰老的作用。

（2）自由基学说　在皮肤衰老过程中，自由基是导致皮肤损害、老化的一个重要因素。自由基学说最早在 1956 年由 Harman 提出，认为自由基与衰老有关，其中以超氧阴离子自由基和羟基自由基等活性氧簇（ROS）最为重要。Sohal 在传统的自由基衰老学说基础上提出了"氧化应激衰老学说"，认为除了超氧阴离子外，其他的活性氧也会引起皮肤衰老。自由基的生成受到体内和体外等因素的影响，体外因素包括紫外线、高能电离辐射（如 γ 射线）、吸收臭氧等；体内因素主要源于生化反应、机体的新陈代谢及物理化学因素。

机体存在相应的防护措施来维持体内自由基在生成和清除过程中的动态平衡——抗氧化防御系统。体内存在大量的各类抗氧化剂，如超氧化物歧化酶（SOD）、抗氧化酶如过氧化氢酶（CAT）、胡萝卜素、维生素 E、维生素 C、谷胱甘肽过氧化物酶（GSH-PX）、谷胱甘肽（GSH）等。但随着机体年龄增长，体内抗氧化防御系统功能衰退，或当自由基引起的损伤积累超过了机体修复能力时，就会导致细胞分化状态改变甚至功能丧失，继而使之破裂、凋亡，对皮肤的损伤主要表现为皮肤失去柔软性，弹性下降，出现皱纹、干燥角化、无光泽，以及黑素、脂褐素过量沉积等一系列衰老表现。在化妆品中添加天然的外在抗氧化剂具有一定抵消和减轻自由基变化的作用，能防止脂褐素形成，延缓细胞衰老过程，并能防止自由基对 DNA、RNA 及生物膜的损害，在皮肤延缓衰老过程中发挥作用。现常用的自由基清除剂包括维生素 A、维生素 E、半胱氨酸、维生素 C、谷胱甘肽、SOD、过氧化氢酶、辅酶 Q_{10} 等。

（3）非酶糖基化（NEG）衰老学说　NEG 是指体内蛋白质中氨基与还原糖的羰基在无酶条件下发生的反应，其高级阶段形成晚期糖基化终产物（AGEs）。AGEs 包括羧甲基赖氨酸（CML）、戊糖苷、去氧二羰基葡萄糖、丙酮醛类和乙二醛等。随着年龄增长，AGEs 在体内不断积累，能使相邻的蛋白质等物质发生交联，不仅引起结构改变，也造成生物学功能的改变。这些变化会造成皮肤弹性下降，皱纹不易平复并不断加深，从而促进皮肤衰老。

（4）神经-免疫-内分泌失调学说　皮肤作为最大的人体器官，也是一个神经-免疫-内分泌器官，与中枢系统紧密联系。当受到外界刺激时，皮肤真皮细胞、表皮细胞产生应激神经递质、神经肽和激素，如细胞因子、生物胺（如儿茶酚胺、组胺、血清素等）、褪黑激素、内啡肽、促肾上腺皮质素释放因子、甾类（糖皮质激素类、盐皮质激素类和性激素）和内生大麻素类似物等。经典的神经内分泌轴有下丘脑-垂体-肾上腺轴（HPA）和下丘脑-垂体-甲状腺轴（HPT）。皮肤内的神经末梢系统可以将真皮、表皮的变化传递给中枢或其他相关部位，获得反馈，维持机体整体稳定。皮肤老化不仅是 DNA 稳定性和修复能力、线粒体功能、细胞周期和细胞凋亡进程等的改变，更重要的是伴随着年龄增加，激素水平及生理功能下降、结缔组织出现改变、皮肤微血管生成障碍，促进皮肤衰老进程的启动。

2. 皮肤衰老的外源性因素

（1）光老化学说　光老化学说认为日光中的紫外线可以引起皮肤老化，日光紫外线长期反复的照射是环境中影响皮肤衰老的最重要因素，皮肤光老化的显著特征是真皮深处异常弹性组织的积累，这是一种被称为"日光性弹力组织变性"的病理表型。有研究发现，光老化使原弹性蛋白分子的 N 末端和中心部分更易于酶解，从而加速弹性蛋白降解。光老化皮肤主要表现为皮肤粗糙、增厚、松弛，皱纹加深加粗，皮革样外观，深浅不均的皮肤色素失调，过度的色素沉着，面部毛细血管扩张，皮肤暗淡无光呈灰黄色，甚至出现各种良性或恶性的皮肤病（如日光角化症、恶性黑素瘤等）。日光中的紫外线根据其生物效应的不同可分为三种波段：长波紫外线（UVA，320～400nm）、中波紫外线（UVB，280～320nm）和短波紫外线（UVC，100～280nm），因 UVC 几乎全部被臭氧吸收而不对人体造成伤害，所以人们研究的重点通常在 UVA 和 UVB 上面。UVA 为日光的主要成分（大于 95%），穿透力极强，主要作用于真皮，其深度可达真皮中部，是使皮肤晒黑、引起皮肤光老化最主要的光谱。UVB 只占 3%，但是 UVB 对皮肤的损伤强度最大，UVB 主要作用于表皮的角质形成细胞，导致皮肤晒伤，产生红斑和延迟性色素沉着。UVB 还可破坏皮肤的保湿能力，诱导皮肤出现不良反应如水肿、水疱和非黑素皮肤癌等。紫外线主要通过以下机制导致光老化的发生：DNA 的损伤；胶原的进行性交联；通过诱导抗原刺激反应的抑制途径而降低免疫应答；直接抑制朗格汉斯细胞的功能，使皮肤的免疫监督功能减弱，引起其对光的免疫抑制；高度活性的自由基产生后与各种细胞内结构发生作用，造成细胞、组织的损伤。皮肤的光老化学说其实是前面所述衰老学说的理论综合。

（2）其他因素　除了阳光外，皮肤还暴露在很多环境污染中，包括汽油及柴油燃烧排出的废气、香烟烟雾、卤素、重金属及臭氧，这些物理或化学污染通过氧化应激作用，形成活性氧，对皮肤细胞产生损害。香烟烟雾提取物能够抑制皮肤成纤维细胞胶原的合成，对成纤维细胞的损伤作用与氧自由基生成及其抑制细胞抗氧化能力有关。臭氧和空气中的不溶性微粒（PM）主要是通过产生活性氧和附着在 PM 上的多环芳香烃（PAHs）使皮肤衰老。气候状况也对皮肤衰老具有一定的作用。

二、延缓皮肤衰老的方法

对皮肤衰老的预防及治疗手段通常有非手术方法和手术方法，目的在于激发机体内原本存在的延缓衰老机制，同时加入外源性延缓衰老物质。

1. 非手术方法

（1）中医药治疗方法　中医衰老学说主要从先天禀赋与后天调养、虚与实两方面着手，形成了体质学说、脏腑阴阳虚损致衰学说、邪实致衰学说、情志致衰学说等。其中脏腑阴阳虚损致衰学说认为阴阳虚损、肝肾及脾胃虚损都会导致衰老的发生，因此在治疗上采用滋补方药如六味地黄丸、地黄益智方、何首乌饮、小建中汤、四君子汤等；邪实致衰学说认为瘀血内阻、痰浊内阻、便秘等因素导致衰老，治疗上采用降脂灵合剂、大黄等。

（2）增加皮肤保湿成分　皮肤自身水分对维持细胞的正常代谢及组织正常功能有着重要的意义。皮脂腺分泌的皮脂与汗腺分泌的汗液可形成皮脂膜覆盖于皮肤表面防止水分蒸发，保持自身水分，同时皮肤角质形成细胞可分泌水溶性吸湿成分——天然保湿因子，帮助水分吸收。天然保湿因子包括透明质酸、神经酰胺、吡咯烷酮羧酸钠、乳酸和乳酸钠。其中透明质酸是目前研究发现最具保水能力的天然保湿成分，已被广泛应用于各类化妆品中。神经酰胺能保护角质形成细胞，维持皮肤水分和屏障功能。吡咯烷酮羧酸钠被认为是有效的角质层柔润剂，可避免皮肤组织水分含量下降。乳酸和乳酸钠不仅可以起到保湿作用，还可以形成缓冲溶液，调节皮肤组织环境 pH。除天然保湿因子外，市场上也存在着数目众多的保湿类化妆品，这些化妆品的作用机制基本上都是模拟皮肤的天然保湿系统，一方面促进皮肤的水分吸收能力，增加表皮的含水量，以减轻皮肤干燥、脱屑情况；另一方面帮助修复皮肤屏障功能，使皮肤变得更柔软光滑。这类化妆品的有效成分包括动植物的提取物、化学合成的保湿剂及甘油、凡士林、乙醇等。

（3）防止紫外线引起皮肤光老化　长时间日光照射会引起皮肤光老化，因此合理有效的防晒对于保护皮肤具有重要意义。广谱的、可滤除 UVB 和 UVA 的、均衡的防晒产品可为皮肤提供有效的光防护，有效地对抗光老化和色素沉着。常用的防晒产品主要包括物理性防晒产品和化学性防晒产品两类。物理性防晒产品的主要原理是构成防晒屏障，产品所用原料大多为粉末制剂如 ZnO、TiO_2、滑石粉、高岭土等，具有紫外线散射和隔离作用，其中效果最佳的是纳米级 ZnO 和 TiO_2。化学性防晒产品主要是利用紫外吸收剂有效吸收 UVB 和 UVA，可防止皮肤产生红斑和黑斑。常用的紫外吸收剂有甲氧基肉桂酸辛酯、对氨基苯甲酸甲酯、水杨酸辛酯等。另外还有一些天然植物提取物也有良好的防晒功效，如甲壳素，芦荟、海藻、芦丁、沙棘、黄芩、银杏等提取物。

（4）对抗自由基　大多数肌肤老化现象是由于自由基的破坏引起的。所以从抗氧化入手能降低自由基的损害，一方面可增强内源性自由基清除系统，清除人体内多余的自由基；另一方面不断发掘外源性抗氧化剂，即自由基清除剂，阻断自由基对人体的入侵，通过中和已经形成的 ROS 来缓解皮肤衰老。清除人体内多余的自由基主要是靠内源性的自由基清除系统，相关的物质包括超氧化物歧化酶、谷胱甘肽过氧化物酶、过氧化氢酶等，具有抗氧化能力的物质还包括一些酶、维生素、硒、还原型谷胱甘肽、β-胡萝卜素等。许多中药具有不同程度的抗氧化、清除自由基、提高超氧化物歧化酶活性的作用。其中灵芝的有效成分由于具有较强的抗辐射、延缓衰老、抗氧化能力，加之其药性温和、取材天然、毒副作用小而被人们所推崇。

（5）抗炎和维 A 酸类药物　紫外线照射可引起真皮层炎症细胞的增加，这种慢性炎症可导致皮肤的光老化，因此局部应用抗炎药物可治疗和防护慢性光损害；维 A 酸类药物可以明显改善皮肤的褶皱、色斑及皮肤粗糙等，其机制包括抑制胶原纤维的减少、增加胶原纤维的合成、抑制异常弹性纤维的出现、促进色素或噬色素细胞的消退等。并可促进肉芽组织中胶原沉积，逆转皮质激素和水杨酸盐对伤口愈合的抑制作用，抑制膜组织中胶原酶活性等。

（6）健康的生活方式　充足的睡眠、良好的心态、适当的运动、均衡的营养都有助于延缓衰老。每日膳食中既要有足够的蛋白质、脂肪、糖类，又要摄入丰富的维生素及必要的矿物质，这些都会增强皮肤弹性，延缓皱纹出现。

（7）物理疗法　2017 年中国整形美容协会分会发布《激光等光电声物理技术抗衰老规范化指南》，强调激光等光电声物理技术利用相对应的光热作用、光动力作用、光调作用、射频或超声波的热作用、机械作用等物理技术手段，通过对人体皮肤或皮下组织实施一定剂量和参数的激光、光子、射频、超声波等技术方法，改善老化引起的人体衰老外观表现，从而达到延缓衰老目的。

▶ 知识拓展

光电技术抗衰老的应用：衰老相关的皮肤质地问题包括毛孔粗大、皮肤粗糙、日光性菱形皮肤、皱纹、松弛等，目前临床上针对改善皮肤质地应用的光电技术主要有以下几项：①非剥脱激光：波长 1565nm/1320nm/1440nm/1450nm/1540nm/1550nm/1927nm 的像素或点阵激光；②剥脱性激光：点阵技术的二氧化碳激光/铒激光，具备超脉冲技术的激光器更好；③强脉冲光：以近红外线波段 NIR 紧肤脉冲光为佳；④光动力治疗：针对日光性角化或皮肤异常增生的 5-ALA 光动力技术；⑤射频：非剥脱性单极或双极射频可以紧致皮肤；潜剥脱点阵射频或黄金微针射频可以治疗细小皱纹和毛孔粗大等；⑥聚焦超声技术：4.5mm 和 3.0mm 深度的聚焦超声（HIFU）可提升并紧致皮肤。

美塑疗法：在 1952 年由 Michel Pistor 首次提出"Mesotherapy"，即美塑疗法，是指将药物注射到人体局部的真皮、皮下脂肪、筋膜、韧带、肌肉、骨膜、关节等，从而达到治疗目的的一种医疗技术。以美塑疗法配方主要有以下类别：①单纯使用透明质酸（hyluronic acid，HA）：在真皮层均匀、精准注入微量稳定透明质酸，通过增加细胞外基质的方式，利用透明质酸强大的锁水能力，使皮肤水分和弹性增加，肤色和肤质改变；②以非交联透明质酸为载体，搭配不同营养物质，例如补充离子形式的矿物质（Na^+、K^+、Ca^{2+}、Mg^{2+}）等，从而调节皮肤细胞功能，经皮下补充，促进真皮重要蛋白质的合成，重新构建皮肤组织；③混合生长因子：以血液来源为例，作为第一代血浆提取物的富血小板血浆（platelet-rich plasma，PRP），已被广泛运用于创伤修复、皮肤年轻化等领域；④胶原蛋白制剂：目前国内使用的配方有水光蛋白制剂和类人胶原蛋白修复敷料，这类制剂的特点是向真皮内直接添加胶原蛋白，经自身结合方式，从环境和皮肤深层储存水分，协助修复皮肤屏障结构及功能，并具有促纤维细胞和上皮细胞形成的作用；⑤鸡尾酒配方：例如英诺皮肤世家的提拉素，主要成分为甲氨基乙醇（dimethylaminoethanol，DMAE），同时辅以有机硅、锌、硫辛酸，利用 DMAE 这一乙酰胆碱的前体，引起细胞内微小纤维的收缩，紧实肌肉、提拉皮肤、改善细纹；⑥多聚脱氧核苷酸在美容应用方面，有望解决皮肤敏感、老化等难题。

2. 手术方法 通过提紧松弛的皮肤及表浅肌肉筋膜系统，改变鼻唇沟的深度；通过小切口、常规切口甚至内镜除去额纹、眉间纹、鼻背部横纹；通过切除部分颈阔肌使颈横纹和颈部皮肤松弛的问题得到改善；通过悬吊眼轮匝肌手术，改善鱼尾纹；中国整形美容协会分会 2017 年发布的《自体脂肪移植抗衰老技术规范化指南》指出，自体脂肪颗粒移植技术通过手术方法获取皮下脂肪，经体外处理后再以脂肪颗粒的形式，通过注射或其他方式注入自体局部体表部位进行填充，实验证明脂肪来源的干细胞（ADSCs）在衰老过程中有助于皮肤的再生，脂肪组织移植不仅能增加皮肤体积，还可以改善受体部位的皮肤质量，从而达到局部延缓衰老的目的。

三、常用延衰化妆品植物原料举例

目前延缓皮肤衰老行之有效的方法是抑制酪氨酸酶的活性，同时减少自由基的生成、清除已生成的自由基及老化的代谢产物、提高体内各种抗氧化酶的活性。世界各国生物医学工作者一直致力于在中草药、各类植物中寻找高效安全的天然酪氨酸酶抑制剂和自由基清除剂，这也是当下日用化学品科学中一个高度活跃的研究领域。

1. **银杏**　银杏提取物是一个较强的自由基清除剂。银杏肽在浓度为 20mg/ml 时，对邻苯三酚自氧化抑制率可达到 80%，有明显的清除超氧阴离子的作用；在浓度为 2mg/ml 时，对羟自由基清除作用达到 48.63%，有较强的清除羟自由基的作用；浓度为 10mg/ml 时，具有一定抑制脂质过氧化的作用，因此可以作为一种广泛的抗氧化剂。在银杏叶中提取的总黄酮类化合物具有较好的还原性及清除羟自由基作用。

2. **灵芝**　《神农本草经》把灵芝列为上品，谓紫芝"主耳聋，利关节，保神益精，坚筋骨，好颜色，久服轻身不老"，谓赤芝"主胸中结，益心气，补中，增智能，不忘"。灵芝孢子是一种极其细小的孢子，一般在灵芝的生长成熟期从菌盖弹射出来，灵芝孢子不但具有灵芝的全部遗传活性物质，同时还具有很好的药用价值，灵芝孢子中含有多糖类、核苷类、呋喃类衍生物、甾醇类、生物碱类、蛋白质、多肽、氨基酸类、三萜类、倍半萜、有机锗、无机盐等。灵芝所含三萜类有百余种，其中以四环三萜类为主，灵芝的苦味与所含三萜类有关。三萜类是灵芝的有效成分之一，对人肝癌细胞具有细胞毒作用，也能抑制组胺的释放，具有保肝作用和抗过敏作用等。灵芝多糖也是灵芝的主要有效成分之一，具有抗肿瘤、免疫调节、降血糖、抗氧化、降血脂与延缓衰老作用。灵芝孢子多糖具有较强的抗氧化能力，在清除 DPPH 自由基体系中，其清除能力超过维生素 C，在还原能力体系中，其还原能力也超过维生素 C。

3. **人参**　其含有的人参皂苷可以防晒祛斑，人参的浸出液可被皮肤缓慢吸收，对皮肤没有任何的不良刺激，能扩张皮肤毛细血管，促进皮肤血液循环，增加皮肤营养，调节皮肤的水油平衡，防止皮肤脱水、硬化、起皱，长期使用能增强皮肤弹性，使细胞获得新生。在宋代的《太平惠民和剂局方》中记录的"人参养荣丸"便是以人参为君药，用以补益气血，延年益寿。"嚼化人参法"，收载于《慈禧光绪医方选议》中，为取人参 3g 口中嚼化，得以抗衰延年。

【实例解析】

延缓衰老化妆品配方举例见表 6 - 5。

表 6 - 5　抗衰祛皱精华霜配方

相	组分	质量分数（%）
A	鲸蜡硬脂醇（和）鲸蜡硬脂基葡糖苷	3
	甘油硬脂酸酯（和）PEG-100 硬脂酸酯	1
	牛油果树（BUTYROSPERMUM PARKII）果脂油	2
	植物甾醇类	1
	山茶（CAMELLIA JAPONICA）籽油	2
	辛酸/癸酸三酰甘油	4
	氢化聚癸烯	3
	二棕榈酰羟脯氨酸	1
	聚二甲基硅氧烷	1
	生育酚（维生素 E）	0.5

续表

相	组分	质量分数（%）
B	纯水	加至100
	海藻糖	1
	甘油	4
	尿囊素	0.1
	丁二醇	4
	透明质酸钠	0.1
	羟苯甲酯	0.2
	EDTA 二钠	0.05
	聚丙烯酸酯交联聚合物-6	0.15
C	聚丙烯酸酯-13（和）聚异丁烯（和）聚山梨醇酯-20	1
	红没药醇	0.1
D	人参（PANAX GINSENG）叶提取物	2
	棕榈酰五肽-5	2
	三肽-3	2
	水解燕麦蛋白	3
E	苯氧乙醇（和）乙基己基甘油	0.6
F	香精/精油	适量

制备方法：

（1）A 相搅拌升温至 80℃。

（2）B 相搅拌升温至 85℃。

（3）在均质下将 A 相加入到 B 相中，搅拌均匀，均质 3 分钟，保温乳化搅拌 20 分钟。

（4）降温至 60℃加入 C 相均质 3 分钟，搅拌溶解均匀。

（5）降温至 40℃依次加入 D 相、E 相、F 相搅拌溶解均匀。

第四节　敏感性皮肤用化妆品

敏感性皮肤（sensitive skin）又名"高反应性皮肤"，被认定为是一种极易致敏、高度不耐受的皮肤状态。该状态的皮肤对很多外界轻微的刺激均不耐受，极易产生瘙痒、刺痛、烧灼、紧绷等多种主观症状。表现特征为皮肤较敏感，皮脂膜薄，皮肤屏障功能较弱，易出现红、肿、刺、痒、痛和干燥、脱屑现象。

与敏感性皮肤的概念不同，皮肤过敏是一种变态反应，是具有过敏体质的人接触到引起过敏反应的物质即过敏原时，在过敏原的刺激下，激发机体产生变态反应，释放出各种淋巴细胞因子或组胺等物质，引起皮肤的各种类型的炎症反应，常见接触性皮炎、荨麻疹等。因此要把皮肤过敏与敏感性皮肤区别开来。

敏感性皮肤在我国的发生率约为 13%，而在日本及欧美国家为 50% 左右。随着社会的发展，人们生活节奏的加快，各种物理因素、化学因素、心理因素及生理因素等均会诱导或加重敏感性皮肤的发生与发展。近年来，敏感性皮肤越来越多地受到皮肤科医生与化妆品产业的关注。

一、敏感性皮肤的形成原因

各种因素都会导致敏感性皮肤的发生和发展，一些外界影响均可导致敏感性皮肤的症状，如环境污染因素；物理因素包括紫外线、温度变化；生活方式因素，如化妆品、肥皂、水、食物、乙醇；心理因素如压力、情绪；激素水平因素，如月经周期。

敏感性皮肤的产生机制尚不完全明确，考虑为多种因素综合作用下的结果。其发病机制主要包括以下几个因素。

1. **皮肤屏障功能受损** 皮肤物理屏障，即表皮的最外层、角质层最底部，功能是维持皮肤正常生理功能，防止外界化学、物理或生物性有害因素入侵及防止体内营养物质及水分流失。皮肤屏障由角质细胞和细胞间脂质组成，而当皮肤屏障功能受损时，角质层变薄，导致经皮失水率（transepidermal water loss，TEWL）增加，使皮肤干燥、脱屑，外源性刺激物易侵入。皮肤屏障功能受损，是皮肤敏感的重要原因。

2. **神经因素** 内皮素（endothelin，ET）受体、温度感受器、压力感受器及神经调节因子在敏感性皮肤的神经调节机制中起着重要的调节作用。ET受体在机械反应性感觉神经元表达并产生烧灼性痛和瘙痒等感觉，参与介导敏感性皮肤临床症状。角质层神经生长因子（nerve growth factor，NGF）在敏感性皮肤含量升高，可使皮肤神经感觉感受器致敏，导致对温度、物理和化学刺激的瘙痒和疼痛诱导增加。

3. **免疫反应和炎症因子的释放** 部分敏感性皮肤是由先天免疫系统触发异常的炎症反应所引起。一些化学物质在接触皮肤后会激活不同类型的细胞释放促炎细胞因子和趋化因子，从而诱导免疫及炎症，促进敏感性皮肤的产生。

4. **瞬时受体电位香草酸亚型1（TRPV1）激活** TRPV1家族是一种瞬时温度敏感型离子通道，表达于成纤维细胞、肥大细胞和内皮细胞。一般情况下，温度 > 42℃、离子的pH < 5.7 及辣椒素等伤害性刺激均会激活TRPV1，产生刺痛、瘙痒或灼热等敏感性皮肤的主要临床症状。多种炎症相关介质，包括蛋白酶、神经生长因子及缓激肽等通过其相应受体可使TRPV1致敏。

二、敏感性皮肤的类型

目前敏感性皮肤的分型方法尚未达成一致，现存在以下几种分型。

1. **Mills和Berger根据敏感性皮肤产生的原因分型**

Ⅰ型：本身具有某些慢性皮肤疾病，导致患者的皮肤敏感性增高，如脂溢性皮炎、玫瑰痤疮、酒渣鼻、银屑病等。

Ⅱ型：处于皮肤疾病的亚临床期，由于皮肤表面未见明显皮疹，临床表现轻微，往往使患者忽略自身所患有的皮肤疾病。

Ⅲ型：皮肤在多年前受到晒伤、接触性皮炎等强烈的损伤后，损伤部位已无临床症状且外观正常，但仍易被外界因素刺激而产生主观不适症状。

Ⅳ型：除上述三种类型以外，皮肤表观正常，但是仍自觉皮肤敏感的个体。

但此种分类方法有一定局限性，几乎所有的皮肤疾病的患者以及正常的人群都可能被认定为"敏感性皮肤"，导致临床上无法进行明确分类。

2. **根据敏感性皮肤的生理参数特点分型**

Ⅰ型：低屏障功能组。

Ⅱ型：炎症组（皮肤屏障结构未受到损害但是皮肤内部产生了炎症性变化）。

Ⅲ型：伪健康组（具有正常的皮肤屏障功能且没有炎症变化）。

3. Morizot 根据敏感性皮肤的影响因素分型 考虑临床适用性，将其分为环境型、化妆品型、内源型及生活方式型四型敏感性皮肤。

三、敏感性皮肤的应对方法

敏感性皮肤由于其病因和发病机制的复杂性，没有标准的治疗方案，其护理要点是纠正导致皮肤敏感发生的原因，以综合、温和治疗为主要原则。目前被证明有效的方法：使用保湿剂提高皮肤屏障功能、降低皮肤敏感性；使用抗炎化合物以减少炎症反应、调节血管反应性及抗氧化；使用特异性抑制剂抑制辣椒素受体，控制和改善敏感性皮肤的症状。

目前公认的治疗包括选择应用低刺激源（如无防腐剂、无香精香料等）的化妆品；避免使用含皂基的洁肤产品；选择无刺激性的表面活性剂护肤品；避免使用皮肤清洁和表皮剥脱面膜；避免使用含果酸、去氢视黄醛、维A酸的产品；立即停用产生灼热和不适的化妆品；在温度变化、日光、风和热环境中注意防护皮肤；尽可能限制乙醇、咖啡和辛辣食物的摄入。外用他克莫司或吡美莫司可抑制面部敏感性皮肤的症状，其作用机制与调节TRPV1受体功能有关。对自觉症状严重、影响日常生活的患者，可口服抗组胺药物、外用透明质酸修护生物膜等缓解症状。此外，临床采用低能量激光治疗敏感性皮肤，也取得了较好的疗效。中医则认为敏感性皮肤的发生与外风致病的表现相似，另外血热壅肤、热毒入侵、湿热内蕴、血虚生风、气血生化不足、气滞血瘀都会导致敏感性皮肤发生。临床治疗采用祛除风邪、疏调气机的中药，如荆芥常与蛇床子、土茯苓等配合使用，可促进皮肤血液循环、加快皮肤疾病的愈合与病损组织的吸收，另外防风具有抗炎舒敏的功效，薄荷能散风解表、行气解郁、祛风止痒，用清热解毒、清热利湿、清热凉血类中药，如黄柏、黄芩、苦参、甘草配伍制成水煎剂进行治疗；用补肝益肾类中药提高皮肤对外界污染的抵抗力，增加皮肤屏障功能，常见中药有黄芪、五味子、黄精等；用活血化瘀类中药促进血液微循环，降低毛细血管通透性，增加毛细血管张力，如蒲黄、艾叶、牡丹皮等。

四、常用舒敏化妆品植物原料举例

1. 马齿苋 含有丰富的 SL3 脂肪酸及维生素 A 样物质：SL3 脂肪酸是形成细胞膜，尤其是脑细胞膜与眼细胞膜所必需的物质；维生素 A 样物质能维持上皮组织，如皮肤、角膜及结合膜的正常功能，参与视紫质的合成，增强视网膜感光性能，也参与体内许多氧化过程。马齿苋有很好的抗炎消肿作用，目前认为马齿苋的抗炎作用是因为马齿苋含有 ω-3 脂肪酸，可使血管内细胞合成抗炎物前列腺素，可抑制组胺及 5-羟色胺等炎症介质的生成。

2. 芦荟 具有药用价值的芦荟品种主要有库拉索芦荟（分布于非洲北部、西印度群岛）、好望角芦荟（分布于非洲南部）、元江芦荟（又称斑纹芦荟，分布于我国云南元江地区）等。芦荟中主要化学成分：蒽醌类（主要由大黄素及其苷类组成）；多糖类（主要由甘露糖、半乳糖、葡萄糖、木糖、阿拉伯糖、鼠李糖组成）；蛋白质和氨基酸（蛋白质一部分与多聚糖结合为糖蛋白，一部分以酶的形式存在，如缓激肽酶、羟基肽酶、纤维素酶、过氧化氢酶、乳酸脱氢酶、碱性磷酸酯酶、酸性磷酸酯酶、谷丙转氨酶、谷草转氨酶、蒜氨酸酶等，氨基酸主要有精氨酸、天冬酰胺和谷氨酸）；有机酸类（主要有柠檬酸、酒石酸、苹果酸、丁二酸、肉桂酸等）。芦荟中成分对人体皮肤有良好的营养滋润作用，且刺激性小，用后舒适，对皮肤粗糙、皱纹、瘢痕、雀斑、痤疮等均有一定疗效。其提取物可作为化妆品添加剂，配制成防晒霜、沐浴液等。

3. 枇杷叶　含挥发油（主要为橙花叔醇和金合欢醇），三萜酸类化合物（乌索酸、熊果酸、齐墩果酸、委陵菜酸，是枇杷叶中的有效成分），皂苷类（枇杷苷、苦杏仁苷等），黄酮类化合物，有机酸类（马斯里酸、酒石酸、柠檬酸、苹果酸等）；另外还有鞣质、维生素 B、维生素 C 等化学物质。枇杷叶中的三萜酸类化合物有良好的抗炎作用，对急、慢性炎症均有一定的抑制作用。

【实例解析】

敏感性皮肤用化妆品配方举例见表 6-6、表 6-7。

表 6-6　舒缓修护精华霜配方

相	组分	质量分数（%）
A	鲸蜡硬脂醇（和）鲸蜡硬脂基葡糖苷	3
	甘油硬脂酸酯（和）PEG-100 硬脂酸酯	1
	牛油果树（BUTYROSPERMUM PARKII）果脂油	2
	植物甾醇类	2
	山茶（CAMELLIA JAPONICA）油	2
	辛酸/癸酸三酰甘油	3
	氢化聚癸烯	3
	聚二甲基硅氧烷	1
	生育酚（维生素 E）	0.5
	植物鞘氨醇	0.2
B	纯水	加至 100
	海藻糖	1
	甘油	4
	羟苯甲酯	0.2
	丁二醇	4
	尿囊素	0.1
	透明质酸钠	0.1
	EDTA 二钠	0.05
	聚丙烯酸酯交联聚合物-6	0.15
C	聚丙烯酸酯-13（和）聚异丁烯（和）聚山梨醇酯-20	1
	红没药醇	0.1
D	卡瓦胡椒（PIPER METHYSTICUM）根提取物	3
E	甘油辛酸酯（和）辛酰羟肟酸（和）对羟基苯乙酮（和）丁二醇	0.6
F	香精/精油	适量

制备方法：

（1）A 相搅拌升温至 80℃。

（2）B 相搅拌升温至 85℃。

（3）在均质下将 A 相加入到 B 相中，搅拌均匀，均质 3 分钟，保温乳化搅拌 20 分钟。

（4）降温至 60℃加入 C 相均质 3 分钟，搅拌溶解均匀。

（5）降温至 40℃依次加入 D 相、E 相、F 相搅拌溶解均匀。

表6-7　舒缓修护精华素配方

相	组分	质量分数（%）
A	纯水	加至100
	海藻糖	2
	尿囊素	0.1
	透明质酸钠	0.2
	丁二醇	5
	羟苯甲酯	0.1
	EDTA二钠	0.03
B	生物糖胶-1	5
	粉防己（STEPHANIA TETRANDRA）提取物	1
	库拉索芦荟（AlOE BARBADENSIS）叶粉	0.1
C	甘油辛酸酯（和）辛酰羟肟酸（和）对羟基苯乙酮（和）丁二醇	0.4

制备方法：

（1）A相搅拌升温至90℃，溶解完全后开始搅拌降温。

（2）降温至40℃依次加入B相、C相，搅拌溶解均匀。

第五节　止汗除臭类化妆品

汗液分泌受温度和情绪影响，具有维持和控制体温的重要生理功能，并且能促进新陈代谢，对于维持人体健康具有重要意义。环境温度的升高和精神、味觉的刺激都会引起排汗反应。有些人的汗腺过于发达，很容易于稍热的环境中或在紧张和轻微运动的情况下大量出汗，汗液被细菌分解后，会造成汗臭，给社交生活带来尴尬和不便。目前市场上止汗除臭类化妆品主要包括两大类：减少汗液分泌的止汗剂和杀菌抑臭的除臭剂。腋臭在西方人群的发病率高达95%以上，止汗除臭类化妆品在美国和欧洲国家非常流行。近年来，亚洲地区也开始流行这类产品，随着我国人民生活水平的不断提高，社交活动不断增加，人们正在力求改善卫生习惯和公众形象，为止汗除臭化妆品的发展提供了契机。

一、汗液的分泌及体臭的形成

1. 汗液的分泌和组成　皮肤内的汗腺分为两种类型：外分泌汗腺（eccrine glands）和顶分泌汗腺（apocrine glands）。外分泌汗腺由隐蔽缠绕在真皮或皮下组织的蟠管和直通皮肤表面的导管组成，汗液在蟠管形成并通过导管排出体外。外分泌汗腺可快速地分泌大量的汗液，调节体温。外分泌汗腺遍布全身，且分布不均，在口唇、龟头、包皮内层、阴蒂没有分布，在手、足和腋下分布较多，屈侧比伸侧多。成人皮肤上有200万~400万个外分泌汗腺，并且因人种、年龄、性别及部位等因素不同而不同。外分泌汗腺分泌出的汗液为无色无味的透明液体，略呈酸性，pH为4.5~5.0，其中98%为水，其余为无机物（氯化钠、磷酸盐和硫酸盐等）和有机物（尿素、乙酸、丙酸、乳酸、柠檬酸及其盐类），以及微量丙酮酸盐及葡萄糖等。人体每日因气候和身体状况产生汗水0.5~2L。

顶分泌汗腺是皮肤中一种特别的腺体，直接开口于毛囊的上部分，其分泌部的直径较外分泌汗腺大10倍，以较慢的速度分泌汗液，与体温调节无关。顶分泌汗腺分布于人体少数部位：腋窝、乳晕、眼部周围和生殖器部位等，此外，外耳道的耵聍腺和眼睑的 Moll 腺也属于顶分泌汗腺的变型。顶分泌汗腺分泌的汗液为黏稠的乳浊液，pH 为 6.2 ~ 6.7，相比外分泌汗腺的分泌物含有较多的有机成分（如脂质、蛋白质、糖类、酶、胆甾醇和 C_{19} 雄性激素类甾醇等）。

2. 体臭形成的机制　狐臭一词最早见于晋代葛洪的《肘后备急方》中，后世医家有名"胡臭""体气""腋臭""腋气漏"等。《诸病源候论》云："此亦是气血不和，为风邪所搏，津液蕴瘀，故令湿臭。"《三因极一病证方论》亦云："夫胡臭者，多因劳逸汗渍，以手摸而嗅之，致清气道中受此宿秽，故传而为病。方论有天生臭之说，恐未必皆然。"《杂病源流犀烛》言："腋臭，漏液，皆先天湿郁病也。"传统医学认为，狐臭多与先天禀赋密切相关，其症多秉承于父母，秽浊之气由腋下而出。再者，湿热之邪内蕴是腋臭的基本病机。其症多由过食肥甘厚味、辛辣炽薄之品，蕴生湿热，或素体多汗，或天气闷热，久不洗浴，湿热邪气郁于腋下。浊气随毛孔而出，外散于体表。

汗液本身是无味、无菌的液体，但其所含的营养物质为细菌生长提供了良好的培养基，金黄色葡萄球菌、需氧棒状杆菌、厌氧棒状杆菌、微球菌这四种主要的微生菌群已被证实常驻腋窝皮肤。由于腋窝处细菌的存在，使汗腺分泌物降解产生一系列有特殊气味的含胺、酮、酚和巯基官能团的有机小分子物质而产生汗臭。引起臭味的物质包括有气味的类固醇激素，如雄甾烯酮和雄甾烯醇，均有鼠尿味；挥发性物质，尤其是 3-甲基-3-硫基-1-己醇；短支链脂肪酸，尤其 2-己烯酸甲酯，此类为典型腋臭的主要组成物质。

外分泌汗腺分泌的汗液中虽然营养物质不多，但为细菌生长提供了所需的水分；顶分泌汗腺分泌的汗液和皮脂腺分泌物含有大量的营养物质，为细菌的生长提供了营养，从而促进腋窝细菌的生长。腋毛的存在为细菌的生长繁殖提供了良好的场所，对汗臭的聚集也起了一定的作用。在现代文明中，普遍认为携带强烈腋下异味的个体是具攻击性的，易被大众排斥，严重影响个人社交生活，腋下成为人体体味最重的部位，也是各种止汗除臭产品应用的主要部位。

基于汗臭产生的原因，降低汗液的分泌量，减少细菌赖以生存的营养物质和改善潮湿环境来抑制细菌的生长，以及用香精遮盖体味是止汗除体臭的主要方法，也是目前止汗剂发挥功能的重要依据。

二、止汗除臭的方式

对腋臭的治疗主要分为手术和非手术两大类。手术的目的为去除顶分泌汗腺组织，从早期的腋下皮肤全层切除到之后的保留真皮下血管网的顶分泌汗腺切除术。早期手术方式对机体损伤大，腋下瘢痕广泛，该方式渐渐被淘汰；经典的真皮下顶分泌汗腺切除术虽然保留了腋下的皮肤，却依然存在可能出现皮肤坏死、血肿、伤口延迟愈合、手术瘢痕、术后恢复时间长等一系列问题。非手术治疗包括药物类的除臭剂、局部抗生素的应用、顶分泌汗腺的局部光电治疗、A 型肉毒毒素局部注射等，缺点在于症状短暂缓解，无法彻底治愈。止汗除臭类化妆品由于使用方便又有一定效果，越来越受到消费者的青睐。

一些芳香辟秽类、敛汗除臭中药方剂可用于止汗除臭。现代止汗除臭类化妆品的功效原料主要分为四大类：止汗剂、抗菌剂、除臭剂和芳香剂。止汗除臭类化妆品主要通过抑制汗液分泌和抑菌杀菌达到除臭目的，亦可通过化学除臭和吸附除臭达到疗效。

1. 传统医药止汗除臭的方法　传统医药大致从以下三个方面进行治疗。

（1）芳香辟秽类中药方剂　主要是利用了其本身的芳香气味来掩盖不良气味，缺点是不能根治腋下顶泌汗腺的异常分泌及其产生的异味，适合于症状轻微者使用，如《备急千金方》卷六记载的"湿香"，方中有沉香、甘松、檀香、丁香、麝香等。《外科正宗》记载"五香散"，方中有沉香、木香、零陵香等。这些方剂都是将药物捣碎成粉，用水或蜜调匀，涂擦腋下，或用药末盛在绢袋内，挂腋下。

（2）敛汗除臭方剂　是根据狐臭的成因，选用多种对症中药，经过加工使其有效成分能迅速地渗入皮下组织，抑制顶泌汗腺的异常分泌，且能迅速杀灭体表细菌，从而达到除臭爽身的目的。

（3）芳香辟秽并敛汗除臭类方剂　此类方剂结合了前两类方剂的长处，既可抑制腋下顶泌汗腺的异常分泌又对其产生的异味加用芳香剂。例如，《医心论》记载的"青木香散"，方中有青木香、矾石等。

2. 常用止汗除臭活性物质

（1）止汗剂

1）金属盐：最常用的止汗活性物质是金属盐类，主要为铝盐和锆盐。这些金属盐类能够收敛毛孔，保持皮肤干燥。最早作为止汗活性物的金属盐包括氯化铝、硫酸铝、溴化铝和水合氯化铝等简单铝盐，但其对皮肤有刺激，过敏率较高，从 20 世纪中叶开始逐渐改用刺激性较低的碱式氯化铝（ACH），但 ACH 的止汗效果较差。之后人们对 ACH 进行了改进，并于 1960 年制成了甘氨酸铝锆（AZG）止汗活性剂。最近研发出以 A-沸石、X-沸石和 Y-沸石为基础的铝复合物，分别为非活泼性弱碱性、中性或弱酸性化品，这类新的活性物可在有汗水（pH 约为 4）时释放出铝复合物，达到止汗目的。同时生成聚硅酸类物质，吸收汗臭气味，兼具除臭作用。

2）醛类、酸类物质：酸类和醛类能与肽类作用使皮肤角蛋白变性，将汗腺开口表面封住，达到止汗目的。目前，甲醛、戊二醛、单宁酸和三氯乙酸仍然作为止汗剂使用，但由于这些物质只对角质层的上层细胞起作用，当细胞自然脱落后就会失效，所以需要每日使用。而且它们具有一些其他缺点：甲醛是致癌物质，而且会增加皮肤敏感性；戊二醛会使表皮角质层变黄，且持久不褪；单宁类物质，如燕麦皮或核桃提取物有很好的收敛作用，但止汗效果不佳。

3）抑制副交感神经生理作用类药物：是已知的最有效的止汗剂。抑制副交感神经可以有效地抑制汗液分泌。A 型肉毒杆菌毒素是一种新型的抑制副交感神经生理作用类药物，临床已用于腋窝和手掌多汗症的治疗，将其直接均匀注射入全部排汗区域表皮中。根据药物注射的位置和剂量的不同，通常可保持止汗作用 3 个月至 1 年时间。

4）其他物质：丙烯酸/丙烯酰胺聚合物和丙烯酸酯的共聚物应用于皮肤，能在皮肤表面形成薄膜，从而阻碍汗液的排出，对减少汗液分泌有一定作用。某些复配型的表面活性剂遇水膨胀，可用作汗液的吸收剂，如油酸和单月桂酸甘油酯的混合物与汗液结合能形成胶体，从而降低皮肤的湿度。

（2）杀菌剂或抑菌剂　表皮葡萄球菌和亲脂性假白喉菌等细菌的作用是引起腋窝汗臭的主要原因，因此利用杀菌剂杀灭和抑制腋窝的细菌群，可控制汗臭。合成杀菌剂（如三氯生、三氯二苯脲、三氯苯氧氯酚、吡啶硫酮锌等）和具有杀菌能力的中草药提取物（如地衣、龙胆、山金车花、荆芥、茶树油和百里香等提取物）可杀灭或抑制腋窝细菌生长，达到去除汗臭的目的。

（3）除臭剂 汗臭的主要成分为异戊酸等低级脂肪酸，这些低级脂肪酸具有浓烈臭味，但其盐类（如锌盐、钙盐、镁盐等）却几乎无味。因此可利用一些金属氧化物（ZnO、CaO、MgO 等）、碳酸锌、甘氨酸锌、蓖麻酸锌与异戊酸等低级脂肪酸中和成盐，达到抑制汗臭的目的。另外，皮脂在脂质过氧化酶的作用下易氧化成具有臭味的物质，而抗氧化剂的存在可抑制皮脂的氧化，具有一定的控制汗臭功能。

（4）芳香剂 用香精遮盖汗臭是最流行的除臭方法。最直接的方法是可用气味愉快的香精简单遮盖，也可利用现代配香技术设计除臭香精，使汗臭的组分与香精气味混合、结合形成愉快的气味或将气味的强度降低至人们可接受的水平。也可利用杀菌香精来控制汗臭，现已筛选出 500 多种具有很好杀菌能力的芳香化合物，其杀菌能力为一般香皂杀菌剂的 100 ~ 1000 倍。

三、常用止汗除臭化妆品植物原料举例

在常用的止汗除臭化妆品中药中，一般植物药多有清热解毒之功，如马齿苋、青木香；矿物药多具有燥湿、杀虫、解毒之功，如枯矾、石灰、胡粉、雄黄等；动物类药，如田螺具有利水解毒之功，如麝香具有辛香避秽解毒之功，充分体现腋臭治疗的芳香避秽、散风除湿、止汗除臭、调和气血的基本原则。

1. **丁香** 含挥发油 16% ~ 19%，油中主要是丁香油酚、乙酰丁香油酚，另外还有丁香烯醇、庚酮、水杨酸甲酯、α-丁香烯、胡椒酚、苯甲醇、苯甲醛等。丁香提取物对葡萄球菌、链球菌、白喉杆菌、变形杆菌、铜绿假单胞菌、大肠埃希菌、痢疾杆菌、伤寒杆菌等有抑制作用，并有较好的杀螨作用。

2. **荆芥** 荆芥挥发油中一共测出 19 种单萜类成分。单萜类为荆芥挥发油中最主要的化学成分，其中代表性成分胡薄荷酮和薄荷酮占挥发油总量的 70% 以上，具有抗炎、抗病毒等重要药理活性，其抗炎作用与抑制花生四烯酸代谢途径、降低致炎细胞因子活性、抗氧化作用及抑制 Toll 样受体（Toll like receptor，TLR）信号转导通路有关。

【实例解析】

止汗除臭化妆品配方举例见表 6 – 8。

表 6 – 8　祛腋臭喷雾配方

相	组分	质量分数（%）
A	纯水	加至100
	海藻糖	1
	尿囊素	0.1
	丙二醇	3
B	苯酚磺酸锌	1
	三氯生	0.1
	荆芥（SCHIZONEPETA TENUIFOLIA）提取物	2
C	乙醇	35
D	香精/精油	适量

制备方法：

（1）A 相搅拌升温至 90℃，溶解完全后开始搅拌降温。

（2）降温至 35℃ 依次加入 B 相、C 相、D 相搅拌溶解均匀。

第六节 眼部用化妆品

眼部皮肤是人体最薄的皮肤之一，由于紫外线照射、长时间电脑辐射等外界因素及工作压力和生活作息不正常导致黑眼圈、眼袋、鱼尾纹和脂肪粒人群逐渐增多，在中国50%以上的女性存在眼周肌肤问题。因此消费者逐渐注重眼部皮肤护理，寻求利用化妆品的美化、修复等作用以达到紧致、细腻、富有弹性的眼部肌肤状态，市场的需求促使国内外化妆品研究机构重视眼部皮肤护理化妆品的开发。

一、眼部皮肤的特点

与人体其他部位的皮肤不同，眼部皮肤有其自己的特点，如下所示。

（1）眼部皮肤厚度为0.6~4.0mm，是面部皮肤厚度的1/5~1/3。

（2）每日眨眼约10000次并动用眼部周围14组肌肉，皮肤不断受到拉伸。

（3）皮肤中汗腺分泌的汗水和脂肪组成水脂膜，呈酸性，具有防止水分蒸发、润滑皮肤、抵御部分外界因素对皮肤伤害的作用，是皮肤的天然保护膜，而眼部周围只有皮脂腺和变态汗腺，眼部皮肤受到的保护作用相对较小。

（4）眼部皮肤脂肪含量少，真皮层中缺乏弹性纤维和胶原结构，故眼部皮肤容易失去弹性，较易受外在因素影响，甚至提前出现衰老现象。

（5）眼部周围神经纤维及毛细血管分布密度高，令眼部周围的循环及淋巴系统运行较慢，易造成眼部的疲劳；血液循环不畅还可造成瘀血，导致眼部皮肤暗淡。

二、临床常见眼部问题及治疗手段

由于眼部皮肤存在上述特点，因此生活作息不正常、健康状况欠佳及用眼不当等都会造成黑眼圈、眼袋、鱼尾纹、脂肪粒等眼部问题出现。

1. 黑眼圈 俗称"熊猫眼"，是位于双侧眼眶下区环形的呈现青黑色或茶黑色的现象，是较为常见的一种眼部问题。黑眼圈的形成主要与色素沉着和血管改变有关，根据其形成时间，黑眼圈可以分为先天性黑眼圈与后天性黑眼圈。先天性黑眼圈通常属于遗传，主要是泪槽形成的阴影，常伴发过敏性鼻炎等疾病；后天性黑眼圈主要由于不良的生活习惯、环境因素及化妆品使用不当等因素导致下睑皮肤松弛、眶脂膨出、水肿从而形成的阴影。一般祛黑眼圈的化妆品均加入美白、舒缓和促进循环作用的成分。

黑眼圈的中医辨证分型并没有统一的标准，主要认为黑眼圈是由瘀血内停，或痰饮阻络，或肝肾阴虚等原因引起，分为肾阳虚弱型、脾气虚寒型、气血两虚型、气滞血瘀型、肺气失宣型等。

（1）根据黑眼圈形成机制可分为血管型、色素型、松弛型、复合型四种类型。

1）血管型黑眼圈：常呈青黑色，通常发生在20岁左右青年人身上，是由于睡眠不足、眼睛疲劳、压力等因素引起微血管内血液流速缓慢，血液量增多而氧气消耗量提高，缺氧使血红素增加造成眼周肌肤瘀血及水肿现象，经光线反射后呈现青黑色外观。

2）色素型黑眼圈：呈茶黑色，也称茶色黑眼圈，与年龄增长有关，主要因长期日晒、肌肤过度干燥，血液滞留造成黑素代谢迟缓，色素沉积在眼周形成。色素型的黑眼圈特点是不仅仅出现于眼睑下部，在眼睑上部，甚至是整个眶周均可出现。组织病理学显示，在真皮层存在黑色素过度沉积。炎症反应、日晒和水肿都会加重色素型黑眼圈。

　　3）松弛型黑眼圈：是由于眼部皮肤老化变薄、胶原蛋白流失产生的凹陷，在眼窝底部呈现一小块青色阴影，又称为"泪沟形黑眼圈"。

　　4）复合型黑眼圈：是伴随疾病而产生，如家族遗传或异位性皮炎、过敏性皮炎等炎症后色素沉着以及眼窝或眼睑的静脉瘤或静脉曲张使得静脉血管血流速度过于缓慢，血液色暗并形成滞留，造成黑眼圈形成。

　　（2）临床对黑眼圈的治疗方法有如下几种。

　　1）传统医学对黑眼圈的治疗注重辨证论治。①由于瘀血内停引起的黑眼圈，可内服《眼科集成》所载"开郁行血汤"，方用柴胡、醋香附、川芎、赤芍、防风、栀子、茵陈、麦冬、天冬。外可用《眼科锦囊》所载"缓和二神丹"，取艾叶、酒粕各等份，炼熟后贴敷眼胞，用温金熨之。也可按摩睛明穴、风池穴等，或按《针灸大成》用毫针刺太溪、飞扬、肝俞、肾俞、风池、太冲、支沟等穴。②由于痰饮阻络引起的黑眼圈，可按《目经大成》所载内服"正容汤加减"，方用黄芪、人参、白术、茯苓、橘皮、半夏、神曲、麦芽、黄柏、干姜、泽泻、苍术。外可用毫针刺内关、关元、水分、丰隆、脾俞、肺俞、足三里、合谷。③因肝肾阴虚引起的黑眼圈，可按《小儿药证直诀》所载"六味地黄丸"加减，方用熟地、山萸肉、山药、泽泻、茯苓、丹皮、枣仁、丹参、红花等。

　　2）外用药物治疗包括维 A 酸制剂及维生素制剂等。维 A 酸制剂主要是通过阻止酪氨酸酶转录，并通过显著增厚颗粒层从而增厚表皮层，对色素型黑眼圈有效；维生素 K_1 可以治疗微血管病变；维生素 E 因为可降低脂质过氧化，对眼部很有益处，也可用于血管性黑眼圈。

　　3）采用三氯乙酸、果酸等化学剥脱剂对色素型黑眼圈进行治疗，可使得表皮重塑、脱落加速和抑制黑素形成。

　　4）激光治疗包括靶向黑素式激光、血管选择性激光、剥脱性激光和非剥脱性激光等，靶向黑素式激光主要用于治疗色素型黑眼圈；血管选择性激光针对眶周血管扩张、增生导致的血管型黑眼圈；剥脱性激光可祛除色素沉积、迅速收紧皮肤，并刺激胶原蛋白新生，对色素型及松弛型黑眼圈有良好的疗效；非剥脱性激光主要针对皮肤黑素增多及皮肤松弛导致的黑眼圈。

　　5）强脉冲光治疗不仅可以祛除黑素，而且可以消除增生的毛细血管网、收紧眼睑下皮肤，对各型黑眼圈均有疗效。

　　6）微针疗法是一种利用真空吸引将微针刺入皮肤的真皮表皮交界处，并同时经由微针孔道导入精华液的治疗技术。可促进皮肤修复，刺激胶原蛋白增生和成纤维细胞活性，对色素型黑眼圈及松弛型黑眼圈有治疗作用。

　　7）局部注射治疗有自体脂肪及玻尿酸注射填充法，主要针对皮肤过薄、半透明化，导致眼轮匝肌、皮下血管丛等结构透过皮肤可见所形成的血管型黑眼圈，凹陷的松弛型黑眼圈，可用填充剂填充于眶部区域的真皮之下、轮匝肌之上；眶周皮肤注射二氧化碳主要用于改善色素型黑眼圈及松弛型黑眼圈；富含血小板血浆注射主要针对色素型、血管型黑眼圈。

　　8）此外还能通过手术纠正眶隔脂肪假疝、松解泪槽韧带、去除松弛的皮肤，从而减轻黑眼圈。

　　2. 眼袋　是由于眼睑皮肤处的皮下组织、肌肉及眶隔薄而松弛，突出形成袋状的现象。眼袋的产生和年龄有一定的关系，大部分发生在 45 岁左右，一般来讲，女性在 25～30 岁就会出现眼袋，眼袋实际上是由遗传因素和老化因素共同作用所造成的。眼袋的形成原因及机制是眶隔内脂肪堆积过多，下睑组织退行性变、松弛、张力低下所致。由于眶隔内脂肪堆积过多或下睑支持结构薄弱而改变原本的平衡，眶隔内脂肪突破下睑的限制突出于眶外；由于内、外组织结构退行性变和松弛，加上眼眶骨性结构特殊，即呈前口大、后端尖的锥体形，眼球下眶脂肪在重力和地心吸引力作用下向下滑脱膨出，加上眼部血液循环不畅、睡眠不足、化妆品使用不当等原因逐渐形成眼袋。

（1）中医认为眼袋的形成与人体的脾胃功能有着直接的关系，脾脏功能的好坏，直接影响到肌肉功能和体内脂肪的代谢，眼袋产生的位置又恰好是足阳明胃经发起之处。生活不规律、烟酒过度、经常熬夜、睡眠不足、长期从事文字或计算机等用眼过度的工作、屈光不正而佩戴的眼镜又不适合、减肥过快使面部皮肤松弛、化妆方法不当、画下眼线时牵拉下眼睑用力过大或有经常揉眼睛的坏习惯等，都是眼袋形成的原因。临床常通过手术进行眼袋整复术，常见三种手术：经结膜入路眼袋整复术、传统的皮肤入路眼袋整复术及 Hamra 术。一般用于祛眼袋的化妆品均加入有舒缓和促进循环作用的成分。

（2）眼袋按照形成原因分类

1）眼轮匝肌肥厚型眼袋：多为遗传因素，特点是靠近下睑缘处呈弧形连续分布并高于一般人眼轮匝肌厚度而隆起，皮肤并不松弛，多见于年轻人。

2）皮肤松弛型眼袋：为下睑及外眦部皮肤松弛，但无眶隔松弛和眶隔内脂肪突出，下睑出现皱纹，多见于 36 岁至 50 岁中年人。

3）下睑轻度膨隆型眼袋：主要是眶内脂肪先天过度发育，导致眶隔内脂肪突起、下睑隆起，多见于 17 岁至 36 岁青、中年人。

4）下睑中度膨隆伴皮肤松弛型眼袋：主要是眶隔内脂肪组织增多，同时存在皮肤和眼轮匝肌松弛，下睑有明显的松垂和臃肿，多见于 45 岁至 65 岁中、老年人。

5）皮肤松弛伴眶下缘凹陷型眼袋：眶周筋膜结构松弛或脂肪膨出，主要表现为下睑臃肿而眶缘内下侧有一弧形凹陷。

3. 鱼尾纹 眼部皱纹的形成主要是因为表皮干燥变薄，真皮层胶原蛋白和弹力纤维补充不足而变细，失去网状支撑力。如果皮脂腺的功能出现下降，皮脂分泌减少，皮脂膜不易形成，角质层的水分就容易流失使肌肤变得干燥，每日眨动次数频繁的眼部皮肤更容易因此产生小细纹，同时，紫外线照射导致的光老化也会促使眼纹生成。

产生眼纹的原因有紫外线照射、机体衰老和老化、外界刺激和不良生活习惯等。由于受到肌肤自然衰老和光老化作用的影响，真皮层内的成纤维细胞活性减退或丧失，使得真皮层胶原纤维和弹力纤维减少、断裂，皮肤弹性降低，导致眼角皱纹增多；随着机体的自然老化，内分泌功能日渐减退，机体对肌群小纤维及相关细胞的营养作用开始变得衰弱，蛋白质合成率下降，肌群小纤维数量减少，导致神经系统对肌肤不能完成精细的表情支配，从而形成鱼尾纹；干燥、寒冷、洗脸水温过高、表情丰富、生活不规律、吸烟、运动过度、保养不当及一些疾病等均可导致纤维组织弹性减退，从而加速眼纹的形成。

（1）眼部皱纹的种类 大致可分为表皮层皱纹和真皮层皱纹两种，表皮层皱纹又分为线形皱纹和网状皱纹。常见的眼纹是鱼尾纹，是指在人的眼角和鬓角之间出现的皱纹，因其纹路与鱼尾巴上的纹路相似而得名。鱼尾纹按照形成时间分为假性皱纹和真性皱纹，假性皱纹（细纹）是由于面部表情丰富、水分含量降低、胶原蛋白含量降低而形成的；真性皱纹（深纹）是在假性皱纹基础上胶原纤维硬化断裂后形成。按照形成原因，眼纹又可分为干纹、表情纹、细纹、皱纹四种类型。

1）干纹：通常眼角肌肤干燥，为动态纹，不做表情时眼角并没有纹路，治疗上应该以补充眼部肌肤水分含量为主。

2）表情纹：不光在眼角形成，只要做表情，颜面部肌肤均可出现。

3）细纹：25岁以后的女性容易产生细纹，它比干纹要深，需要使用更加滋润的眼霜，像含维生素E、含紫外线过滤剂及具有预防皮肤老化功效的眼霜。

4）皱纹：是由皮肤老化导致，是在静态下颜面部的褶皱，一旦形成就很难去除。

（2）眼纹的治疗　有A型肉毒毒素注射、针刀联合自体脂肪颗粒填充注射、颞中筋膜游离移植术、提切眉术等。一般用于祛眼纹的化妆品主要加入补充胶原蛋白或促进胶原蛋白生成、补充水分和抗氧化的成分。

4. 脂肪粒　是在上下眼睑皮肤表层出现的黄白色约针尖或小米粒大小的颗粒。脂肪粒是一种皮肤病，其多数情况下属于粟丘疹或者是汗管瘤以及皮脂腺增生。脂肪粒由体内原因和外在因素所产生，体内原因大多是由于身体内分泌失调，面部油脂分泌过剩，再加上皮肤清洁不彻底，导致毛孔阻塞，从而形成脂肪粒；外在因素与个人的生活习惯有关，当皮肤不够清洁，或长时间使用浓重眼影等彩妆产品，以及过多使用磨砂、去角质产品等，都会使眼周肌肤出现极微小的、肉眼无法察觉的伤口，进而在皮肤自我修复过程中产生白色小囊肿。

（1）按照产生原因，脂肪粒分为如下几种。

1）粟丘疹型脂肪粒：为表皮或附属器上皮的良性肿物或潴留性囊肿，最常见的表现乳白色或黄色针尖或粟粒大小坚实丘疹。针挑破后可重新长出，甚至成批出现，或在其他地方又重新产生。

2）痤疮粉刺产生脂肪粒：过多使用外用药治疗痤疮粉刺而导致的一种形态变异，痤疮粉刺在激素治疗的作用下，炎症状态消失，皮脂分泌减少，而仅仅在汗毛开口处留下一个小小的脂肪粒。

3）皮肤神经系统异常产生脂肪粒：由于在汗毛开口处立毛肌异常兴奋、异常突起和皮肤的过度角化形成脂肪粒的形态。

（2）脂肪粒属良性病变，一般无自觉症状，通常不需治疗。目前市场上还缺少针对此类皮肤问题的化妆品。

三、常用眼部化妆品植物原料举例

1. 洋甘菊　研究表明，从洋甘菊中提取分离出的山奈酚-3-O-β-D-吡喃葡萄糖苷、异鼠李素-3-O-β-D-吡喃葡萄糖苷、山奈酚-3-O-(6″-3-羟基-3-甲基-戊二酰基)-β-D-吡喃葡萄糖苷、(1S,2R,3R,5S,7R)-7-[(E)-咖啡酰甲氧基]-2,3-二[(O)-咖啡酯]-6,8-二氧杂双环-[3.2.1]辛烷-5-羧酸四个化合物具有抗氧化性，能抑制酪氨酸酶活性。分离出的另一化合物2-甲酰-(乙氧烯)-4,5-二甲基-2-(3,4-二羟基苯甲酰)-异丙酯具有良好保湿效果。

2. 红景天　实验证明红景天可作为抗氧化剂，清除自由基，促进细胞代谢，增强细胞活力，改善机体的结构和功能，提高机体生命力，从而延缓细胞老化，发挥其延缓衰老的作用。

【实例解析】
眼部用化妆品配方举例见表6-9、表6-10。

表 6 – 9　缓解眼部疲劳喷雾配方

相	组分	质量分数（%）
A	纯水	加至 100
	海藻糖	1
	丁二醇	3
	EDTA 二钠	0.05
	羟苯甲酯	0.1
	尿囊素	0.1
B	西洋接骨木（SAMBUCUS NIGRA）果提取物	1.0
	生物糖胶-2	2
	薄荷（MENTHA ARVENSIS）提取物	0.5
C	甘油辛酸酯（和）辛酰羟肟酸（和）对羟基苯乙酮（和）丁二醇	0.35

制备方法：

（1）A 相搅拌升温至 90℃，溶解完全后开始搅拌降温。

（2）降温至 35℃依次加入 B 相、C 相搅拌溶解均匀。

表 6 – 10　祛皱眼霜配方

相	组分	质量分数（%）
A	鲸蜡硬脂醇（和）鲸蜡硬脂基葡糖苷	2.5
	甘油硬脂酸酯（和）PEG-100 硬脂酸酯	1
	植物甾醇类	1
	山茶（CAMELLIA JAPONICA）籽油	2
	辛酸/癸酸三酰甘油	2
	二棕榈酰羟脯氨酸	0.5
	氢化聚癸烯	2
	聚二甲基硅氧烷	1
	生育酚（维生素 E）	0.5
B	纯水	加至 100
	海藻糖	1
	甘油	4
	尿囊素	0.1
	丁二醇	4
	透明质酸钠	0.1
	EDTA 二钠	0.05
	聚丙烯酸酯交联聚合物-6	0.15
C	聚丙烯酸酯-13（和）聚异丁烯（和）聚山梨醇酯-20	1
	红没药醇	0.1
	三肽-3	2
D	乙酰基六肽-8	3
	水解燕麦蛋白	3
E	苯氧乙醇（和）乙基己基甘油（和）羟苯甲酯（和）羟苯乙酯	0.95
F	香精/精油	适量

制备方法：

（1）A 相搅拌升温至 80℃。

（2）B 相搅拌升温至 85℃。

（3）在均质下将 A 相加入到 B 相中，搅拌均匀，均质 3 分钟，保温乳化搅拌 20 分钟。

（4）降温至 60℃加入 C 相均质 3 分钟，搅拌溶解均匀。

（5）降温至 40℃依次加入 D 相、E 相、F 相搅拌溶解均匀。

第七节　鼻部用化妆品

酒渣鼻，又称玫瑰痤疮，是一种发生在鼻准头及鼻两侧，以皮肤潮红、毛细血管扩张及丘疹、脓疱甚至鼻头增大变厚为特征的一种慢性皮肤病，大多数为中年人，女性较多，但病情严重者常是男性患者。中医在很早的时候就对酒渣鼻有所认识，酒渣鼻有很多不同的名称，常见的有鼻准红赤、酒皶鼻、酒齇鼻、赤齇、酒齄、粉齄等，皆是形容皮损的形态。目前病因仍不完全明了，可能与精神因素、嗜酒及辛辣食物、高温及寒冷刺激、颜面血管运动神经失调、胃肠功能紊乱、内分泌失调及毛囊蠕形螨感染有关。

一、酒渣鼻的形成机制

1. 古代中医对酒渣鼻病因病机的认识　《素问·刺热》所言"脾热病者，鼻先赤"指出脾热为病因之一。《素问·生气通天论》曰："劳汗当风，寒薄为皶，郁乃痤。"《黄帝素问直解》认为"皶"为"赤鼻也"，"痤"一般认为是指"小疖"。当劳累汗出，阳气浮越，腠理疏松时，本该静养避风寒，却贪凉吹风，寒凝肌表，腠理闭塞，阳气不得发越，郁结于肌表，致局部气血凝滞，而成粉刺、疖肿，迫于血分，则血脉扩张，而致红鼻。强调了酒渣鼻是由于热郁和气血郁结加上外感风寒引起的。《彤园医书》亦言道："酒渣鼻，生准头及两翅，由胃火熏肺，更因风寒外束，故瘀凝结，故先红后紫，久变黑色，甚是缠绵。"既强调了肺胃之热上攻，又强调了外感风寒的因素，内外两因相加，使热邪与气血相互搏结，壅滞于局部，故局部先红后黑，病情缠绵。

饮酒与酒渣鼻也有一定的关系。《东垣十书》说："酒性善行而喜升，大热而有峻急之毒。多酒之人，酒气熏蒸，面鼻得酒，血为极热，热血得冷为阴气所搏，汗浊凝结，滞而不行，宜其为先紫而后为黑色也。"当然饮酒不是邪热的唯一来源，《明医指掌》提到："亦有不饮自赤者，肺风血热故也"。

2. 幽门螺旋杆菌（HP）感染　酒渣鼻患者常伴有胃肠道功能紊乱，且大多数患者与典型消化性溃疡一样常在春天病情加重，研究表明酒渣鼻的发生与 HP 感染有关。

3. 内分泌功能失调　特别是女性患者的血清睾酮水平明显升高。

4. 蠕形螨感染　蠕形螨是人体的一种正常寄生物，在 95% 以上人的皮肤中均可检测到，它寄生于皮脂腺和毛囊内，吸取细胞内容物为营养。当脂类饮食丰富和过量饮酒等因素导致皮脂分泌过多和面颊持续红晕时，蠕形螨大量繁殖，由于虫体的机械刺激和代谢产物的化学刺激，使损伤面积扩大，造成广泛的穿透性损伤或引起变态反应性病变，如毛囊和皮脂腺扩张，组织增生，产生红斑、丘疹、肉芽肿等临床表现。

5. 血管舒缩神经敏感性增高　血管舒缩神经敏感性增高导致在受到冷热、紫外线照射等环境因素刺激或饮酒、饮料（如浓茶、咖啡）或进食辛辣食物等后，局部皮肤血管扩张出现红斑。精神因素如情绪紧张与疲劳均可加重酒渣鼻。

6. 紫外线辐射 紫外线可以诱使角质形成细胞和内皮细胞一氧化氮合成酶及金属蛋白酶类合成增强，而一氧化氮是引发炎症反应和血管扩张的炎症介质。

7. 遗传因素 部分酒渣鼻患者有家族史，经过家系图谱分析，符合常染色体显性遗传。

8. 缺锌 锌是人体必需的微量元素之一。锌能维持上皮细胞的正常生理功能，控制上皮细胞过度角化，维持上皮细胞组织的正常修复，对成纤维细胞的增生、上皮形成、胶原合成都很重要，可使有丝分裂增加，使 T 细胞增多，活性增强。对人体的免疫起到调节作用，还能维持人体各种屏障的正常功能，发挥防御作用。缺锌导致以上功能失常可能与酒渣鼻发病有关。

二、酒渣鼻的临床表现

1. 酒渣鼻临床分期 分为红斑期、丘疹脓疱期、鼻赘期三期，但各期之间无明显界限，进程缓慢，常并发痤疮及脂溢性皮炎，无明显自觉症状。

红斑期：面中部特别是鼻部、两颊、前额、下颏等部位对称发生红斑，尤其在刺激性饮食、外界温度突然改变及精神兴奋时更为明显，自觉灼热。红斑初为暂时性，反复发作后持久不退，并在鼻翼、鼻尖及面颊等处出现表浅如树枝状的毛细血管扩张，使面部持久性发红，常伴毛囊口扩大及皮脂溢出等。

丘疹脓疱期：病情持续发展时，在红斑基础上成批出现针头至绿豆大小丘疹、脓疱、结节。毛细血管扩张更为明显，纵横交错，鼻部、面颊部毛囊口扩大明显。皮损时轻时重，常此起彼伏，可数年或更久。中年女性患者皮损常在经前加重。

鼻赘期：病程长久者鼻部皮脂腺及结缔组织增生，致使鼻尖部肥大，形成大小不等的紫红色结节状隆起，称为鼻赘。其表面凹凸不平，毛囊口明显扩大，皮脂分泌旺盛，毛细血管显著扩张。从红斑期发展至鼻赘期需要数十年，仅见于少数患者，几乎均为 40 岁以上男性。

2. 酒渣鼻的临床分型 主要包括四个亚型：红斑毛细血管扩张型（血管型），丘疹脓疱型（炎症型），肥大型和眼型。另外，还存在一些变异型，包括肉芽肿、口周皮炎及面部脓皮病。

红斑毛细血管扩张型（血管型）：最早期的表现为反复的面部潮红，随着时间的推移，潮红发生的时间越来越长，最后成为持久性的。毛细血管扩张首先出现鼻翼，然后向鼻和面颊发展，在某些患者中可形成更大的蜘蛛状血管瘤或丘疹性血管瘤。本型的另一个临床表现是水肿。有一种变异型酒渣鼻会出现面中部持续性木质样发硬。该型对口服异维 A 酸治疗有效。

丘疹脓疱型（炎症型）：除了没有粉刺以外，本型炎症表现同寻常痤疮相似，包括从小的丘疹脓疱到较为少见的持久性深在型结节。与痤疮不同的是，炎症型酒渣鼻皮损并不以粉刺为中心，其形成发展与毛囊角化异常无关，炎症反应最重的部位通常是面颊部。

肥大型：鼻部皮脂腺增生是肥大型酒渣鼻的表现之一。最初，鼻部皮肤出现轻微肿胀，表面较平滑，随着角蛋白碎片堆积及腺体组织肿大，毛孔变得粗大明显，最后形成凹凸不平的结节状表面。

眼型：本型症状包括干燥感、眼疲劳、水肿、流泪、疼痛、视物模糊、睑腺炎、睑板腺囊肿及角膜损害。现在认为睑板腺阻塞造成泪膜中脂质减少，泪液蒸发增加从而造成眼睛易激惹。酒渣鼻患者泪液中基质金属蛋白酶-9（MMP-9）活性升高，体外实验证明多西环素可以降低角膜上皮组织中 MMP-9 的浓度和活性。眼型酒渣鼻的严重程度并不与面部皮疹的严重程度成正比。

肉芽肿型：有些患者表现为更为持久、散在、红色至红棕色的面部丘疹，组织学上显示为肉芽肿性炎症反应。

口周和眼周（腔口周围）皮炎型：常出现于血管型酒渣鼻，但一般面颊部炎症较轻微。临床上常可见到反复发作的小的粉红色丘疹脓疱，有时可出现带有细小鳞屑的粉红色斑片和斑块，持续数周至数月。

面部脓皮病（暴发性酒渣鼻）：面部中央暴发炎症型丘疹和黄色脓疱称为面部脓皮病或暴发性酒渣鼻。典型的面部脓皮病患者多较年轻，女性居多，几乎都没有酒渣鼻病史，常被误诊为慢性皮肤感染，但口服或静脉应用抗生素或抗真菌药均无效。

三、酒渣鼻的临床治疗方法

1. 中医认为酒渣鼻多因内有湿热，实火上攻，外有风寒外束，局部寒热、气血、痰浊相互搏结，因此治法不外乎清热除湿、发散表邪及祛瘀化痰，但不同的医家其侧重点有所不同。内治可用《奇效良方》所载 "凌霄花散"，方中凌霄花能破瘀通经，凉血祛风；山栀子凉血、解毒、利湿。《证治准绳》记载的 "荆芥散"，用荆芥穗、防风、杏仁、蒺藜、白僵蚕、炙甘草，各药合用共奏发散表邪、宣散郁阳之功。《鲁府禁方》记载 "治红糟鼻方"，用升麻、牡丹皮、生地黄、大黄、黄连、当归、葛根、生甘草、白芍、薄荷，以清热解毒、凉血活血为主兼以疏散郁热。外治有《奇效良方》所载 "硫黄散"，硫黄具有溶解角质、杀疥虫、杀菌、杀真菌的作用，在体温状态下，硫与皮肤接触产生硫化氢；或与微生物或上皮细胞作用，氧化成五硫磺酸，从而有溶解角质、软化皮肤、杀灭疥虫等皮肤寄生虫及灭菌、杀真菌等作用，因此可干预酒渣鼻形成的多个环节。

2. 现代医学主要治法包括去除病灶，纠正胃肠功能，调整内分泌，避免过冷过热刺激及精神紧张，忌饮酒及辛辣食物，规律生活，劳逸结合，避免长时间日光照射等，在此基础上加以内服和外用药物治疗。外用药物可用复方硫黄洗剂、2.5% 硫化硒洗剂、1% 甲硝唑霜或 1%～3% 含甲硝唑的硫黄洗剂以杀灭毛囊虫；脓疱多时应使用抗生素制剂如 2%～4% 红霉素醇、1% 林可霉素醇、克林霉素凝胶、过氧苯甲酰凝胶。内用药物治疗可用 B 族维生素。对自主神经功能不稳定或紊乱者，尤其是女性，在月经前或月经期面部易发生阵发性潮红者，可内服谷维素、地西泮等。镜检有较多毛囊虫的患者，可用甲硝唑，炎症明显的患者，可用四环素、红霉素或米诺环素，对抗生素治疗无效者，可改用小剂量异维 A 酸。对合并幽门螺旋杆菌感染者，可按幽门螺旋杆菌感染治疗。其他还可用多功能电离子手术治疗机或脉冲染料激光去除毛细血管扩张。对毛细血管扩张期及鼻赘期者用切割术以切断局部毛细血管网。

四、常用鼻部化妆品植物原料举例

1. **地肤子** 含三萜皂苷、脂肪油、生物碱、黄酮等化学成分，主要有效成分为地肤子皂苷。地肤子水浸剂在试管内对许兰毛癣菌、奥杜盎小孢子菌、铁锈色小孢子菌、羊毛状小孢子菌等皮肤真菌有不同程度抑制作用。地肤子水提物对小鼠单核巨噬细胞系统及迟发型超敏反应有抑制作用。

2. 白鲜皮　是中医皮肤科使用率极高的药材之一。白鲜皮中含有秦皮酮、黄柏酮、柠檬苦素、柠檬苦素地奥酚及白鲜二醇。白鲜皮水浸液对多种致病真菌，如堇色毛癣菌、同心性毛癣菌、许兰毛癣菌、奥杜盎小孢子菌、羊毛状小孢子菌、腹股沟表皮癣菌、红色表皮癣菌、考夫曼-沃夫表皮癣菌、着色芽孢菌、星状奴卡菌等皮肤真菌均有不同程度的抑制作用。

3. 黄芩　含有丰富的黄酮类化合物，目前已经提取并鉴定出结构的黄酮类化合物有几十种，主要成分包括黄芩苷、黄芩素、汉黄芩素、千层纸素和千层纸素A苷等。黄芩苷具有显著的抗炎活性，对全身性过敏、被动性皮肤过敏亦显示很强的抑制活性，黄芩苷局部皮肤给药可显著降低皮肤毛细血管通透性，并显著拮抗由磷酸组胺引起的豚鼠回肠收缩，提示黄芩苷有抗变态反应作用。黄芩中另一主要成分黄芩素能抑制透明质酸酶的活性，具抗过敏作用。清代江涵暾的《笔花医镜》记载黄芩清肺饮加葛花，能清热燥湿、利湿，用以治肺热。《脉因证治》明确记载的酒渣鼻方，便是取黄芩清泻肺热、兼清血热的功效。

【实例解析】
鼻部用化妆品配方举例见表6-11、表6-12。

表6-11　黑头导出液配方

相	组分	质量分数（%）
A	纯水	加至100
	丁二醇	1
B	甘醇酸钠	2
	乳酸	0.2
	黄芩（SCUTELLARIA BAICALENSIS）提取物	1
C	苯氧乙醇（和）乙基己基甘油（和）羟苯甲酯（和）羟苯乙酯	0.4

制备方法：
（1）A相搅拌升温至90℃，溶解完全后开始搅拌降温。
（2）降温至35℃依次加入B相、C相搅拌溶解均匀。

表6-12　黑头吸附鼻膜配方

相	组分	质量分数（%）
A	纯水	加至100
	聚苯乙烯磺酸钠	2
	硅酸镁锂	1.5
B	高岭土	6
	二氧化钛	2
	炭黑	2
	聚乙烯醇	15
C	乙醇	12
	香精/精油	适量
D	苯氧乙醇（和）乙基己基甘油（和）羟苯甲酯（和）羟苯乙酯	0.8

制备方法：

（1）A 相均质分散均匀，加入 B 相搅拌升温至 80～85℃均质 7 分钟，搅拌至各原料完全溶解后冷却。

（2）冷却至 40℃加入 C 相、D 相搅拌均匀。

第八节　唇部用化妆品

解剖学上，唇是口缘的肉质皱褶，只在哺乳类脊椎动物中发达，被覆在齿列的前面。唇由上唇与下唇所组成，具有开口于口腔前庭的口唇腺及口轮匝肌。只有人类才有所谓红唇，在其他动物中这一部分位于内侧。由于这部分向外翻卷，并且这部分的乳头较高，乳头内的毛细血管很发达，再加上表皮比较透明，所以肉眼观人类唇带有红色。

一、唇部常见问题及对策

1. 与皮肤相比，唇部的构造有很大的不同。唇部无皮脂腺；角质层相当薄，无角质化表现；无毛发覆盖；水分蒸发速度达到 40～78g/(m^2·h)，约为皮肤的 4 倍，因此唇部水分含量也略少于皮肤；自然分泌的天然保湿因子（NMF）为 0.12μmol/mg，仅为皮肤的 1/10～1/6。调查发现，唇部常常出现如下问题：干燥剥落、易开裂及出血、出现纵纹等。为保持唇部健康，常需使用唇部化妆品，一方面抑制唇部水分的挥发；另一方面向唇部补充水分和 NMF。

2. 符合美学标准的唇部应具有以下特征：正面观左右对称，口角微上翘，位于通过瞳孔的垂线上，唇缘线条流畅，边界清晰，唇峰上对人中嵴，唇谷上接人中凹，人中凹陷明显，唇色红润，唇珠微前突，颏唇沟深度适中，上唇稍厚于下唇，侧面观上唇微翘，覆盖部分下唇。出现老化时，真皮、骨、脂肪垫容积减少或重新排列致面部下垂，唇部及其周边解剖单元出现形态改变：鼻唇沟和牙尖窝的骨及真皮组织萎缩，导致鼻至上唇距离被拉长；下颌骨和牙齿的萎缩，导致下唇至颏尖的距离被缩短，颏部前移，呈现明显"缺齿"外观；唇部因容积流失，导致可见的红唇缩小，双唇变薄，人中嵴、唇弓变平，唇珠不显而失去了原有形态，周围皮肤萎缩形成细纹，甚至深的皱襞；光老化和口轮匝肌长年累月地收缩运动造成口周细纹，即"口红线"，形成下面部衰老。临床除采用整形手术外，近年来常采用注射透明质酸进行丰唇，或通过注射聚甲基丙烯酸甲酯、膨体聚四氟乙烯、聚丙烯酰胺水凝胶、自体颗粒脂肪、胶原蛋白、透明质酸、自体成纤维细胞、液态硅胶等进行软组织填充。缺点在于容易出现局部红斑、肿胀、疼痛、瘀青，甚至出现慢性肉芽肿、血管栓塞导致软组织坏死等并发症。

二、常用唇部化妆品原料举例

蜂蜜是一种良好的保湿剂，其主要成分为转化糖（即葡萄糖和果糖的混合物，占 70%～80%）、水分（与 14%～20%），还有少量的蔗糖、挥发油、有机酸、维生素 B_3、乙酰胆素及维生素 A、维生素 D、维生素 E。蜂蜜不仅具有保湿和营养作用，而且渗透力强，能有效地软化角质层，促进皮肤对营养吸收。蜂蜜能供给皮肤养分，让皮肤更有弹性，还能杀灭或抑制附着在皮肤表面的细菌，消除皮肤的色素沉着，促进上皮组织再生。

【实例解析】

唇部用化妆品配方举例见表 6-13。

表 6-13　唇蜜配方

相	组分	质量分数（%）
A	矿脂	60
	氢化聚癸烯	20
	蜂蜡	4
B	山茶（CAMELLIA JAPONICA）籽油	加至 100
	生育酚（维生素 E）	0.5
	蜂蜜	1

制备方法：

（1）A 相搅拌升温至 90℃，溶解完全后开始搅拌降温。

（2）降温至 35℃依次加入 B 相搅拌溶解均匀。

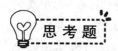

思考题

1. 美白祛斑化妆品的作用机制有哪些？

2. 痤疮是如何产生的？化妆品对痤疮的作用有哪些？

3. 化妆品能否延缓皮肤衰老？为什么？

4. 对于敏感性皮肤，化妆品能起到什么样的作用？

5. 常用止汗除臭活性物质有哪些？

6. 结合眼部皮肤的特点，该如何设计眼部用化妆品？

第七章　其他类化妆品

> **知识要求**
>
> 　**1. 掌握**　婴童化妆品和指甲油的中医药分析；婴童化妆品和指甲油的配方及分析；中草药在精油添加类化妆品中的组成和应用。
> 　**2. 熟悉**　指甲油的原料；婴童化妆品的原料。
> 　**3. 了解**　指甲的生理基础；婴童皮肤特点；芳香疗法的基础知识、应用的范围及发展前景。

　　前面已经介绍过肤用化妆品、发用化妆品、功效化妆品，本章将主要介绍婴童化妆品、指甲油类化妆品及精油添加类化妆品的相关内容。

第一节　婴童化妆品

　　随着化妆品市场竞争越来越激烈，化妆品产品分得越来越细，针对婴童使用的化妆品也越来越多。婴童化妆品是指 0 ~ 6 岁婴幼儿所使用的以清洁、滋润、保护和修饰为目的的日用化妆品。目前，各式各样的婴童化妆品不断出现，已经构成了一个相对独立而富有生机的市场。

一、婴童的皮肤特点

　　尽管婴幼儿皮肤的基本结构与成人相差不大，但婴幼儿的皮肤在形态学、生理学和功能方面有着许多特点，如下所示。
　　（1）皮肤表皮发育不完全，仅靠皮肤表面一层天然酸性保护膜来保护皮肤，控制酸碱能力差，容易被细菌感染和摩擦受损。
　　（2）皮肤的免疫系统尚未完善，抵抗力较弱，容易出现红斑、丘疹、水疱等皮肤过敏的现象。
　　婴幼儿皮肤表皮比成人的薄，特别是角质层的细胞体积小而薄，皮肤非常幼嫩、敏感，抗干燥环境的能力较弱。
　　（3）在同样部位使用药物和其他化学物质，皮肤的吸收量要比成人多，对过敏物质或毒性物的反应较成人强烈。
　　（4）皮肤汗腺分泌少，血液循环系统还处于发育阶段，体温调节能力弱。
　　（5）皮肤黑素少，色素层比较薄，容易被紫外线灼伤。

二、婴童化妆品的中医药分析

　　我国传统医药对于婴幼儿的护理有许多经验。例如，《伤寒标本》中的六一散痱子方，采用滑石 6 份，甘草 1 份，共研磨为细粉，外用于患处，具有清暑、利湿、解毒，治疗婴幼儿痱子的功效。《中医皮肤病学》中的止痱粉，采用滑石 30g，寒水石 9g，冰片 2.4g，共研磨为粉，具有治疗婴幼儿痱子、湿疹、皮炎等皮肤病的作用。《小儿宫气方》中的白僵蚕治口疮，采用白僵蚕炒黄，拭去黄肉、毛，研为末，蜜和敷之，可治疗小儿口疮。民间秘方记载的紫苏粥，取紫苏叶10g、粳米50g、生姜3片、大枣3枚，先用粳米煮粥，粥将熟时加入苏叶、生姜、大枣，趁热服用，可治疗有咳嗽、咽痒、咳痰清稀、鼻塞疏清等症状的风寒咳嗽。基于婴幼儿皮肤的特殊要求，在制备婴童化妆品时应尽量选择天然的中药活性成分，并考虑以下几点。①清洁：由于婴幼儿皮肤对酸碱抵抗力差，容易被细菌感染，因此需要在婴童化妆品中加入天然抗菌清洁成分，如蒲公英、野菊花等，以减少有害物质对婴幼儿身体的影响。②保湿：由于婴幼儿的皮肤比成人的皮肤更容易失水，因此可以选择天然保湿成分如芦荟、莲花等来减缓婴幼儿皮肤水分流失，使婴幼儿皮肤健康柔嫩。③防晒：婴幼儿的皮肤娇嫩脆弱，在婴童化妆品中加入茶多酚、胡萝卜素等天然防晒因子，可减少婴幼儿皮肤在阳光下的损伤，控制黑素的形成，使肌肤白嫩健康。

三、常用婴童化妆品的原料

基于婴幼儿皮肤的特殊性，在制备婴幼儿化妆品时，对于产品的性能和原料有更多的要求。一般婴童化妆品应具备以下要求：①产品应具有特定的婴幼儿护理功能；②产品的生产和检测需要严格符合国家标准；③产品的原料纯正，安全无毒；④尽可能选择温和无刺激的防腐剂；⑤应选用不易破碎、避免婴幼儿吸入的安全包装。常用的婴童化妆品原料有如下几种。

1. **油脂** 婴童化妆品一般都使用天然油脂原料，天然油脂原料又分为植物油脂原料、动物油脂原料及矿物油脂原料。

（1）橄榄油 是人类史上最古老的食用油脂之一，在西方被誉为"液体黄金""植物油皇后"，被认为是最适合人类的油脂。它富含与皮肤亲和力极佳的角鲨烯和人体必需脂肪酸，能有效保持皮肤弹性和润泽，具有极佳的天然保健和美容功效，适用于所有年龄段和生理状态下的人群，对婴幼儿的生长和发育尤其适宜。

（2）杏仁油 微黄透明，味道清香，富含蛋白质、不饱和脂肪酸、维生素、无机盐及人体所需的微量元素，具有良好的亲肤性和保湿养颜防皱纹的功效，且不会对皮肤造成刺激和伤害，是婴幼儿化妆品的重要原料。

（3）霍霍巴油 是从霍霍巴中提取出来的黄色油脂，无味，性质温和，对皮肤无刺激，与人体皮肤的油脂结构相似，能与人体皮脂完全混合，极易被皮肤吸收，滋润和保湿效果好，可增加皮肤水分，常用于头发及脸部的化妆品中。

（4）鳄梨油 含有脂溶性维生素植物甾醇，气味柔和，有防腐性能，不易酸败，对皮肤作用温和，渗透性好，有很好的柔软和杀菌作用，适合皮肤干燥或有湿疹、牛皮癣的人群使用。

（5）蛇油 是一种传统的纯天然护肤品，主要含有不饱和脂肪酸、亚麻酸、亚油酸等脂肪酸，能促进皮肤细胞新陈代谢，抑制皮肤表面有害细菌和螨虫生长，增强皮肤免疫调节功能，且具有较强的皮肤亲和力和渗透性，易被皮肤吸收，是高级美容化妆品中的常用原料。

（6）液体石蜡 又称为白油，由石蜡烃与环烷烃的饱和成分所组成，是无味、无色、无臭的黏性液体，不溶于水、乙醇，溶于挥发油，混溶于多数非挥发性油，对酸、热、光稳定，不易发生化学反应，可作为婴幼儿油、雪花膏等软膏和软化剂的基础油脂。

2. 粉质 粉质原料是重要的基质原料，在婴幼儿化妆品中如爽身粉、痱子粉等均具有广泛的应用。其中，经常使用的原料是滑石粉。滑石粉是纯白色微细粉末，无臭无味，性质柔软，有滑腻感，具有润滑性、抗酸碱性、耐火性、绝缘性、熔点高、化学性质稳定等优良特性。

四、婴童化妆品的配方及分析

【实例解析】

婴童化妆品的配方举例见表7-1和表7-2。

表7-1 婴童防痱爽身粉配方

相	组分	质量分数（%）
A	滑石粉（不含石棉残留物）	30.0
	改性玉米淀粉	加至100.0
	氧化锌	3.0
	薄荷（MENTHA ARVENSIS）粉	1.0
	双（羟甲基）咪唑烷基脲	0.15
B	香精/精油	适量

制备方法：A相加入粉相搅拌机搅拌30分钟，喷入B相，搅拌30分钟至搅拌均匀。

说明：薄荷粉为中药活性成分，有清凉、止痒、消炎、止痛的功效。

表7-2 婴童缓解尿布疹乳液配方

相	组分	质量分数（%）
A	C14-22 醇（和）C12-20 烷基葡糖苷	2
	甘油硬脂酸酯（和）PEG-100 硬脂酸酯	1
	山茶（CAMELLIA JAPONICA）籽油	2.5
	覆盆子（RUBUS IDAEUS）籽油	2.5
	辛酸/癸酸三酰甘油	3
	聚二甲基硅氧烷	1
	异壬酸异壬酯	2
	生育酚（维生素E）	0.5
B	纯水	加至100.0
	丁二醇	4
	海藻糖	1
	羟苯甲酯	0.15
	甘油	4
	尿囊素	0.1
	EDTA 二钠	0.05
	聚丙烯酸酯交联聚合物-6	0.15
C	聚丙烯酸酯-13（和）聚异丁烯（和）聚山梨醇酯-20	0.8
	红没药醇	0.1
D	甘油辛酸酯（和）辛酰羟肟酸（和）对羟基苯乙酮（和）丁二醇	0.6

续表

相	组分	质量分数（%）
E	芦荟提取物	5.0
	金盏花（CALENDULA OFFICINALIS）提取物	5.0
F	香精/精油	适量

制备方法：

（1）A 相搅拌升温至 80℃。

（2）B 相搅拌升温至 85℃。

（3）在均质下将 A 相加入到 B 相中，搅拌均匀，均质 3 分钟，保温乳化搅拌 20 分钟。

（4）降温至 60℃加入 C 相均质 3 分钟，搅拌溶解均匀。

（5）降温至 40℃依次加入 D 相、E 相、F 相搅拌溶解均匀。

说明：芦荟提取物和金盏花提取物为中药活性成分，具有清热解毒、抗炎杀菌的作用，并可作为防腐剂使用。

知识拓展

随着洗发与沐浴二合一功能的产品问世，父母为婴幼儿清洗的步骤和时间得到了极大简化，这类婴幼儿清洁产品获得消费者的青睐，其市场占有率超越了单独的婴幼儿洗发水或沐浴露产品。现代年轻的父母愿意在开放的大自然环境中带孩子，但各种各样的虫类对婴幼儿的皮肤叮咬后会造成皮肤的肿胀和瘙痒，给家长带来困扰，使得婴幼儿防虫类叮咬产品的需求增长迅猛。使用爽身粉依然是保持婴幼儿皮肤干燥爽滑的首选，但过去发生含石棉的爽身粉事件使婴幼儿化妆品质量堪忧，以滑石粉作为基质的爽身粉产品渐渐淘汰，相反，宣称纯天然玉米粉的产品销量激增。可见关注安全性，使用天然绿色原料已成为婴幼儿化妆品类的必然趋势。随着人民生活水平的提高，纸尿裤价格日趋合理以及人们对纸尿裤作用的普遍认可，使我国的婴儿纸尿裤市场处于快速成长期，同时也带动了人们对缓解尿布疹乳液等产品的发展需求。

第二节　指甲油类化妆品

指甲油类化妆品是通过对指甲的涂抹、修饰，以达到美化和保护指甲的化妆品。指甲油类化妆品由于颜色丰富艳丽，具有美观和保护作用等优点，深受消费者尤其是女性消费者的喜爱。

一、指甲的生理基础

人类指甲位于手指前端，微微隆凸，圆滑光亮，可分成指甲根、指甲板、甲基和指甲前缘等部分。

指甲根位于指甲的根部，在甲基的前面，极为薄软，其作用是以新产生的指甲细胞推动老细胞向外生长，促进指甲的更新。指甲板亦称甲盖，由鳞状的角质层重叠产生，可分三层，是致密半透明而结实的板片。指甲前缘也称指甲尖，是指甲面从甲床伸出的悬空部分，下方没有支撑，缺乏水分及油分，容易裂开。指芯是指甲尖下的薄层皮肤。指甲沟是指甲的外框，太干燥容易长出肉刺。甲弧是位于指甲根部白色如半月形的地方，也叫半月区。指甲床是支撑指甲皮肤的组织，与指甲紧密相连，供给指甲水分和血液，使指甲呈粉红色。甲基位于指甲根部，含有丰富的毛细血管、淋巴管和神经，是指甲生长的源泉，甲基受损时指甲将停止生长或畸形生长。甲床表皮主要起保护柔软指甲的作用。游离缘也叫微笑线，是甲体与甲床游离的边缘线。

指甲的正常厚度为 0.5 ~ 0.8mm，生长速度因人而异，受年龄、气候、营养、性别、时间等因素影响。婴幼儿的指甲每周生长约 0.7mm，随着年龄的增长，其生长速度随之加快，成年后，指甲每周平均可生长 1mm，但 30 岁以后，多数人指甲的生长速度会减慢，一般全部更换指甲需半年左右时间。

二、指甲的中医分析

健康的指甲应该呈淡红色，平滑、红润、对称、有光泽、坚韧不脆，甲面无纵横沟纹，甲半月区呈灰白色，边缘与肉平行，无斑点和凹凸。健康人的指甲表面在阳光下有闪耀的反射，表明整体健康处于极佳状态，体内各器官的功能都完好正常。

十指连心，中医认为指甲是人体脏腑气血的外荣，与人体脏腑经络有着直接的联系，能充分反映人体脏腑的生理、病理变化。若指甲的甲色、形状、比例等出现异常形态的变化，说明人体存在病变。

指甲的甲色讲的是指甲的光泽度和颜色。若指甲上有块状或条状部位变亮，提示身体存在胸膜炎或腹腔积液。若整个指甲都变得光亮无比，像涂了油一样，这种多见于甲状腺功能亢进、糖尿病、急性传染病患者。若指甲失去光泽，像毛玻璃一样，说明体内存在结核病、肝脓肿、肺脓肿等疾病。若指甲颜色偏白，缺乏血色，说明患者营养不良、贫血。若指甲颜色偏红，是热的表现，指甲颜色鲜红为有热或阴虚劳热；指甲颜色深红色或红紫，多为风热毒盛，可能会出现肌肉、筋骨、关节等酸痛、麻木、痛风等症。若指甲颜色变灰，多是由于缺氧造成，一般在抽烟者中比较常见；而对于不吸烟的人，指甲突然变成灰色，最大的可能是患上了甲癣。若指甲颜色变黄，多与体内缺乏维生素 E 有关。如果所有的指甲都变黄，则是全身衰老的象征。若指甲颜色变青黑色，多为寒症、痛症，也可能是血瘀，如果指甲颜色青得发黑，说明病情已十分严重。

若指甲呈百合形，中间明显突起，四周内曲，虽然手型会比较漂亮，但拥有此甲的人从小体弱多病，尤其是消化系统方面容易出问题，还比较容易患血液系统疾病。若指甲呈扇形，此类人多半为天生的强壮体质，从小身体素质就很好，但在老年时比较容易患十二指肠溃疡、胆囊炎甚至肝病。若指甲呈圆形，此类人看上去体格健壮，很少得病，但其实是对疾病的反应不灵敏，自己很难感觉到身体的异况，所以容易发生急重病，如最易发生溃疡出血、胰腺炎、心脏功能紊乱甚至癌症等。

指甲的比例主要指指甲的长宽比例，其变化多与先天性的遗传因素有关。若指甲变长，此类人性格比较温和不急躁，精神因素刺激引起的疾病比较少见，但此类人先天的体质偏弱，免疫系统较差，很容易患上呼吸道感染、胃肠炎等疾病。若指甲变短，此类人比较容易急躁冲动，心脏功能先天性相对较弱，比较容易发生神经痛、风湿等疾病。若指甲变方形，这类人的体质比较差，往往属于无力型，虽无明显的大病，但是很容易成为遗传性疾病患者。如果女性出现这样的指甲，应该警惕子宫和卵巢方面的问题。

由于指甲可以反映人体的健康状况，因此当指甲出现颜色及形态变化时，应及时就医。

指甲油类化妆品由于颜色丰富，深受人们的喜爱，目前在市场上亦颇受欢迎，而且美化指甲自古就有。在古埃及，指甲颜色是地位的象征，红色是特权阶层的标志，平民只能使用浅色，如埃及艳后就偏爱深红色。古罗马女人用胭脂把指甲涂成粉色，以示健康。在我国的周朝，有贵族用金或者银等贵金属打造指甲，以显示其地位。而在明朝，黑色和红色指甲是皇族的象征。现在许多指甲油在生产过程中非法加入了对人有害的人造色素等物质，容易导致癌症、白血病等危险疾病。而从中药中提取的天然色素作为指甲油的显色成分，具有安全无毒、色泽鲜艳等优点，因此中药指甲油是指甲油类化妆品未来发展的方向。

理想的指甲油应当具有以下性质：①原料来源安全无毒，绿色环保；②具有一定的黏度，涂抹容易；③成膜速度快，形成的膜均匀无气孔；④颜色均匀一致，亮度好，有一定的黏附力，耐摩擦，不易剥落和蹭掉；⑤容易被指甲油清除剂去除，且不损伤指甲。

三、常用指甲油的原料

制造指甲油的主要原料有成膜剂、树脂、增塑剂、溶剂与颜料等。

1. 成膜剂　成膜剂主要由一些合成或半合成的高分子化合物组成，常用的有硝化纤维素、醋酸纤维素、乙基纤维素、聚乙烯化合物及聚丙烯酸甲酯等，其中最常用的为硝化纤维素，亦称硝化棉。硝化纤维素在硬度、黏度、附着力、耐磨性方面性能优良，是理想的薄膜形成剂，但极易燃烧和爆炸，使用时注意要远离火源。

2. 树脂　树脂能增加成膜剂的亮度和黏附力，和成膜剂同为影响指甲油的性能的关键因素。指甲油用的树脂分为天然树脂和合成树脂。常用的天然树脂有虫胶、达马树胶，但稳定性较差。合成树脂有醇酸树脂、氨基树脂、丙烯树脂、聚丙烯酸树脂、对甲苯磺酰胺甲醛树脂。其中醇酸树脂与硝化纤维素合用时，可增强指甲油薄膜的亮度、黏附力及抗水性。

3. 增塑剂　增塑剂又称软化剂，能使薄膜软化持久，不易变脆，减少薄膜的收缩和开裂现象。指甲油中常用的增塑剂有磷酸三甲苯酯、磷酸三丁酯、邻苯二甲酸酯、樟脑、蓖麻油、柠檬酸三乙酯、苯甲酸苄酯等。其中比较理想的是樟脑和邻苯二甲酸酯类物质，它们作为增塑剂与硝化纤维素、树脂等具有很好的互溶性，而且挥发性小。

4. 溶剂　指甲油中的溶剂主要用来溶解成膜剂、树脂、增塑剂等。溶剂的挥发速度应适宜，挥发太慢会使干燥时间增长，影响薄膜的厚度；挥发太快，难以涂抹均匀，影响外观。因此，一般使用混合溶剂调整溶剂的挥发速度，常用的有正丁醇、乙酸乙酯、异丙醇等。

5. 颜料　颜料可以使指甲油色彩鲜艳和起不透明的作用。若使用可溶性的颜料和色素会使指甲及皮肤染色，不宜使用。因此，一般选择不溶性颜料，最好使用天然提取的色素作为颜料。

四、指甲油的配方及分析

【实例解析】

指甲油配方见表 7-3 和表 7-4。

表7－3　指甲油配方（一）

相	组分	质量分数（%）
A	邻苯二甲酸酐/偏苯三酸酐/二元醇类共聚物	11
	硝化纤维	16.5
	乙酸丁酯	35
	异丙醇	4.5
	樟脑	3
	苯甲酸钠	0.2
B	仙鹤草（AGRIMONIA PILOSA）提取物	9
	纯水	加至100.0

制备方法：A相＋B相搅拌均匀后研磨至细腻。

说明：硝化纤维为成膜剂，邻苯二甲酸酐和偏苯三酸酐为增塑剂，乙酸丁酯为溶剂，苯甲酸钠为防腐剂，仙鹤草红是从仙鹤草（AGRIMONIA PILOSA）中提取出来的天然色素。按此法制备的指甲油性能良好，不易脱落，用肥皂和水能迅速的洗掉。

表7－4　指甲油配方（二）

相	组分	质量分数（%）
A	邻苯二甲酸酐/偏苯三酸酐/二元醇类共聚物	11
	硝化纤维	16.5
	乙酸丁酯	24
	乙酸乙酯	25
	异丙醇	4.5
	樟脑	3
	苯甲酸钠	0.2
B	紫草（LITHOSPERMUM ERYTHRORHIZON）提取物	9
	纯水	加至100.0

制备方法：A相＋B相搅拌均匀后研磨至细腻。

说明：紫草提取物是从紫草中提取出来的天然色素。按此法制备的指甲油性能良好，但用肥皂和水不易清洗。

第三节　精油添加类化妆品

精油（essential oil），又称香精油，是由植物通过水蒸气蒸馏法、挤压法、冷浸法或溶剂法等提取法将植物油腺细胞内的精油成分提炼萃取出来，萃取出的精油是有香味的油状挥发性芳香物质，其中精油占大部分，还有少量油树脂、香树脂及树胶等，故将这类混合物统称为精油。精油大多数不溶于水或微溶于水，溶于乙醇及有机溶剂。精油作为天然香料原料中植物性香料的主要品种，广泛存在于芳香植物的花、叶、根、茎、果实、种子、树皮等部位或分泌物中。精油主要组分为萜烯烃类，特别是单萜烯和倍半萜烯是精油的核心部分；但也有些精油含有大量的非萜烯组分，如甜桦油的98%为水杨酸甲酯，大茴香油的90%为茴香脑，丁香油的95%以上为丁子香酚。精油在植物中含量甚微，一般在1%以下，需要大量的植物才能制得少量的精油，如要提取出1kg玫瑰精油大约要4000kg玫瑰花瓣，而且含量与组成受到环境、地理、遗传、季节等多种因素的影响，因此天然精油十分昂贵。于是人工合成方法应运而生，大有取代天然精油之势。但某些植物精油的特殊香韵是人工精油无法代替的，因而，从天然植物中提取精油仍是制取高级精油的主要来源。

一、精油的特性与主要功能

1. 精油的特性　并不是所有的植物都能产出精油，只有含有香脂腺的植物才可能产出精油。不同植物的香脂腺分布有区别，分布于花瓣、叶子、根茎或树干上。经提炼萃取后，即成为我们所称的"植物精油"。精油里包含很多不同的成分，有的精油，例如玫瑰，可由250种以上不同的分子结合而成。

精油提取物全部为芳香植物中具有挥发性的小分子物质，相对分子量极小，一般为20～300之间不同的分子结合而成，精油具有亲脂性，很容易溶在油脂中，因为精油的分子链通常比较短，这使得它们极易渗透于皮肤，且借着皮下脂肪下丰富的毛细血管而进入体内，因此渗透性极高，特别容易被皮肤吸收。精油是由一些很小的分子所组成，这些高挥发物质，可由鼻腔黏膜组织吸收进入身体，将信号直接送到脑部，通过大脑的边缘系统，调节情绪和身体的生理功能。所以在芳香疗法中，精油可强化生理和心理的功能。每一种植物精油都有一个化学结构来决定其香味、色彩、流动性和其与系统运作的方式，也使得每一种植物精油各有一套特殊的功能特质。所以精油具备高浓缩性、高挥发性、高渗透性、高扩散性、脂溶性及多相溶解性、高生物活性等特征。

2. 精油的主要功能　精油具有多种生理和药理作用。在正确方法的使用下，精油基本不会引起不良反应。精油能使神经系统得到松弛，能刺激循环系统，缓解压抑。精油能使身心协调并使人充满自信，从而达到平衡情绪的作用。精油的芳香物质被位于鼻腔上部的嗅觉神经所感受并传递到大脑，它所起的调节作用可能为兴奋或镇静。精油对皮肤病有一定治疗效果，如粉刺、湿疹、牛皮癣、烧伤、瘢痕等。除此以外，植物精油还具有如下生物活性：抗菌活性、抗病毒活性、抗真菌活性、抗氧化活性等。

（1）抗菌活性　植物精油的抗菌活性与其化学成分密切相关，尤其是一些高活性的化学组分对其抗菌活性起主要作用。如单萜醇是广谱抑菌活性分子，常见的有香叶醇、芳樟醇、月桂烯醇、松油醇、薄荷脑和胡椒醇等，可用于预防或治疗细菌性感染等疾病。醛类化合物也具有一定的抗菌活性，用途最广的有橙花醛、香叶醛、香茅醛及枯茗醛等。植物精油大多有较好的抗菌作用，对革兰阳性菌的抗菌活性要高于革兰阴性菌。

（2）抗病毒活性　植物精油具有一定的抗病毒作用。单萜醇类化合物，如桉树等桃金娘科中多种树木的精油可与其他精油成分产生协同作用，用以治疗呼吸道病毒感染。氧化芳樟醇和芳樟醇可用于治疗病毒引起的下呼吸道感染等。

（3）抗真菌活性　肉桂精油能够将引起植物炭疽病的孢子致死，百里香、迷迭香和桉树精油有一定抗青霉、曲霉等真菌的活性，有研究证明具有抗真菌活性的植物精油包括大蒜、洋葱、肉桂、胡椒、丁香、牛至、百里香、迷迭香、月桂树叶、肉豆蔻等精油。

（4）抗氧化活性　很多植物精油都有抗氧化作用，能减少自由基等物质对机体的伤害，有助延缓衰老。植物精油抗氧化作用还可与其他生物活性互相协作，共同保护机体延缓衰老。例如，迷迭香中含有的迷迭香酸和迷迭香酚；牛至中所含的香芹酚和百里香酚；鼠尾草中所含的1,8-桉叶素、樟脑和β-蒎烯；香桃木中所含的苯丙酯类和丁香酚等。植物精油的抗氧化活性可通过直接或间接作用进行，直接抗氧化作用是精油中某些活性成分抑制或阻断自由基链式反应，如阻止起始自由基的生成或阻断链式反应；间接抗氧化作用是精油中某些活性成分虽不直接参与抗氧化过程，但可通过保护氧化基质或提高机体的抗氧化防御能力发挥抗氧化作用，如抑制脂质过氧化、调节抗氧化酶水平。

二、精油与芳香疗法

1. **应用历史**　芳香疗法萌芽于古埃及和古印度，发扬于古希腊、古罗马和阿拉伯，成熟于 20 世纪的法国，随后流行于世界各地。早在 5000 多年前，古埃及人就开始使用乳香精油和肉桂精油来减轻肌肉疼痛，用没药、芫荽和蜂蜜调制油膏来治疗疾病。古印度人以柠檬香茅退热和预防传染病（如疟疾），用檀香振作精神、消除疲劳。古希腊人用罗勒解毒治蛇伤，用洋茴香调理消化系统，用迷迭香除疾驱魔。到了 19 世纪，当代芳香疗法之父法国的 Rene Maurice Gattefosse 于 1937 年出版了一本关于精油抗菌效果的书，书中首次提出了"芳香疗法"（aromatherapy）这一新名词。在英国，芳香疗法作为替代疗法十分流行，1998年，芳香治疗师资格成为国家认定的资格，在大学，芳香疗法已纳入正式教学课程。在日本还设有日本芳香治疗师协会。目前芳香疗法最先进的国家有法国和比利时等。

中华民族用香历史悠久，在距今 3000 年的殷商甲骨文中已出现"香"这个字及熏疗、艾蒸和酿制香酒的相关记载。到了周代，人们开始了佩香囊、沐兰汤，用香逐渐演变成日常礼仪，在先秦文献中，《山海经》记载薰草"佩之可以已疠"。春秋战国时期，文献中记载的芳香药物显著增加，《神农本草经》集东汉之前药物学之大成，书中记载有不少芳香药物。唐代以来，芳香疗法有了进一步发展，孙思邈所著《备急千金要方》在"辟温"一节中所用方法多种多样，所选药物均以芳香药为主体，如用太乙流金散烟熏、用赤散搐鼻、用辟瘟杀鬼丸香佩、用桃枝洗方外浴等。到了清代，芳香疗法的代表医家为杰出的外治大师吴师机，吴师机所著《理瀹骈文》中所述芳香疗法的给药途径不仅是以膏药为主，还有敷、熨、涂、熏、浸、擦、搐、嚏、吹、吸、坐等外治法，特别是对芳香疗法的作用机制、辨证论治、药物选择、用法用量、注意事项等做了系统的阐述。

2. **应用研究**　药理学假说认为芳香疗法通过香气作用影响人体的自主神经系统、中枢神经系统、内分泌系统进而影响人的情绪、生理状态和行为；心理学假说提出芳香气味通过影响情绪、自觉认知、期望来对人体产生作用。

（1）改善记忆和情绪　芳香疗法被证明具有改善记忆和情绪的作用，在人体临床试验中，与对照组相比，暴露于鼠尾草和薰衣草中，其中暴露于鼠尾草香气中的成人的认知能力和情绪得到了改善；将阿尔茨海默症患者早上暴露于迷迭香和柠檬精油香气中，晚上暴露于薰衣草和甜橙精油香气中，经治疗后其在认知能力方面均有显著改善，特别是触摸式痴呆评价总成绩有显著提高，患者的记忆和认知能力明显提高。

（2）减轻女性经期痛苦　对有经期痉挛症状的妇女采用由薰衣草、鼠尾草、玫瑰组成的混合精油按摩腹部可以减轻妇女的经期痉挛和痛经症状。

（3）缓解精神压力　如短时间的吸入薰衣草精油可以缓解夜班医务工作者的精神压力等。

3. **芳香疗法的安全性**　在芳香疗法的实际应用中，应考虑植物精油对人体潜在的刺激性、毒性作用和禁忌证。

（1）芳香疗法书籍中有许多精油的项下均标记"不得用于治疗目的"，包括海索油、胡薄荷油、艾菊油、侧柏油、冬青油和苦艾油等。按常规，芳香疗法中避免使用冬青油和甜桦油。

（2）精油的应用途径：主要用于化妆品与香水的调香，以及芳香疗法中。至于口服、肠道给药、皮肤局部给药等要慎重。

（3）妊娠期使用精油是芳香疗法中最敏感的领域之一，大多数芳香疗法文献中都明确规定，妊娠期不得使用任何具有"通经"作用的精油，即那些可能影响月经周期的精油，避免引起畸胎、流产或早产等不良反应，已知有刺柏油、胡薄荷油、芸香油等。

（4）一些精油列于国际芳香疗法医师协会"禁用于皮肤制剂"的名单中。名单中包括香旱芹油、肉桂皮油、中国肉桂油、丁香油、牛至油和山香薄荷油等。上述精油中含有酚类和芳香醛类化合物，具有皮肤刺激性，特别要避免过敏性皮肤如 12 岁以下儿童和湿疹患者使用这类精油。

（5）压榨香柠檬油和压榨白柠檬油及万寿菊油、枯茗油和当归根油等含有具有光毒性的呋喃并香豆素类化合物，这些精油涂于局部皮肤上，并暴露于日光或强烈灯光等发射出的强烈紫外线之下容易导致"晒斑"的出现，或引发香料皮炎。

三、精油添加类化妆品

精油可分为 100% 纯植物精油（纯精油）、气化精油、配制精油三大类。其中纯精油分为单方精油（也称单油）、复方精油（也称复合油）和基础油（也称基底油）。由于单方精油浓度较高，不能直接使用在皮肤上。气化精油是用 90% 纯植物异丙醇、5% 纯精油中的单方精油和 5% 蒸馏水配制而成，价格适中。而配制精油是用大量廉价的工业合成香料加少量纯精油配制而成，价格低廉。近年来，精油不仅单独作为护肤品使用，也被添加入护肤品中，成为精油添加类化妆品，精油添加类化妆品具有以下优点。

（1）精油添加类化妆品以纯天然芳香植物精油为主要功效成分或芳香添加剂，而不使用人工香料等化学成分，强调天然环保理念，因而符合人们追求自然与和谐的消费理念。

（2）精油添加类化妆品以传统护肤品为载体，而以纯植物精油为功效成分，有效地解决了皮肤的吸收问题。

四、精油添加目的

高纯度植物精油，除了浓度更高以外，香味也更醇厚，渗透性更强，利用率更高。高纯度植物精油一般用以护肤品的调香，作为复合护肤品的生物活性成分，可以达到更好的功效。

精油可以改善人体的循环系统及皮肤系统，在使用高纯度植物精油调香的护肤品同时，也相当于给皮肤做了一次按摩，具有芳香疗法的功效，可以调节情绪和改善生理功能。

五、精油调香

使用高纯度植物精油调香的护肤品，比使用其他香料调香的护肤品，香味更自然。

（1）因为人类的嗅觉不像视觉或听觉那么多元，导致一般人对于香气的文字描述比较贫乏，所以调香师通常会将香气的扩散速度快慢比喻成合唱团的不同音部，或是金字塔不同的高度，来建立对于香气的描述及调香的模型。

高音调（前调）：气味扩散速度最快，人常最先闻到此类气味，相对也消失得最快，前调的气味通常具有清新特质，例如：柠檬、佛手柑、甜橙、柑橘、柠檬香茅、茶树、薄荷、尤加利等。

中音调（中调）：气味扩散速度适中，不会很快飘散，也不过于沉重，是前调与后调的桥梁，也常是调香中的主角，因此中调的气味通常具有明星特质，宜人、好闻或耐闻，例如：玫瑰、茉莉、天竺葵、薰衣草、橙花、依兰、洋甘菊、迷迭香、罗勒等。

低音调（后调）：气味扩散速度最慢，是人最晚才闻到的气味，相对的也是停留最久，甚至两三天后还可以闻到后调气味，它通常具有稳重或往下扎根的特质，因此常是根部、木头或树脂类的精油，例如：檀香、欧白芷根、胡萝卜籽等。

调香原则：高、中、低调的精油，在调香时的比例多寡，仿佛是倒立的金字塔，也就是说高、中、低音调的比例应该是多、中、少的量，因为低音调气味最持久，加的量要最少，不然会让整体气味太沉重，而前调气味很快飘散，所以加的量要最多，才能让整体气味更立体（图 7 - 1）。

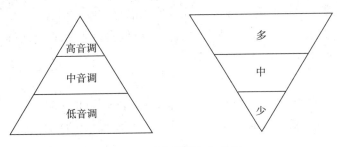

图 7 - 1 香氛类型加入的量

（2）量身定做专属于自己的复方精油（也是调香的一种），创作个性化芳疗产品，如按摩油、香芬、香薰蜡烛、精油花草茶等。

复方精油不但可以增加香气的层次感，对于功效方面也更加全面。调制复方精油，可以让精油气味更加多变，且因为挥发速度不同，调和后的香气能够持续更久、更迷人。此外，经过复方精油不同成分的协同作用，会将单一精油的危险性降低，因此平日使用精油，复方会比单方更适合。要注意的是一般自行调复方精油以 3 种为限，因为精油成分复杂，若认识不深，可能会使效果降低，在气味上也会更难掌握。调配好的复方精油还是纯精油，如果要使用在肌肤上，依然要依照调配按摩油的方式用基础油、加乳霜中稀释或是滴在熏香器里熏香等方式使用。

六、常用化妆品精油举例

1. 薰衣草精油 很早以前，人类就认识到薰衣草具有镇静的性质。薰衣草精油能减轻胃肠胀气和镇定神经系统。用于缓解压抑、失眠、紧张、粉刺、肌肉疼痛等。

配方案例：

控油祛痘印：薰衣草 2 滴 + 橙花 1 滴 + 柠檬 1 滴 + 5ml 葡萄籽 + 5ml 甜杏仁油，将调和好的精油于夜间护理爽肤后取 2 ~ 3 滴整脸涂抹；有痘印部位直接用棉签蘸取精油点涂在痘印部位，早晚使用。

2. 茶树精油 茶树精油也叫互叶白千层，气味清新带辛。茶树精油的主要化学成分为松萜或蒎烯、桧烯、月桂（香叶）烯、芳樟醇、萜品烯或松油烯等，主要作用是可抑制细菌、真菌等微生物感染。

配方案例：

痘痘（青春痘/上火痘）：茶树 2～3 滴 + 薰衣草 2～3 滴，签蘸取精油点涂在痘痘部位。

3. 桉树精油 桉树精油是世界上产量最大的精油之一，它的主成分是 1,8-桉叶素，是多种咳嗽药剂中最有价值的活性成分之一。桉树精油用在按摩油和油膏中可治疗手部和唇部皲裂及其他皮肤病。将桉树精油、刺柏精油、薰衣草精油和香叶精油混合在一起，能制成一种缓解关节和肌肉疼痛的按摩油。

配方案例：

清洁毛孔：桉树 2 滴 + 薰衣草 2 滴熏蒸。

4. 柠檬精油 柠檬精油具有新鲜、清爽的气息，能激发活力、活跃思维和刺激中枢神经系统。正是由于柠檬精油具有杀菌和抗菌的性质，所以它能防治传染病。柠檬精油能消除皱纹和色斑，平衡油脂分泌，适于油性皮肤。

配方案例：

提亮肤色：柠檬 1 滴 + 橙花 1 滴 + 10ml 玫瑰果油。

5. 玫瑰精油 玫瑰精油具有"花中之后""最佳女性生理油"之称，能保湿、美白、淡斑，延缓衰老、改善内分泌，愉悦心情等。

配方案例：

美白保湿淡斑：玫瑰 2 滴 + 橙花 2 滴 + 薰衣草 1 滴 + 10ml 荷荷巴油。

6. 檀香精油 檀香精油可滋润补水，改善干燥脱皮现象，增加皮肤弹性等。

配方案例：

抗皱紧肤：檀香 2 滴 + 茉莉 1 滴 + 迷迭香 1 滴 + 5ml 玫瑰果 + 5ml 荷荷巴油。

【实例解析】

精油添加类化妆品配方举例见表 7－5 至表 7－8。

表 7－5　美白保湿精油配方

相	组分	质量分数（%）
A	氢化甜杏仁油	60
	氢化橄榄油	28
	生育酚（维生素 E）	5
	香柠檬（CITRUS AURANTIUM BERGAMIA）果油	5
	薰衣草（LAVANDULA ANGUSTIFOLIA）油	2

制备方法：A 相各组分混合搅拌均匀。

表 7－6　保湿舒缓面膜配方

相	组分	质量分数（%）
A	纯水	至 100
	卡波姆	0.4
	EDTA 二钠	0.05
	甘油	5
	丁二醇	5
	海藻糖	2

续表

相	组分	质量分数（%）
B	金黄洋甘菊（CHRYSANTHELLUM INDICUM）提取物	1.5
	荷荷巴（SIMMONDSIA CHINENSIS）籽油	1.0
	氢化橄榄油	1.0
	生育酚（维生素 E）	0.25
	C14-22 醇、C12-20 烷基葡糖苷	0.6
	三乙醇胺	0.4
C	纯水	至 100

制备方法：

（1）A 相搅拌升温至 90℃，溶解完全后开始搅拌降温。

（2）降温至 40℃依次加入 B 相、C 相，搅拌溶解均匀。

表7-7　防老抗衰面膜配方

相	组分	质量分数（%）
A	纯水	至 100
	卡波姆	0.3
	EDTA 二钠	0.05
	甘油	5
	丁二醇	5
	肌肽	3
B	乳香（BOSWELLIA CARTERII）油	0.5
	荷荷巴（SIMMONDSIA CHINENSIS）籽油	2
	角鲨烷	2
	C14-22 醇、C12-20 烷基葡糖苷	1.0
	三乙醇胺	0.3
C	纯水	至 100

制备方法：

（1）A 相搅拌升温至 90℃，溶解完全后开始搅拌降温。

（2）降温至 40℃依次加入 B 相、C 相，搅拌溶解均匀。

表7-8　晒后修复配方

相	组分	质量分数（%）
A	纯水	至 100
	卡波姆	0.3
	EDTA 二钠	0.05
	甘油	5
	丁二醇	5
	芦荟提取物	10
B	金黄洋甘菊（CHRYSANTHELLUM INDICUM）提取物	1.0
	薰衣草（LAVANDULA ANGUSTIFOLIA）油	0.5
	荷荷巴（SIMMONDSIA CHINENSIS）籽油	2

续表

相	组分	质量分数（%）
B	氢化橄榄油	2
	C14-22 醇、C12-20 烷基葡糖苷	1
	红没药醇	0.15
C	三乙醇胺	0.3
D	纯水	至 100

制备方法：

（1）A 相搅拌升温至 90℃，溶解完全后开始搅拌降温。

（2）降温至 40℃依次加入 B 相、C 相、D 相，搅拌溶解均匀。

▶ **知识拓展** ◂

美丽的森林，花朵茂盛绽放的草原、清脆明亮的鸟鸣，接触到这些大自然的产物与美景时，能让人心灵感到平静、焕然一新。而充满天然植物能量的精油能够影响大脑，帮助我们控制情绪，比如说，当我们情绪低落时，闻闻能促进多巴胺分泌的葡萄柚香气，就能够以开朗的心情度过一整天，无论何时都能轻松使用的精油，是来自地球的美妙赠礼。

"精油"，一种芳香的液态物质，萃取自各种花、草、果实、叶、根和树木。精油对于医药、食品及化妆品行业而言，是必不可少的物质，目前大约由 300 种精油共同构成了一个颇具影响力的医疗体系，许多西方正统医疗机构所开具的药方中，便含有精油活性成分，或者精油在其中充当了"药引子"的作用。在饮食方面，精油可以用于制造天然的风味与香味，同时还是天然的防腐剂。护肤品行业看重的是精油能滋润皮肤，透皮吸收快，达到不同的美容功效。而香水行业则更看重精油怡人的香气和增进情调的特质。每种精油都具备药用和其他方面的特性、用途，如欧薄荷是一种消炎药材，可以用于风湿病和关节炎的治疗，但医生也常用它来减轻患者消化系统的不适；大家都知道糖果制造商常常会用到欧薄荷，但是很少有人知道它还是男士须后水的成分；现代研究已经肯定了几个世纪以来精油使用的实际效用，现在精油除了具有抗病毒、抗菌的特性之外，还具有其他多种属性，如防腐、消炎、抗神经疼、抗风湿、抗痉挛、解毒、抗抑郁、镇静、止痛、助消化、祛痰、除臭、促进伤口愈合等。精油常用的使用方法是外用和吸入，具体包括身体护理油、敷贴、乳液、沐浴（包括坐浴、手足浴）、洗发、吸入（借用蒸汽、香薰，直接从瓶子或面纸吸入）、香水、房间喷雾，以及一整套的居家室内使用的方法，不仅可运用在美容方面，也能帮助人们调理健康，在工作、生活中运用芳香疗法。

思考题

1. 制备婴童化妆品主要考虑的因素有哪些？

2. 婴童皮肤的特点有哪些？

3. 指甲油的质量要求有哪些？

4. 精油功能有哪些？

5. 精油添加类化妆品有哪些优点？

第八章 口腔护理品

PPT

📖 **知识要求**

1. **掌握** 牙齿与腑脏的关系；中草药在牙膏和漱口水中的组成和应用。
2. **熟悉** 牙齿的结构和功能。
3. **了解** 牙齿相关疾病。

口腔卫生状态是反映生命健康质量的一面镜子。口腔中存在着各种细菌、牙垢、牙石等沉积物及食物残渣、脱落的上皮细胞等物质，这些物质腐败、发酵后将会产生多种有害物质，损害牙齿和口腔黏膜的健康。因此，要保持口腔内组织的健康，必须清除这些有害物质。尽管口腔本身可通过唾液的分泌、摄取食物后的咀嚼及口腔内细菌群的清洁作用，清理口腔内部分有害物质，但仅靠口腔自身的作用尚不能完全清理，必须借助牙膏或漱口水等口腔卫生制品的清洁作用。

口腔护理品是指施于人体口腔，具有清洁卫生作用或消除不良气味的制品。此类制品能清除牙齿表面的食物碎屑，清洁口腔和牙齿，预防蛀牙，去除口臭，保持口腔内清洁并提高其功能。口腔护理品主要包括牙膏、牙粉和漱口液等，其中以清洁口腔为主要目的的牙膏是主要的口腔护理品。

因此，本章主要介绍牙膏的相关知识，同时介绍漱口水的相关内容。

第一节 牙 齿

人的牙齿是直接行使咀嚼功能的器官，并在辅助发音、言语及保持面部形态美观等方面具有重要的作用。从牙体外部观察，每颗牙齿均由牙冠、牙根和牙颈三部分构成（图8-1）。牙冠是指被牙釉质覆盖的部分，也被称为解剖牙冠，是牙发挥咀嚼功能的主要部分。牙根是指被牙骨质覆盖的部分，被埋于牙槽骨中，是牙体的支持部分，主要用于稳固牙体。牙颈是指牙冠与牙根处形成的弧形曲线，又称颈缘或颈线。

从纵剖面观察（图8-2），牙体又可以分为三种硬组织（牙釉质、牙本质和牙骨质）和一种软组织（牙髓）。牙釉质是指覆盖于牙冠表层的、半透明的白色硬组织，是牙体中最坚硬的组织，也是全身矿化组织中最坚硬的组织，对咀嚼压力和摩擦力具有高度耐受性。釉质的颜色与釉质的矿化程度密切相关，矿化程度越高，釉质越透明；反之，矿化程度低的釉质透明度差，呈乳白色。牙骨质是指覆盖于牙根表面的矿化硬组织，其组织结构与密质骨相似，呈淡黄色，硬度低于牙本质，是维持牙与牙周组织联系的重要结构。牙本质是指构成牙体的硬组织，淡黄色，主要功能是保护其内部的牙髓和支持其表面的牙釉质及牙骨质。其硬度比牙釉质低，比骨组织高。由牙本质围成的腔隙叫髓腔，内充满牙髓组织。牙髓是牙体中的一种疏松结缔组织，其主要功能是形成牙本质，同时具有营养、感觉、防御、修复功能。牙髓中的血管、淋巴管和神经通过根尖孔与牙周组织相连。

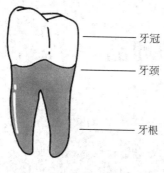

图 8-1　牙的外部形态

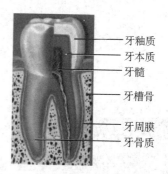

图 8-2　牙的内部形态

第二节　牙　膏

　　牙膏是一种以洁齿和护齿为主要目的的口腔护理品。使用具有一定药物功能的牙膏、采用正确的刷牙方法和养成良好的刷牙习惯，可以使牙齿表面洁白、光亮，保持口腔内清洁，同时还具有减轻口臭、杀灭有害细菌、预防龋齿及牙周炎的作用。鉴于牙膏清除细菌、洁齿香口、防龋健齿的功能，具有上述药理活性的中草药被广泛应用于牙膏配方中，中草药牙膏越来越受到消费者的喜爱。

　　牙齿相关疾病的种类有很多，比较常见的有龋齿、牙周炎及牙本质过敏等。龋齿是由细菌作用于牙体硬组织而导致的慢性感染性疾病，发生于脱矿大于再矿化的化学动力过程，并伴随有机质的降解，随着病程的发展出现色泽变化。其特点是发病率高，分布广，人群平均龋患率可达 50% 左右，是主要的常见牙病，也是人类最常见的疾病之一。牙周炎是由局部因素（如细菌入侵，急剧冷热变化等）引起的牙周支持组织的慢性炎症，其早期症状不明显，但随着炎症的进一步扩散，会出现牙周袋形成、牙周溢脓、牙齿松动、牙龈出血和口臭加重等一系列症状。牙本质过敏是牙齿在受到外界刺激，如细菌入侵、温度剧变、酸甜刺激及机械作用（摩擦或咬硬物）等所引起的酸痛症状，其特点为发作迅速、疼痛尖锐、时间短暂。由上可见，牙齿疾病的产生与口腔内细菌的入侵密切相关。因此，加入抗菌活性成分，清除口腔中的有害物质，成为治疗牙齿疾病的主要途径。而中草药牙膏中的抗菌消炎牙膏、防龋牙膏均是基于此思路而研制。另外，中医认为牙齿的某些病变也与脾胃的生理功能失调有关，脾胃乃后天之本，气血生化之源。脾胃虚损，则生化乏源，气血不足，脉络空虚，不能上输精微于牙龈，牙龈失养，则易为外邪所侵。因此，一些健脾胃的中草药成分（如甘草、使君子、木香、荷叶、茯苓、苍术等）亦被应用于中草药牙膏中。此外，中医历来重视对牙齿的养护，许多牙膏配方中都加入清除口臭、洁齿香口的中草药成分。目前，应用于中草药牙膏中的白芷、藿香、石膏、薄荷、桑白皮、珍珠等中草药成分具有洁齿香口的作用；丁香、沉香、地黄、刺蒺藜、桑寄生等具有预防龋齿的功效；川芎、丹皮、厚朴、苦参、甘草、苦豆、黄芩、银杏叶、黄连等具有抑菌灭菌的疗效。

一、牙膏的原料

　　牙膏配方中的原料主要有摩擦剂、发泡剂、胶黏剂、保湿剂、甜味剂、防腐剂及其他特殊添加剂等。

　　1. 摩擦剂　摩擦剂是牙膏的主体原料，一般占配方总量的 30%~50%。其作用是通过牙刷在牙齿上的摩擦，达到清洁牙齿、去除牙菌斑及防止新污垢形成的目的。摩擦剂一般为粉状固体，对粉质的颗粒大小、形状均有一定的要求。摩擦剂的颗粒直径一般在 10 ~ 20μm，硬度适中，晶型规则且表面平滑。如果粉质太软或颗粒太小，则摩擦力太小，达不到清洁牙齿的效果；如果粉质太硬或颗粒太大，则口中有异物感，而且容易对牙齿和牙龈产生磨损。此外，粉质要求外观洁白、无臭、无毒、无刺激性、理化性质稳定。目前，常用的摩擦剂主要有以下几种。

（1）碳酸钙　因其资源丰富且价格低廉，一直是我国牙膏生产中大量采用的一种摩擦剂。牙膏用的碳酸钙一般分为轻质和重质两种。轻质碳酸钙是在石灰乳中通入二氧化碳而制成的；重质碳酸钙是碳酸钠溶液与氯化钙反应而制成的。这两种碳酸钙均为无臭、无味的白色粉末，摩擦力比磷酸钙大，常用于中、低档牙膏中。

（2）磷酸氢钙　是常用的比较温和的优良摩擦剂。常用的磷酸氢钙摩擦剂有两种，分为二水合磷酸氢钙和无水磷酸氢钙。二水合磷酸氢钙为白色、无臭、无味，以其为原料制成的牙膏接近中性，对口腔黏膜刺激小，外表光洁、美观，常用于高档产品。无水磷酸氢钙是二水合磷酸氢钙的脱水产物，比二水合磷酸氢钙的摩擦力大，但其磨蚀系数较高，对牙釉质有磨损现象，不能单独作为摩擦剂使用，常与二水合磷酸氢钙搭配使用。

（3）焦磷酸钙　是无臭、无味的白色粉末，摩擦性能良好，属于软摩擦剂，能与氟化物混合使用，可作为含氟药膏的摩擦剂。

2. 发泡剂　通常采用表面活性剂作为牙膏的发泡剂。它能降低牙膏表面张力，使牙膏在口腔中迅速扩散，疏松牙齿表面的污垢和食物残渣，从而达到清洁口腔和牙齿的目的。应用于牙膏的表面活性剂应当具有起泡、分散、乳化、渗透、去污性能好、安全无毒的特性，在配方中用量为 1% ~ 3%。目前使用比较广泛的有月桂醇硫酸钠和月桂酰甲胺乙酸钠。

（1）月桂醇硫酸钠　又称十二醇硫酸钠，为白色粉末，微有脂肪醇气味，由椰子油加氢制成脂肪醇，再经硫酸酸化，最后由氢氧化钠中和所得。月桂醇硫酸钠泡沫丰富而稳定，碱性低，去污能力强，对口腔黏膜刺激小，是牙膏中普遍应用的发泡剂。

（2）月桂酰甲胺乙酸钠　也称为十二醇甲胺乙酸钠，为白色粉末。其泡沫丰富，极易清洗，还能防止口腔内糖类发酵，减少乳酸的产生，并具有一定的防龋齿的功能，是理想的牙膏发泡剂。

3. 胶黏剂　胶黏剂在牙膏中起黏合原料、防止牙膏中的水分在储存和使用期间流失、稳定膏体的作用，一般用量为 1% ~ 2%。牙膏中常用的胶黏剂有以下几种。

（1）羧甲基纤维素钠　在牙膏中一般用其钠盐（CMC-Na），是白色或微黄色的粉末，可溶于水，无臭、无味，有吸湿性，化学性质稳定，价格便宜，是常用的牙膏胶黏剂。但 CMC-Na 容易被纤维素酶（包装容器被细菌污染产生）降解，故以 CMC-Na 为胶黏剂的牙膏应同时加入防腐剂。

（2）黄耆树胶粉　又称白胶粉，是将黄耆树的树汁干燥而得的一种白色至微黄色的粉末，具有一定的乳化能力，可使水溶液增稠，是一种性能较好的黏合剂。

（3）海藻酸钠　又称藻蛋白酸钠，为白色至淡黄色粉末，有吸湿性，既可作胶黏剂，又可作保湿剂。它能调节牙膏的黏度，使口感更好，是较理想的牙膏胶黏剂。但海藻酸钠容易滋生细菌，故使用前应当煮沸并加入防腐剂。

4. 保湿剂　为了使牙膏保持一定的水分、黏度和光滑度，牙膏中需要加入保湿剂。此外，保湿剂的加入还有降低冰点和提高共沸点的作用，可保证牙膏在寒冷地区亦能正常使用。保湿剂在一般的牙膏中用量为 10%～30%，在透明牙膏中用量可达到 50%。目前常用的保湿剂有甘油、山梨醇、丙二醇等。

（1）甘油　又称丙三醇，为无色、黏稠液体，具有吸湿和防冻的作用，在膏体中主要起保湿、增稠和防冻的作用，能保持膏体性能稳定。

（2）山梨醇　是由葡萄糖加氢而得，为白色吸湿性粉末或晶状粉末，味甜，无色、无臭，溶于水，微溶于乙醇和乙酸。山梨醇能从空气中吸收少量的水分，是常用的牙膏保湿剂。

（3）丙二醇　是无色无味的液体，可与水等大多数溶剂互溶，具有抑制细菌增长及发酵的作用，是常用的牙膏原料。

5. 其他添加剂

（1）香精　牙膏的香味是消费者购买选择的重要影响因素。牙膏中部分原料含有酸涩味，会影响消费者的口感，因此牙膏中需要适当添加香精。消费者使用牙膏后感觉口齿清香，口气芬芳，会更加身心愉快。常用的牙膏香精一般有薄荷香型、果香型、茶香型、留兰香型等，用量一般为 1%～2%。

（2）甜味剂　牙膏中的摩擦剂含有较重的粉尘味，且香料大多味苦，因此需要添加甜味剂改善牙膏的口味。常用的甜味剂有糖精钠、木糖醇、甘油等。最常用的为糖精钠，含量为 0.05%～0.25%。

（3）防腐剂　牙膏配方中加入的胶黏剂、保湿剂、甜味剂等，长时间存放容易变质，易于滋生细菌和真菌，因此需要加入适当的防腐剂。常用的防腐剂为苯甲酸钠、山梨酸、对羟基苯甲酸甲酯等，用量一般为 0.05%～0.50%。

（4）缓蚀剂　铝制的牙膏管内部与膏体接触部位由于受到 pH 及温度变化的影响，容易产生腐蚀。因此膏体中通常需要加入缓蚀剂，常用的有硅酸钠、焦磷酸钠、氢氧化铝等。

（5）特殊添加剂　为了使牙膏具有预防或治疗牙齿、口腔疾病，保持牙齿的健康和清洁的作用，需要在牙膏配方中加入一些具有特殊功能的物质，如化学药物、酶制剂、中草药等，以达到防龋、消炎、抗菌等目的。

常用的特殊添加剂：①氟化物防龋剂，如氟化钠、氟化钾、单氟磷酸钠、单氟磷酸等；②脱敏剂，如硝酸钾、氯化锶、尿素、丁香酚、丹皮酚等；③防牙龈出血剂，如维生素 C、田七、白芷等；④牙齿除渍剂，如焦磷酸钠、白矾及酶制剂（如蛋白酶、淀粉酶、葡萄糖酶）等。

二、中草药牙膏的配方及分析

中医学历来重视对牙齿的养护，历代关于健齿防龋的方剂很多。例如，《太平圣惠方》中的洁齿方，采用盐 120g（烧过），杏仁 30g（汤浸去皮尖），将药研成膏，每用揩齿。该方具有洁白牙齿、预防龋齿的功效，也是古代牙膏的雏形。《御药院方》中的地黄散，采用生地黄一两半，防风一两，细辛一两，薄荷叶一两，地骨皮一两，藁本一两，当归半两，茵草叶半两，荆芥穗半两，用于治疗牙痛龈肿或牙龈出血。《太平惠民和剂局方》中记载的玉池散，采用当归、白芷、升麻、防风、甘草、地骨皮、川芎、细辛、藁本、槐花各一钱，生姜三片，黑豆三十粒。用于治疗风蛀牙痛、肿痒动摇、牙溃烂出血、口气等疾病。《御药院方》中的沉香散，采用沉香一钱，麝香一钱，细辛半两，升麻二钱半，藁本二钱半，藿香叶二钱半，甘松二钱半，白芷二钱半，石膏四两，寒水石二两。此方揩齿可莹净令白，并主治口臭。这些传统的中华瑰宝，对现代中草药牙膏的开发具有极大的指导意义。随着科学技术的发展，许多中草药提取液已经加入到牙膏化妆品中，极大地满足了人民生活的需要。

【实例解析】

中草药牙膏配方举例见表8－1。

表8－1　中草药牙膏配方举例

相	组分	质量分数（%）
A	硅石	3
	纯水	加至100.0
	碳酸钙	35.0
	纤维素胶	1.0
B	甘油	20.0
	月桂醇硫酸酯钠（质量分数28%）	2.0
	尿囊素	0.1
C	糖精钠	0.2
	木糖醇	5.0
	丹皮酚	10.0
	薄荷醇	0.15
D	苯甲酸钠	0.5
E	香精/精油	适量

制备方法：

（1）A＋B相搅拌升温至90℃，搅拌溶解完全后开始搅拌降温。

（2）降温至40℃依次加入C相、D相，E相搅拌溶解均匀。

说明：此牙膏为中草药脱敏牙膏。其中，丹皮酚为脱敏剂，碳酸钙为摩擦剂，月桂醇硫酸酯钠为发泡剂，甘油为保湿剂，纤维素胶为胶黏剂，糖精钠和木糖醇为甜味剂，苯甲酸钠为防腐剂。

▶ **知识拓展**

牙膏的制备工艺

目前，牙膏的制作主要有两种方法，一种是干法制膏法，一种是湿法制膏法。目前比较常用的是湿法真空制膏法，该法的优点是工艺流程简单，卫生安全达标，香料损耗小，制备成本低。其具体制法为根据配方投量比，将油相（胶黏剂预混于润湿剂中）、水相（水溶性助剂预溶于水）和固相（摩擦剂及其他粉料）混合，储存陈化，然后加入发泡剂、香精等继续陈化，最后将原料放入真空制膏机中，真空脱气制膏，并放储膏罐中存储。

第三节　漱口水

漱口水也是目前常用的口腔护理品，具有携带方便、清洁口腔、杀菌、除臭、爽口等优点。与牙膏相比，漱口水的配方中不含摩擦剂，无须与牙刷配合使用。但漱口水中所含的乙醇可以使口腔内的致癌物质（如尼古丁等）更易渗透口腔黏膜，长期使用有致癌的风险。因此，漱口水适宜作为辅助口腔护理品，不建议长期使用。

一、漱口水发展现状及中医药分析

1. 漱口水的分类　漱口水根据功能不同，可以分为治疗型和保健型两大类。治疗型漱口水主要在医院内凭处方销售，对口腔疾病起到辅助治疗作用，通常情况下不含乙醇。而在各大超市出售的主要为保健型漱口水，主要用于清洁口腔、清新口气等。

2. 漱口水的作用　口气清新是现代人们美好形象的重要标志，随时保持口腔清洁越来越成为人们的社交需要。但随时刷牙又不现实。与牙膏比，漱口水最大的优点就是携带方便，用时随意，可以随时清洁口腔，保持口气清新。此外，漱口水的作用还包括清除口腔中残留的食物碎屑、软垢及污物；减少口腔中微生物数量，抑制细菌生长；预防龋齿，促进牙齿再矿化；减少牙龈出血，减轻对牙龈的损伤；消除口腔异味，使口腔清洁舒适；在治疗口腔疾病前使用抗菌漱口水，可以使飞沫中细菌减少90%以上，防止伤口感染，并促进伤口愈合。

3. 漱口水的潜在风险　漱口水主要用于清除口中的有害菌，因此使用具有抗菌功能的漱口水须考虑安全性的问题。尽管目前并没有漱口水与癌症直接相关的确切证据，但漱口水中所含的乙醇可以令尼古丁类的致癌物质更易通过口腔黏膜进入体内，同时乙醇的代谢产物乙醛的积累也容易诱导癌症。因此，建议使用不含乙醇的漱口水，或者短期使用含乙醇的漱口水。而理想的漱口水应当具备对口腔和消化道刺激性小，安全无毒，有较广的抗菌谱，对药物的耐受诱导性低等特质。

4. 漱口水的中医药分析　漱口水通过杀灭口腔中的有害菌、溶解口腔内的黏液等途径，达到洁齿香口的目的。其功能和作用机制与牙膏相似，我国传统的中医药洁齿防龋方剂（特别是抗菌消炎的中草药方剂）对漱口水的配方具有重要的指导意义。目前，许多中草药漱口水被不断研制成功，并在市场上受到消费者的青睐。

▶ **知识拓展**

　　漱口水种类繁多，但作用单一，某医院将中药"清热袋茶"用于口腔护理。经临床使用对60例口腔护理病人采用多普勒微循环动态分析仪测量病人硬腭黏膜表面微区微循环灌注量的动态变化，"清热袋茶"作用得到进一步肯定。中药清热袋茶中大青叶、金银花清热解毒，黄芩泻实除湿热，薄荷辟秽解毒，冰片散郁火而消肿止痛，甘草生用凉而泻火。调和诸药，各药合用可以使机体阴阳平衡，正气恢复，抑制口腔致病菌的生长繁殖，保证口腔局部血流循环通畅，血流加速，可清洁口腔，改善血液供应，预防和控制口腔感染的发生。

二、漱口水的原料

　　漱口水的原料与牙膏基本类似，主要由乙醇、表面活性剂、保湿剂、防腐剂、杀菌剂及香料等组成，但漱口水不含有摩擦剂，而含有一定量的乙醇。

1. 乙醇　在漱口水中主要作为香料及其他原料的溶剂。它可以掩蔽其他原料的气味，保持漱口水的口感，还有利于漱口水在较低温度下的保管，有防止浑浊、冻结的作用。乙醇在漱口水中的含量一般为10%~20%。

2. 表面活性剂 在漱口水中主要是通过起泡作用将口腔中残留的食物和牙垢去除。几乎所有的漱口水都含有一种或多种表面活性剂，多使用非离子型表面活性剂，如聚氧乙烯聚氧丙烯类、聚氧乙烯山梨糖醇类或聚氧乙烯硬化蓖麻油类，常用的阴离子型表面活性剂主要为月桂醇硫酸钠。表面活性剂在漱口水中的用量为0.1%~2%。

3. 保湿剂 主要是使漱口水具有一定的黏度，防止产品松散，并使漱口水的口感更加温和。目前常用的保湿剂主要是丙三醇和山梨醇，在漱口水中的含量为5%~20%。

4. 其他添加剂

（1）防腐剂和杀菌剂 为了杀灭口腔中的有害菌和防止漱口水腐败，漱口水中需加入防腐剂和杀菌剂。常用的有苯甲酸、苯甲酸钠、对羟基苯甲酸酯等，用量一般为0.05%~0.20%。

（2）香料 是影响味觉的最重要因素，香料的好坏决定漱口水质量的优劣。漱口水中的香料要有清凉爽口的香气，能够掩盖其他原料的不良气味，并在口中安全无毒。目前常用的香料有薄荷油、肉桂油、茴香油、桉树油、水杨酸甲酯等，含量一般为总量的0.5%~2%。

（3）特殊添加剂 为了使漱口水外表美观，相溶性好，部分漱口水会添加色素、pH调节剂、甜味剂、氟化钠、氯化锌及中草药活性成分等，以保证漱口水的口感，并赋予漱口水一定的特殊功能。

三、中草药漱口水的配方及分析

【实例解析】

中草药漱口水配方见表8-2。

表8-2 漱口水配方举例

相	组分	质量分数（%）
A	纯水	加至100
	甘油	10.0
	尿囊素	0.1
B	糖精钠	0.1
	乙醇	15.0
	西吡氯铵	0.05
	木糖醇	2.0
	薄荷醇	0.15
C	茶（CAMELLIA SINENSIS）叶提取物	2.0
	中草药提取液	10.0
D	苯甲酸钠	0.4
E	香精/精油	适量

制备方法：

（1）A相搅拌升温至90℃，搅拌溶解完全后开始搅拌降温。

（2）降温至40℃依次加入B相、C相、D相、E相搅拌溶解均匀。

说明：中草药提取液为五倍子、槟榔、甘草、大黄、金银花和连翘等中草药活性成分提取物，具有消肿止痛、治疗牙龈炎的作用。

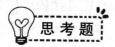

1. 牙膏的配方组成有哪些？
2. 牙膏的制备方法有哪几种？
3. 漱口水的作用是什么？

参考文献

[1] 安家驹. 实用精细化工辞典 [M]. 北京：中国轻工业出版社，2000.

[2] 车敦发，陈力，崔荣. 中国痤疮治疗指南（2014修订版）[J]. 临床皮肤科杂志，2015，44（1）：52－57.

[3] 陈瑾，宋为民，赵启明. 激光等光电声物理技术抗衰老规范化指南 [J]. 中华保健医学杂志，2017，19（1）：90－91.

[4] 董银卯. 本草药妆品 [M]. 北京：化学工业出版社，2010.

[5] 符移才，谈益妹，王学民. 敏感性皮肤与日化产品开发 [J]. 广东化工，2015，42（16）：148－150.

[6] 光井武夫. 新化妆品学 [M]. 北京：中国轻工业出版社，1996.

[7] 谷建梅. 化妆品与调配技术 [M]. 北京：人民卫生出版社，2010.

[8] 郭静. 中医四诊在中医外科皮肤病的临床应用概况 [J]. 世界科学技术—中医药现代化，2013，6（15）：1394－1397.

[9] 郭霞珍. 中医基础理论 [M]. 上海：上海科学技术出版社，2006.

[10] 黄光伟，韦宝韩. 中药治疗牙本质过敏症的研究进展 [J]. 口腔护理用品工业，2012，22（2）：34－36.

[11] 兰宇贞，谢志强. 敏感性皮肤研究进展 [J]. 中国中西医结合皮肤性病学杂志，2013，12（3）：199－201.

[12] 李辉. 痤疮的流行病学调查及中医分型研究 [D]. 北京：北京中医药大学，2007.

[13] 李敏. 儿童化妆品原料及其性能研究进展 [J]. 精细与专用化学品，2014，22（9）：16－19.

[14] 李明阳. 化妆品化学 [M]. 北京：科学出版社，2012.

[15] 李庆春. 敏感性皮肤研究进展 [J]. 皮肤病与性病，2013，35（5）：264－265.

[16] 李世忠，刘慧珍. 头发的衰老与抗衰老 [J]. 日用化学品科学，2010，33（12）：24－27.

[17] 李维嘉. 儿童化妆品的发展机遇 [J]. 日用化学品科学，2011，34（2）：44－48.

[18] 刘德军. 现代中药化妆品制作工艺及配方 [M]. 北京：化学工业出版社，2009.

[19] 刘纲勇. 化妆品原料 [M]. 北京：化学工业出版社，2017.

[20] 刘华钢. 中药化妆品学 [M]. 北京：中国中医药出版社，2006.

[21] 刘丽仙. 面膜配方技术和面膜布材质概述 [J]. 日用化学品科学，2015，38（6）：6－9，44.

[22] 刘宁，吴景东. 美容中医学 [M]. 北京：人民卫生出版社，2012.

[23] 陆绮. 五脏功能与皮肤保湿的关系初探 [J]. 中国美容医学，2009，18（10）：1510－1511.

[24] 任澎. 植物精油药物作用研究进展 [J]. 中华中医药杂志，2018，33（6）：

2507 – 2511.

[25] 孙乐栋，于磊．儿童皮肤病学 [M]．沈阳：辽宁科学技术出版社，2016.

[26] 王昌涛，杜喜平，苏宁．化妆品植物添加剂的开发与应用 [M]．北京：中国轻工业出版社，2013.

[27] 王海棠．中医美容学 [M]．北京：中国中医药出版社，2006.

[28] 王建．美容药物学 [M]．2 版．北京：人民卫生出版社，2015.

[29] 王建新．化妆品植物原料大全 [M]．北京：中国纺织出版社，2012.

[30] 吴志明，杨恩品．中医美容皮肤科学 [M]．北京：中国中医药出版社，2015.

[31] 徐建明．口腔解剖生理学 [M]．2 版．北京：人民卫生出版社，1994.

[32] 张廷模．中药学 [M]．长沙：湖南科学技术出版社，2001.

[33] 赵国平，戴慎，陈仁寿，等．中药大辞典 [M]．上海：上海科学技术出版社，2006.

[34] 《中医辞典》编委会．简明中医辞典 [M]．北京：中国中医药出版社，2001.